湖北省公益学术著作出版专项资金资助项目
国家自然科学基金青年科学基金项目
中国博士后科学基金面上项目
湖北省社科基金后期资助项目
中国乡村振兴理论与实践丛书

面向产业振兴的乡村人居生态空间治理研究

乔 杰 洪亮平 著

華中科技大學出版社
http://press.hust.edu.cn
中国·武汉

图书在版编目(CIP)数据

面向产业振兴的乡村人居生态空间治理研究 / 乔杰，洪亮平著. —武汉：华中科技大学出版社, 2023.6
(中国乡村振兴理论与实践丛书)
ISBN 978-7-5680-9505-1

Ⅰ.①面… Ⅱ.①乔… ②洪… Ⅲ.①乡村-居住环境-研究-中国 Ⅳ.①X21

中国国家版本馆CIP数据核字(2023)第152990号

面向产业振兴的乡村人居生态空间治理研究　　乔 杰 洪亮平 著
Mianxiang Chanye Zhenxing de Xiangcun Renju Shengtai Kongjian Zhili Yanjiu

出版发行：华中科技大学出版社（中国・武汉）　　电话：（027）81321913
地　　址：武汉市东湖新技术开发区华工科技园　　邮编：430223

策划编辑：金　紫
责任编辑：陈　骏　　封面设计：清格印象
责任校对：刘　竣　　责任监印：朱　玢

录　　排：华中科技大学惠友文印中心
印　　刷：湖北金港彩印有限公司
开　　本：787 mm×1092 mm　1/16
印　　张：16.25
字　　数：383千字
版　　次：2023年6月第1版 第1次印刷
定　　价：128.00 元

华中出版

投稿邮箱：283018479@qq.com
本书若有印装质量问题，请向出版社营销中心调换
全国免费服务热线：400-6679-118　竭诚为您服务

中国乡村振兴理论与实践丛书

编　委　会

总序

全面推进乡村振兴，是中共二十大作出的重大决策部署。全面建设社会主义现代化国家，最艰巨最繁重的任务在农村。坚持农业农村优先发展，坚持城乡融合发展，畅通城乡要素流动，扎实推动乡村产业、人才、文化、生态、组织振兴，正确处理好发展与保护、人与自然和谐共生的关系是实施乡村振兴战略的重要方面。

我国相关文件对“推动农村基础设施建设”“持续改善农村人居环境”“加强乡村生态保护及修复”“构建农村一二三产业融合发展体系”等方面提出了明确的建设要求，注重协同性、关联性、整体性。要做到这些必须科学规划、科学发展，“中国乡村振兴理论与实践丛书”便是在此背景下策划筹备而来。

“中国乡村振兴理论与实践丛书”紧密围绕全面乡村振兴，聚焦乡村建设这一发展主题，着眼于生态宜居，面向乡村建设的难点和关键点，依托不同类型的乡村人居环境，研究中国乡村建设中的理论和实践问题，总结我国乡村建设的实践成果，为我国乡村生态振兴提供理论支持和路径选择。

“中国乡村振兴理论与实践丛书”由 4 本专著构成：《新江南田园——乡村振兴中的景观实践与创新》《乡村文化景观保护与可持续利用》《面向产业振兴的乡村人居生态空间治理研究》与《鄂西土家族传统聚落空间形态与演化》。前 3 本分别基于大都市郊区乡村、历史文化景观村落、山区乡村三类乡村所呈现出来的突出问题进行了研究；第 4 本以鄂西武陵山区土家族传统聚落为研究对象，研究少数民族地区乡村聚落的空间演化机制，从理论角度解读乡村形态的变化，为少数民族地区乡村建设提供理论基础。

2020 年 5 月，经广泛论证，我们决定从乡村建设的视角组织编写此丛书，并陆续邀请同济大学、华中科技大学、华中农业大学等院校的相关学者担任丛书编写委员会委员，召开了丛书编写启动会议，确定了分册作者，经过两年多的努力，于 2023 年初完稿。

“中国乡村振兴理论与实践丛书”紧靠时代背景，紧抓历史契机，紧密围绕全面乡村振兴，尤其是乡村建设这一发展主题。丛书着眼于乡村人居环境的建设，从“生态宜居”和“留住乡愁”的视角出发，对全面推进乡村振兴中的乡村“硬环境”和“软环境”进行了深入研究。丛书研究了多尺度下乡村文化景观的生物文化多样性，分析与挖掘乡愁的感知与表达，并在应对气候变化问题上提出乡村文化景观的适应性发展策略，为新时代背景下的乡村景观绿色发展与城乡融合发展提供决策建议；丛书以湖北省重要的民族乡村地区为研究对象，提出释放乡村产业要素活力，优化空间结构，突出功能特色，推进民族乡村振兴和山区人居生态环境可持续发展；丛书构建了健康的乡村景观环境系统，立体化地呈现了多样化的景观策略，可供更多的乡村建设与发展借鉴参考。在此基础上，丛书还对我国乡村的自然灾害和人为灾害历史进行了分析，厘清了乡村聚落区域性防御防灾方略，梳理了相应的乡村聚落防御防灾体系，以期为乡村防灾提供有益的参考和借鉴。这些研究都契合新时期乡村建设的发展需要，具有较高的实践指导价值。

在乡村振兴背景下“建设宜居宜业和美乡村”是大势所趋。本套丛书的出版对于实施乡村振兴战略，促进农业、农村、农民的全面发展，实现中华民族伟大复兴的中国梦具有重要的社会意义和经济意义，也希望丛书能够在乡村研究的学术领域做出些许贡献。

2023 年 3 月

序

乔杰博士和洪亮平教授新近再度完成大作，请我写序，不胜惶恐。我非名人高士，由我写序，既不能提高作品的学术影响，又无助于销量，所为何也？大抵是因为我常年在乡间行走，了解些乡土民情，对乡村产业、乡村营建等有些自己的思考，而乔洪二位亦是深耕乡村的同道，相交近十年，大家对乡村问题有许多共识，让我写序也算是同道间的一种交流吧。因此，勉为其难，写段文字权当学习心得。

产业振兴一直被视作乡村振兴的第一步。在我看来，乡村振兴是套“组合拳”，很难分解为明确而独立的步骤与招式。产业振兴不能只注重经济效益及村民收入，而是要与乡村空间环境品质提升、社会全面发展等协调起来共同推动乡村地区的发展进程。乡村产业是什么？除了城市周边或交通区位便捷的地区因为承接城市溢出效应，其产业发展的逻辑与城市几乎相同外，一般地区的乡村产业发展的核心要义是让村民有尊严有价值地活着。今天在大量推动资本下乡的地方，我们看到的场景往往是资本完全绕开了村民，通过各种路径获得了乡村资源的使用权，进而生产产品、打通市场，为自己获得了高额的利润，顶多给村民提供了几个看大门、打扫卫生的就业岗位。这种无法有效促进村民就业、推动当地乡村社会发展的乡村产业，只能算是“在村产业”，其对乡村振兴实质上是难以发挥积极作用的。规划师的责任是将有价值的乡村资源发掘出来，并在村集体、村民的全面介入下生产出产品，并为之找到市场、建构销售渠道，形成能换来经济效益的商品，企业、村集体、村民通过约定的比例分红获得企业收入、村集体收入及村民个人收入，这才是有效推动乡村振兴的“为村产业”。这个过程中的关键点及难点是村民的全面参与。当前大多数的村民存在参与意识、参与能力不足的问题，因此，基于村民素质与劳动技能特征的判断，围绕村民素质与劳动技能提升的教育、培训、帮扶，既是乡村产业设置的前提考量，也是促进村民成长及乡村社会发展的治理举措。而耦合村庄既有资源及潜在资源，并对接市场需求确定产品等相对专业的工作，只有在真正体现“村民主体”的前提下才有推动乡村振兴的意义。由此，乡村产业振兴不是单纯的产业问题，而是需要以乡村持续发展的目标为指引，针对村民、乡村社会、资源、市场展开大量深入细致的调研及逻辑严密的关系建构的系统性工作。总之，面对日益消弭的乡村，只有直面村民成长及激活乡村社会的诉求设置乡村产业，才能推动乡村善治，最终实现和美乡村的建设目标。

乔博士团队在鄂西武陵山区所展开的工作是令人信服的。从 2015 年起至今近九年的时间深耕于此，既对武陵山区 11 个县（市）的面上情况有通盘了解，又对具体县域、乡镇、村庄展开了深度解读，更重要的是，通过长期的驻场帮扶，团队通过对当地老百姓展开的大量访谈，深入了解了当地乡村社会的特征，掌握了大量老百姓的真实情况，包括他们的生活状态、能力特征、心理诉求及对未来的期许等，这为团队展开脱贫攻坚及乡村振兴工作奠定了坚实的基础。扎扎实实投入时间、精力以及情感的调查研究是一切乡村工作的重中之重，只有深入了解乡村的细节，才有可能为其找到适合当地可持续发展的路径。乔博士团队对乡村产业有着整体性、系统性的思考，从时间维度的考量，认为乡村产业振兴与脱贫是同一个问题在不同阶段的应答；从空间维度来看，乡村产业不是独立的存在，而是与生态空间、生活空间有机联系的共同体，也不只是具体的物质空间，而是受到地方的文化精神、宗教信仰、生活习俗等的共同作用，成为文化生态共同体的有机组成部分。乡村产业振兴需要构建内生发展模式，团队提出乡村社会资本不仅能有效推动可持续、可融入、受认同的乡村产业发展，亦因其在嵌入乡村社会关系网络的过程中具有信任、规范、互惠的特性，具有协调内部关系、激发内生发展动力的作用，同时也对整合资源配置网络、重塑价值认同起到推进作用，使乡村产业振兴的过程同时成为推动乡村空间治理的有效手段。这些认识和判断是精准的，且散发着人性的光芒，如果产业只注重生产效率和经济效益，那么城市才是产业发展的最佳选择，乡村之所以要推动产业振兴，重在产业对维护乡村社会稳定，提升村民自我价值、社会价值认同方面的作用，这本应是乡村产业的发展伦理。在深入细致的调研基础上及系统的乡村产业认知基础上，乔博士团队展开了系列针对鄂西武陵山区的乡村振兴及空间治理研究工作，在各种基金项目的加持下，研究的科学性、理论性得以大幅提升，确保了本书的写作逻辑清晰，理论扎实，方法明确，这保障了下一步地方政府的政策制定及其他地区对武陵山区村庄发展案例的可借鉴性。虽然，团队在武陵山区的研究成果尚未全面展开实践验证并转化为具体建设成果，但基于本研究所展示的过程和结论，我们有理由相信经过未来若干年的实践检验，武陵山区各市县乡村必将在奔向和美乡村的道路上获得长足发展。

我和乔杰相识于2015年的乡村毕业设计联盟，他作为洪教授的助手全程参与了历年的毕业设计指导，初期略带羞涩稚气的大男孩，在几年间迅速成长，不仅能够得心应手地指导学生，也借助联盟在各个学校所在地举办毕业设计之机展开了很多针对性调研，不断实证着他对乡村的各种思考与判断，有效支撑了他的博士论文选题，直至完成博士学位论文，进而留在华中科技大学当老师。从某种角度来说，联盟见证了乔杰博士的成长，联盟的毕业设计活动也贯穿了他的学术成长过程。这些年，乔杰取得了令人艳羡的学术成果，每年都有几篇顶刊的论文发表，还在中国城市规划学会青年论文竞赛、金经昌中国城乡规划研究生论文竞赛中屡获大奖。乔博士在成为青年教师后更是马力全开，既承担了多门课程的主讲任务，又成功申报了诸多国家级、省级、市级科研项目，同时还出任湖北省民族地区乡村振兴研究与实训基地办公室主任，持续推动着脱贫攻坚与乡村振兴的相关工作，一个年轻人能在拖家带口的窘迫年纪将教书育人、科学研究、社会服务各类工作都推进得井井有条，着实不易，堪为年轻学者之楷模。以我多年的观察，乔杰博士能取得如此成就，大抵是三个原因吧，一是他特别善于从周边人的身上汲取养分，无论是长者还是后辈，乔博士都能打成一片，随时随地组织起学术讨论；二是他对弱势群体有同情心、同理心，能够长期驻村，能够用心倾听村民的声音，他对学术价值的取向为“义”而非“利”，如是，方能心怀仁善而致远，并非随波逐流求名利；三是他对自己、对家人、对专业、对社会充满责任感，透过他的文章、著述的字里行间，你会感受到一位充满使命感的优秀青年规划工作者的鲜活形象。这本专著的共同作者洪亮平先生是乔杰的硕士导师和博士导师，能够带出如此优秀的弟子，其自身的功力自然不必言说，一辈子育人无数，著述等身，实属我辈楷模。洪老师亦是老友，他在我心目中的形象就八个字：忠厚长者、少年心态。一块儿带联合毕业设计的 9 年来，每次见面，洪老师都是乐呵呵的，满脸笑容，幸福洋溢，乐观豁达的心态感染着每个人。印象深刻的是每次与洪老师同组指导时，他对每个学生的敦敦教诲、细致入微、关怀备至，尽显长者之风，但毫无迂腐刻板，反而时时少年心态，对一切事物都有好奇之心、创新之举，一如洪老师在武汉东湖风景区大李村微改造中的在地营造与共同缔造，使一个毫不起眼的东湖小村慢慢变成了年轻人喜欢逛逛的休闲打卡地。听着洪老师欢快介绍着怎么创新性地使用土地、怎么创造性地解决建设与使用中的技术问题，浑然一种“老夫聊发少年狂”的帅！基于共同的使命感、缜密的研究态度及开放的创新思维，洪亮平先生和乔杰博士这爷俩想必应该能够在乡村规划与建设领域做出一点事情来。

以此为序，既是学习本书后的一点体会，亦是对洪亮平、乔杰两位老师新作的祝贺。

西安建筑科技大学

2023 年 6 月

自序

研究团队近年来一直在中部山区县参与旅游扶贫、传统村落保护、民族村寨建设以及“多规合一”实用性村庄规划编制等多部委主导下的乡村调查和规划实践工作。面对生态文化资源富集但金融资本普遍缺失的欠发达山区，如何正确认识乡村规划的价值和意义？这个问题值得深思。城乡规划的本质就是空间治理的过程，乡村规划作为新时期加强基层治理体系和治理能力现代化建设的重要手段，其空间实践的政治性本质，决定了其不是一项单纯的工程技术活动。因地制宜地挖掘地方资源优势，创新乡村规划编制单元，适应地方的资源禀赋结构和历史地理特征，是统筹和协调大量自发性、碎片化的乡村建设资金和项目，促进更高效的乡村治理的重要手段。因此产业振兴自然成为新时期乡村治理和可持续发展、乡村建设和运营的底层逻辑。

2015 年我们团队第一次走进鄂西武陵山区长阳土家族自治县，百里清江画廊让我们感受到的不仅是清江作为土家族母亲河的生态文化内涵，同时，清江南北两岸的乡村人居环境特质也深深地吸引了我们。和当地人讨论某个地方时，他们总会用“那一片”这种口语化的表达来替代“某个村”，如用“沿头溪那一片”直接替代了城关镇下面的 7 个村。当我们走进沿头溪那一片，我们发现这里山水相连，唇齿相依，不可分割。在村民的生活世界里，这里不仅是一个历史地理和自然生态的整体，更是一个完整的社会生活单元。当地的一位村支书告诉我，新中国成立以来当地经历了多次行政区划调整，但大家对沿头溪“这一片”的整体认同并没有变化，大家说起某个村的发展时也总离不开“这一片”的整体情况。不管是产业发展、人居活动还是基层治理，这些村子似乎都遵循着流域关照下的某种“整体逻辑”，这种逻辑一直影响当地的人居生态空间格局和发展利益关系。正是带着这种对未知空间现象的疑问，研究团队开始了对山区人居环境特质与地方发展模式之间关系的探索。

鄂西武陵山区地处秦巴山脉进入江汉平原的过渡地带，县域人居生态空间类型多样，小流域是县域人居生态空间单元的典型代表。虽然从水文和生态实体层面国际和国内学者已有很多对小流域的界定，但很显然生态治理、产业发展和基础设施建设是基层关注的乡村小流域的重要维度和特征，尤其是对于生态文化资源富集的欠发达山区。林毅夫等经济学家曾指出，发展中国家或欠发达地区资源结构的特征是资本的严重缺失，在制定针对这些地区的农村发展政策时应将认识地方优势和利用发展机会作为重点。对于这些欠发达地区而言，明确最有效的乡村治理模式对于地方发展至关重要。小流域是山区乡村产业发展和人居空间活动的基本单元，肩负着区域生态保护和乡村振兴的双重重任。团队采用参与式乡村调查法对小流域空间治理问题进行研究，深入了解这里的社群关系和公共议题，倾听不同村庄发展主体的核心关切。团队主持完成了《长阳土家族自治县清江沿头溪流域旅游扶贫发展规划（2017-2030）》，多次动员和协调县级相关部门和地方专家开展流域规划座谈，邀请当地农业、旅游和文化等方面专家参与小流域现场调查，深入长阳土家族自治县巫岭山等深度贫困区进行入户访谈，和旅游开发主体探讨流域整体发展的方向和困境，获取了大量地方性知识，帮助我们明晰了实现小流域空间治理的现实基础和关键问题。通过对长阳土家族自治县沿头溪流域旅游扶贫发展规划的实践跟踪与成效反馈，研究团队开始对山区乡村人居生态空间治理与产业发展、传统村落保护、民族村寨建设等议题进行关联思考，提出了对武陵山区乡村小流域“产业—空间”组织模式和模型的研究课题。

在国家基金和部委课题的支持下，我们有机会深入鄂西武陵山区十多个县（市）开展多层次的乡村调查。不同地理环境下都存在不同类型、或大或小的地域人居生态单元，人居生态单元也反映了地域多尺度环境下的人居生态空间“结构”特征，小流域是山区典型的人居生态单元，具有解构和重构山区县域乡村空间的示范意义。面对山区发展的历史地理、社会经济、地方治理等现实制约因素，县域乡村空间治理应响应国土空间规划体系改革要求，因地制宜地推进产业兴旺和生态宜居等地域空间组织活动，统筹经济、社会、生态效益，推进作为公共政策设计的治理单元与实施载体的空间单元的多层次耦合，助力脱贫攻坚与乡村振兴有效衔接。面对生态文化资源富集的民族山区，乡村产业发展与人居活动规律都集中投影在人居生态空间治理上，并呈现典型的地域人居生态单元特征。

快速城镇化背景下，劳动力、土地（指标调整）、资本、技术和文化的跨区域流动以及人地关系的内部调整，改变了传统乡村空间组织结构，乡村地域功能结构和空间格局发生重大改变。面对山区复杂多样的人居环境，人居生态空间的整体性、结构性和多尺度性特征为乡村治理有效研究提供了空间单元性视角，因为治理总是在一定的时空内进行，空间范围和规模的不同决定了治理问题和治理关系的难易和复杂程度，进而影响治理的方式和效果。乡村产业振兴的内在需求转变了当前乡村空间组织简单追求经济效益和行政管理可行的传统视角，推进面向产业振兴的乡村人居生态空间治理研究，是响应国土空间规划背景下山水林田湖草沙生命共同体的发展需求，也是推进国家治理体系和治理能力现代化的重要内容。

希望本书的出版有助于学界增进对我国乡村人居环境和乡村产业的基本面的认识，尤其是占全国国土面积三分之二的山地。由于中西部山区发展水平的差异性和不平衡性，对山区乡村产业和人居环境特质的深入认识和研究仍处于探索阶段，限于作者的水平和研究经验，不当之处在所难免，请各位同仁及读者批评指正。

乔　杰

华中科技大学

2023 年 3 月

前言

林毅夫等经济学家指出，发展中国家或发展的早期阶段，资源结构的特征是资本的严重缺失，产业经济发展归根结底是要改变资源结构。只有通过比较优势战略，才能增加资本在资源禀赋中的相对丰富程度，促进资源禀赋结构的提升。因此科学认识山地资源系统的特性及其空间特征对于提升资源利用效益和价值，保护区域生态环境，并制定更为有效和切合实际的发展政策至关重要。乡村产业根植于县域，以农业农村为基础。乡村产业发展不仅受市场规律左右，还受乡村环境特质影响。我国是多山国家，山地面积占国土面积的三分之二。山区以山地为依托、是人与自然相互作用的区域，更是中华文明的重要起源地、多民族的共同家园、现代化建设的潜力区。从总体国家安全观来看，山区是国家生态安全屏障的主体、自然资源的重要蕴藏区、生物多样性的宝库。山区特殊的人居生态环境既是乡村产业要素关联和空间布局的基础，也将最终成为乡村产业高度融合发展的表征。在我国生态文明建设过程中，处理好山区产业兴旺和生态宜居之间的关系，实质是把握好了“金山银山”和“绿水青山”的辩证关系，尤其对于生态脆弱的中西部山区。

武陵山区是我国最大的跨省少数民族聚居区，也是“长江大保护”和“长江经济带”的重要生态功能区。武陵山区生态的脆弱性与聚居文化的多样性并存，脆弱的生态环境加剧了乡村产业发展在人力、资源和资本方面的组织困境。因此，面向产业振兴需求，提升武陵山区人居生态空间治理水平是推进我国生态文明建设的重要内容。2021 年，我国脱贫攻坚战取得全面胜利，国家精准扶贫政策、资金和项目投放，极大改善了武陵山区人民的生存与发展条件，推动广袤山区的社会经济发展取得了历史性的根本改变。为实现巩固脱贫攻坚成果与乡村振兴有效衔接，课题组迅速开展国家自然科学基金项目“武陵山区乡村小流域“产业—空间”组织模型研究”，直面山区人居生态空间的“碎片化”现实，提出推进以小流域为单元的地域人居生态空间重组，科学推进山区产业空间布局和生态宜居建设，提升乡村地域功能系统和乡村建设的综合效益。

在武陵山区，发展农业依然是普通农户生存与发展的重要途径。为了发挥贫困山区产业资源的比较优势，理论层面需要认识山区资源特性及其生存主体的人居空间特征。目前，人居环境学科对乡村产业空间研究基础薄弱，已有研究多从产业结构提升和功能调整等经济学规律进行讨论，偏向于对发达地区不同经验的比较和简单植入，割裂了不同地域乡村产业发展与人居空间组织的深层作用逻辑。对于如何突出乡村资源禀赋特色，因地制宜探索产业要素特征、功能特色与多层次人居空间组织机理的研究甚少。面对生态文明建设和乡村振兴战略下不断释放的乡村空间活力，如何凸显民族山区乡村环境特质，构建可持续发展的人居生态空间治理模式，支撑山区生态文化资源的多功能转化，成为了“十四五”时期因地制宜地推进乡村建设行动和建设宜居宜业和美乡村亟需解决的科学问题。

本书立足鄂西武陵山区乡村人居生态环境的特殊性，以人居生态单元理论和分析方法为基础，分析适应民族山区乡村产业振兴的多层次人居生态空间治理需求，突出典型地域人居生态单元在县域乡村空间重组中的意义，推进劳动力、资源、资产等产业要素在山区多尺度范围内的优化重组，为山区乡村产业“要素—结构—功能”系统提振提供政策设计和实施载体平台，也为探索可持续的乡村人居环境治理提供理论依据和实践抓手。本书的主要内容包括：

第 1 章，山区可持续治理与乡村产业振兴。从山区人居生态空间的特殊性和治理需求出发，认识乡村产业与乡村人居环境特质的关系，总结乡村的人居环境科学研究进展，全面介绍研究团队在武陵山区开展的调查和研究工作。

第 2 章，乡村产业振兴需要尊重山区人居环境特质。从产业发展视角看，乡村丰富的资源环境是产业发展的基础。不同山地资源体系的要素、结构和功能，决定着该区域社会经济发展的方向和水平。通过分析鄂西武陵山区乡村资源要素的空间布局现状，总结山区乡村产业“要素—功能—组织”特征。

第 3 章，乡村产业振兴下山区人居生态空间治理路径。从全球山区发展缓慢的事实全面分析山区乡村产业空间组织困境。基于参与式乡村调查，从地理空间识别、地方社会认同和治理的有效性明晰三个方面分析山区人居生态空间治理基础。通过构建综合利用山区资源优势、引入地方性知识和导向更高效的乡村治理的多层治理内涵，探讨面向产业振兴的乡村人居生态空间治理路径。

第 4 章，综合利用山区资源禀赋优势。乡村产业发展不仅受市场规律左右，还受乡村环境特质影响。基于鄂西五峰土家族自治县县域资源要素空间特征和乡村产业发展能力的评价，通过挖掘自身优势，补齐发展短板，在农业多元化发展背景下，提出基于乡村产业发展能力评价的人居生态空间治理路径。

第 5 章，引入小流域人居生态单元。从人居空间重组与生态管控约束、交通约束与市场社会分离、碎片化与单中心治理三个方面总结山区乡村人居生态空间治理困境，提出基于人居空间、贫困空间、空间组织多层一体的小流域单元空间治理模型，最后从绿色赋能效益、空间集聚效益、片区联动效益多个方向概括了面向产业振兴需求的小流域单元空间治理对策。

第 6 章，导向更高效的乡村治理。以鄂西五峰土家族自治县湾潭镇一个高山村落茶园村为空间场域，以茶农的社会化过程为时空线索，从支撑产业振兴的村落社会内生机制，乡村社会资本培育与乡村产业振兴，茶园村社会资本培育与茶产业发展三个层次总结了基于乡村社会提升的茶园村空间治理过程。

本书以鄂西武陵山区丰富的地域人居环境调查和案例研究为基础，调研数据获取得到各级政府、相关部门和地方群众的支持和帮助。乡村研究应取之于民，用之于民。我国是多山国家，书中对鄂西武陵山区乡村人居环境现状特征、产业功能特色与人居空间格局特征的交互作用机理和协同关系的理论探讨及对策建议可为各级政府推进山地资源系统性开发管理，推进基层治理创新和制定乡村振兴政策和措施时参考使用，为各级政府部门的乡村振兴工作提供方法参考，也可供乡村地理、乡村规划与乡村建设等相关专业人员和关注乡村振兴的广大读者阅读使用。

乔　杰

华中科技大学

2023 年 3 月

目录

1　山区可持续治理与乡村产业振兴

- 山区人居生态空间治理需求
- 产业振兴与人居生态空间治理
- 武陵山区资源禀赋概况与研究基础

1

1.1 山区人居生态空间治理需求

山区是经济、社会、人文、自然的综合体，常常具有封闭性、发展滞后性、民族多样性、生态脆弱性等特征（赵松乔，1983）。同时，山区往往是县域，而且是偏远贫困、政府垄断性很强，社会问题多而复杂，自然资源丰富的区域（冯佺光，2010）。基于地理区概念，山区是和平原相对的概念；基于社会概念，山区在社会经济发展水平上是欠发达地区。同时，由于山区特殊的区位条件，资源禀赋和农业产业的特色又赋予了山区经济学的意义。我国是多山国家，广义山地面积占国土面积的三分之二，集中分布于西部地区和各省（自治区、直辖市）的边界、交界地带，并且大多是少数民族聚居区（陈国阶，2006）。

"山区仍然是我国全面建成小康社会的短板，需要从地方实际出发，实事求是，因地制宜，实现精准扶贫、精准脱贫"[1]。山区滞后的市场环境和社会文化基础加剧了乡村产业振兴在劳动力、土地资源和资本的组织困境。全国 14 个集中连片贫困地区中有 11 个处于山区。山区贫困是人文环境失衡在自然环境中的反映，它在缺少生活必需品、生产力落后、自然资本折旧和人文环境失败四个层次递进，联系体制、环境和贫困之间的相关作用，深刻地诠释了贫困的成因（曲玮，2010）。从当前我国民族地区地理与贫困的耦合状态看，山区贫困产生的根源是产业基础和产业结构问题（彭建，王仰麟，2004）。民族山区受自然地理环境和社会文化影响，区域乡村经济活动规模不经济和对外交易成本高昂，致使许多地方市场破碎狭小，达不到大规模企业生存所需要的市场门槛。多数企业以低质的加工制造、廉价劳动力和较小的规模对当地的原材料进行加工，满足当地及附近区域市场的需求。而低质的产业结构会加剧环境问题，进而加剧贫困（安树民，张世秋，2005）。对于山区而言，发展农业依然是贫困山区农户脱贫的重要途径，非农产业发展对农村减贫的作用越来越小（马铃，刘晓昀，2014）。农业产业缺乏吸引力，农民收入来源脱离农村，乡村发展呈现凋敝景象，也是我国乡村振兴战略实施过程中面临的关键短板（刘彦随，2009）。

武陵山区地处长江中上游流域，区域溪流密布，是长江大保护的重要生态屏障（龙晔生，吴筱良，2011）。如何将扶贫与山区乡村生态功能恢复结合在一起一直是发展中国家推进可持续治理（发展）面临的重点问题。贫困发生与生态恶化往往以"贫困—环境陷阱"的恶性循环形式存在，乡村贫困导致生态恶化，生态恶化进一步加剧贫困。武陵山区是我国最大的跨省少数民族聚居区。生态脆弱成为制约武陵山区经济发展的重要瓶颈。如何凸显民族山区乡村人居环境特质，支撑乡村地域生态文化资源的多功能转化，保障民族山区文化生态共同体特征，成为民族山区因地制宜地推进乡村空间治理亟须解决的科学问题。

党的十九大报告提出，实施乡村振兴战略，产业兴旺是乡村振兴的重要基础，也是解决农村一切问题的前提[2]。民族山区乡村产业兴旺与乡村空间治理水平紧密相关。治理从本质上讲是国家事务和资源配置的协调机制，是政府职能、市场机制、社会参与和法治作用的有机组合。空间治理指的是政府与社会通过制度、

1 引自：地方性知识是民族村落实现脱贫的社会文化资源——以一个彝族聚居区的村庄为例 [N]. 中国民族报，2018-6-29.

2 引自：国务院关于促进乡村产业振兴的指导意见，国务院公报，国发［2019］12 号 .

地理与技术等手段，修复各类空间，以实现空间的有效、公平和可持续利用的实践活动（刘卫东，2014; 柳拯，2016）。国家进一步明确了我国国土开发目标，即“生产空间集约高效、生活空间宜居适度、生态空间山清水秀”，基于此来推进乡村三生空间协同耦合和可持续空间治理具有时代紧迫性和现实意义。以自然资源为基础的空间治理体系的完善是实现生态文明的突破口和乡村振兴的核心任务。

1.2 产业振兴与人居生态空间治理

1.2.1 认识乡村产业

乡村产业存在复杂的多学科话语。怎样认识产业？产业既不是一个宏观经济范畴，也不是微观经济范畴，而是介于宏观经济单位与微观经济细胞之间的一个中观经济范畴，即产业是具有某种同一属性的经济活动的集合（毛广雄，2011）。那么如何认识乡村产业基本特征？舒尔茨在《改造传统农业》中指出，除了诸如社会文化特征、制度结构或生产要素的技术特征外，传统农业的基本特征表现为“完全以农民世代使用的各种生产要素为基础，是一种特殊型的经济均衡状态”，是一种生产方式长期没有发生变动，基本维持简单再生产的、长期停滞的小农经济（西奥多・W・舒尔茨，2011）。因此，乡村产业振兴需要在尊重乡村生产要素特质的基础上促进乡村要素流动、社会参与、要素和结构性创新。国内外有关乡村产业的研究最早都指向农业部门，体现了乡村产业“以农为本”的本质特征。从地理学上看，乡村作为一个空间系统，是作为农产品生产区域而客观存在的（陈秧分，刘玉，李裕瑞，2019）。从经济学上看，乡村产业是在特定自然地理环境与社会经济环境下，依赖于一定的生产要素投入和产业部门结构支撑，从而实现功能产出的。综合而言，乡村产业是依托特定的人地关系地域系统，由若干相互关联、相互作用的要素构成的有一定结构和功能的有机体。针对乡村产业结构的非农化趋势，突出乡村资源特色和功能价值是乡村产业发展的未来选择（王云才，2000）。如增加景观多样性，提升产业结构（景娟，2003）；立足当地资源禀赋和市场需求，活化空间要素、拓展产业空间、创新产业形态，促进产业交叉融合（陈秧分，2018）；通过创新农业生产经营体系，不断盘活土地资源和农村资产，促进农村生产要素重组和空间重构，推动农业地域功能的转型（刘彦随，2018；黄季焜，2018）。在城乡层面，将资源要素进行跨界、交叉式的集约化配置（陈赞章，2019）。

本研究中，乡村产业是在特定的时空模式下所形成的多要素链接关系。其中，土地要素是乡村产业发展的基础，空间是产业活动发生的载体，也是最终产业发展的表征。本研究依据 2019 年国务院发布的《关于促进乡村产业振兴的指导意见》和武陵山区相关区域发展规划的实际要求，预设乡村产业发展中各种要素（包括人、物、技术、空间等）均链接在以土地要素为载体的研究假设中。本研究重点强调乡村产业与空间要素的多功能重组和人居空间多尺度重构两个相互影响的部分。乡村产业的“要素—结构—功能”与“三生”空间互动的网络映射关系如图 1-1 所示。

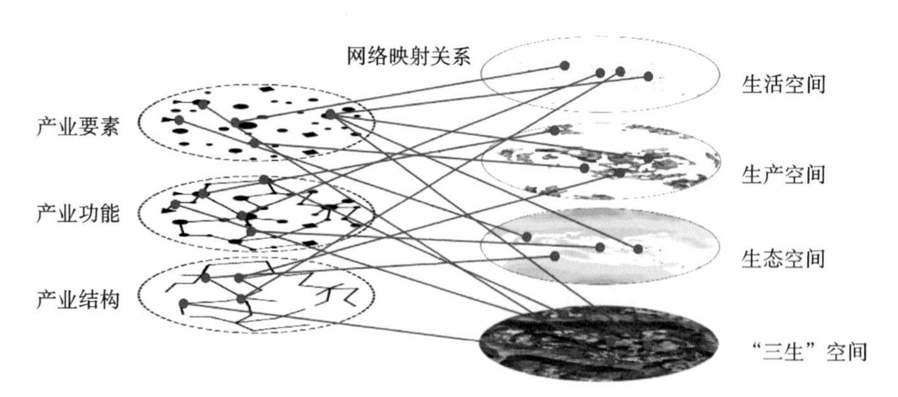

图 1-1　乡村产业的“要素—结构—功能”与“三生”空间互动的网络映射关系
（资料来源：作者自绘）

1.2.2　乡村产业振兴助力人居生态空间治理

乡村产业发展既受市场规律左右，也受乡村人居环境特质影响。武陵山区生态文化资源丰富，少数民族聚居特征明显。针对不同民族地区差异，将山区生态优势融入地方经济发展，把生态环境中蕴含的经济和文化价值转化为经济效益是民族山区因地制宜培育产业的重要突破口，也是传统村落保护和民族村寨建设关注的重点。因此，推进民族山区生态文化资源要素的重组，改善乡村产业空间组织结构，重塑乡村地域功能特色，是推进民族山区产业兴旺和生态宜居的重要内容。

（1）本研究从武陵山区乡村产业发展及民族村镇建设面临的“碎片化”空间组织困境出发，总结和凝练乡村人居生态空间的组织层次和作用机理，构建多层一体的人居生态空间治理基础，提出面向产业振兴的人居生态空间治理路径。我国中西部欠发达山区乡村发展常常面临产业兴旺和生态宜居之间的冲突。区域脆弱的生态环境加剧了乡村产业振兴在劳动力、土地资源和资本方面的组织困境。面对乡村振兴战略下不断释放的乡村空间活力，推进具有文化生态适应性和地域多功能特征的人居生态空间单元治理，对于提升欠发达民族山区在自然地理、地方社会和基层治理之间的有机整体关系，促进乡村生态、经济、文化协调发展，推进乡村产业振兴和生态文明建设具有重要意义。

（2）本研究试图从乡村产业振兴的切实需求和武陵山区人居环境特质出发，总结和凝练乡村人居生态空间特质。武陵山区是长江中游地区重要的生态屏障，人居环境建设和生态保护的矛盾十分突出。“十三五”时期，在大量“自上而下”的国家政策、资金和项目的支撑下，生态移民、产业扶贫、基础设施建设等措施一方面改善了民族山区人居环境质量和社会经济水平，另一方面，人地关系的重组也加剧了地域人居生态空间的矛盾冲突。

（3）针对武陵山区乡村产业发展及乡村建设中面临的空间组织困境，应研发适应武陵山区乡村空间结构特征和多功能转化需求的地域空间组织模型，加强区域空间活力和文化生态系统功能培育，助力民族山区脱贫攻坚和生态保护。

（4）针对样本区产业发展下人居生态空间的核心治理矛盾，探索基于典型人居生态单元产业的空间组织策略。空间手段对于发展中国家资源环境管理和地方优势运用具有重要的意义。乡村空间手段也是乡村产业振兴和乡村规划工作的重要抓手。现阶段我国乡村规划实践多为政府和市场主导，缺乏乡村产业支撑和地方治理需求，这导致乡村规划技术无法突破单纯从“物质—功能”出发的技术局限。

本研究通过多个典型样本分析不同小流域乡村空间生产逻辑差异，为恢复和重构乡村空间的功能活力和治理能力提供实证参考；综合生态学、地理学和社会学等多学科研究方法；根据多部委联合发布的新一轮村庄规划编制及实施管理特点，探索多目标协同的小流域人居生态空间组织模型，并优化产业振兴下的乡村规划的空间组织。

1.2.3 产业关照下的人居环境科学研究

乡村产业缺乏吸引力，农民收入来源脱离农村，乡村发展景象凋敝，这是当前我国乡村人居环境治理的短板。吴良镛先生在人居环境研究战略中强调[1]，要从可持续发展的利益出发，不断改善人民生活环境。实现山区产业振兴和推进脱贫攻坚与乡村振兴的有效衔接本质上是同一个问题。自精准扶贫和乡村振兴战略提出以来，贫困山区乡村产业振兴问题日益成为人居环境科学领域关注的重点。目前，人居环境学科对于乡村产业空间布局研究的基础还很薄弱。已有研究多从产业结构提升和功能调整等经济学规律方面进行讨论，偏向于对发达地区不同经验的比较和简单植入，割裂了不同地域乡村产业发展与人居空间组织的深层作用逻辑。对于如何突出乡村资源禀赋特色，因地制宜地探索产业要素特征、功能特色与多层次人居空间组织机理的研究甚少。本研究在学习和借鉴国内外相关理论和技术经验的基础上，立足于人居环境科学的多学科综合属性特征，针对山区产业布局和人居空间组织的“碎片化”问题，运用“地理—社会—治理”多层次空间分析技术对县域乡村人居环境特质进行识别，对乡村产业关照下的人居空间治理特征进行分析，揭示产业功能特色和人居空间格局的交互作用机理，为综合利用山区资源禀赋优势、构建面向人居生态空间治理的山区产业空间布局和山地村镇空间体系提供理论依据。

本研究的学术创新意义体现在以下几个方面。

（1）研究思路上，突破传统人居环境科学的管理学思维局限。综合生态学、地理学、政治学等领域的多学科理论基础，以山区典型人居生态单元为研究对象，剖析和揭示山区乡村产业资源禀赋和人居空间特征，为探索和丰富我国乡村地域空间理论提供了思路。

---

1 吴良镛先生在关于人居环境研究战略中建议：①理论与实践并重，重视理论探索，从实践中深化理论；②吸取西方理论与实践经验，重视总结中国的经验教训与历史遗产；③需要按地域研究，根据地区经济发展的不平衡与自然地理特征寻找不同规律；④不重复替代单一学科课题，重点放在拓展和交叉研究上，主张融贯的综合研究；⑤尽可能落实到物质环境建设及管理和法制的建设上；⑥强调了宏观与微观研究结合，从可持续发展的利益出发，不断改善人民生活环境。以上研究战略对于城乡规划学科的研究对象、研究内容、研究方法都具有重要的指导意义。引自：吴良镛．关于人居环境科学 [J]. 城市发展研究，1996（1）:1-5.

（2）研究内容上，构建了以人居环境科学推进乡村振兴的多学科融合话语体系。针对山区乡村小流域人居环境特质和空间系统特征，通过揭示乡村产业功能特色与人居空间格局的多尺度空间作用机理，响应山区生态文化资源的多功能转化和地域空间重组需求。

（3）研究方法上，在多时空数据采集和多类型数据集划分的基础上，构建乡村产业多层空间数据转译技术。如通过 ERDAS 集成 ArcGIS，实现多数据源的集成和分析处理，实现对乡村产业要素的识别和人居空间特征提取；通过 Nvivo 进行文本标记和逻辑生成，构建乡村产业中人、物、空间、事件等要素的逻辑关联，并在农户、村庄和村庄群多个层次的空间网络作用中实现定量定性相结合的空间分析和模拟。以上方法的应用，填补了人居环境科学领域乡村产业空间调查的技术空白，弥补了乡村产业空间布局规划方法论的系统性缺陷。

本研究的应用和实践意义包括以下几点。

（1）通过分析乡村小流域产业资源禀赋和人居空间特征，从中微观层面揭示影响山区乡村产业发展和人居空间组织的深层机理。武陵山区是脱贫攻坚和民族乡村振兴的战略重点，面临大量“自上而下”的国家政策、资金和项目投放（包括生态移民、产业扶贫、基础设施建设等）。山区“碎片化”空间环境会加剧乡村产业振兴在人力、资源和资本方面的组织困境。若产业要素的功能组织不当，容易加剧山区“碎片化”空间治理困境，导致乡村地域功能系统受损和人居环境破坏。

（2）为优化山区乡村产业空间布局和村镇空间体系提供典型地域空间组织模式。面对乡村振兴战略下不断释放的乡村空间活力，从山地人居环境系统特征出发，深入探索乡村产业功能特色与人居空间格局演变特征的交互作用机理，提升山区乡村“产业—空间”组织在地理空间、社会空间和治理空间之间的整体协同关系。

（3）为县域乡村统一自然资源管理和探索“多规合一”的实用性村庄规划编制单元提供科学依据。乡村振兴战略提出，产业兴旺是解决农村一切问题的前提。针对山区空间“碎片化”的事实，结合流域治理的多学科理论和技术特征，探索适宜乡村小流域产业发展和人居空间演变的乡村空间组织与管理模式，为推进山地资源系统性开发与管理、响应基层治理模式创新需求、提升乡村产业振兴的综合效益提供技术支持。

1.3　武陵山区资源禀赋概况与研究基础

1.3.1　武陵山区资源禀赋的认知

张良皋先生在《武陵土家》中写道：“武陵的奇峰异洞、悬崖巨瀑，可与世界上任何风景区媲美。”武陵山区海拔多在 500 ～ 2000 米，属于亚热带山区气候，四季分明，但冬无严寒，夏无酷暑，平均气温在 10 ℃左右，最高气温约 37 ℃，最低气温约－ 4 ℃，无霜期为 9 个月，湿度大，雨量丰沛，年平均降雨量 1300 ～ 1400 毫米；气候条件很适合动植物生息繁衍。面对武陵山区滞后的发展水平和贫困状况，张良皋先生深信，武陵山区具备如此优越的自然条件，如此深厚的人文底蕴，武陵土家的闭塞贫穷理当改观（张良皋，2001）。

武陵山区的地势和气候与平原地区不同。同一种农产品的生产时间有很大差别，这种“时令差”给山区农产品带来广阔市场，也让山区产业发展与人居环境特质的关系研究成为一个科学论题。武陵山区的茶叶、果蔬和药材含有丰富的、有益的矿物质，具有带动其他绿色产业做大做强的资源禀赋优势（刘驰，陈祖海，2013）。同时，武陵山区旅游资源十分丰富，具备打造国际知名生态文化旅游胜地的资源优势。面对行政区划约束，整合旅游资源，加大特色民俗、特色街道和特色服饰等旅游资源的开发力度，加快武陵山区旅游基础设施和配套设施建设，大力发展绿色环保的生态农业、观光农业、森林旅游业等乡村产业，是实现武陵山区的跨越式发展的重要途径。

武陵山区（东经 100° 55＇～ 107° 52＇，北纬 27° 18＇～ 30° 32＇）气候属亚热带向暖温带过渡类型，夏凉冬冷，雨量适中，随着海拔的不断升高，年平均气温逐渐降低，无霜期缩短，年降雨量增加（朱圣钟，2020）（表 1-1）。

表 1-1　武陵山区的气候特征

海拔 / 米	气候特征	年降雨量 / 毫米
＜ 350	常年温湿，气温较高，年均气温 17 ℃，无霜期 280 d 以上	1300
350 ～ 700	冬季温暖，年均气温 15 ～ 17 ℃，无霜期 260 d 以上	1300 ～ 1400
700 ～ 2000	年均气温 5 ～ 15 ℃，无霜期 195 ～ 220 d	1300 ～ 1400
≥ 2000	年均气温 6.5 ℃以上，无霜期不足 95 d	1600

鄂西武陵山区地理区位图如图 1-2 所示。

武陵山区属云贵高原云雾山东延，山脉由西南向东北延伸，为中国第 2 阶梯与第 3 阶梯的过渡带，全境以峰顶平整、山坡陡峭、山谷幽深为特征，主峰梵净山位于贵州省铜仁市。武陵山区溪河山岭相间，清江、乌江、沅水等主要水系纵横，最终分别注入长江和洞庭湖。全境水能资源蕴藏量大，丰富的水资源除了满足生活和渔猎需求外，最重要的是其具有水路交通功能（李果，2017）。

长期以来，武陵山区与东中部地区经济发展程度相异。经济欠发达地区与经济发达地区在市场经济下的经济逻辑并不一致，特殊的自然环境和人文条件（如环境、交通、信息、资金、人才和市场等）制约了武陵山区的经济开发。武陵山区各地州经济发展思路应遵循国家政策，大力支持产业开发是实现区域可持续性开发的重要基础（张红宇，等，1994）。鄂西武陵山区 11 个县（市）旅游资源分布现状如图 1-3 所示。

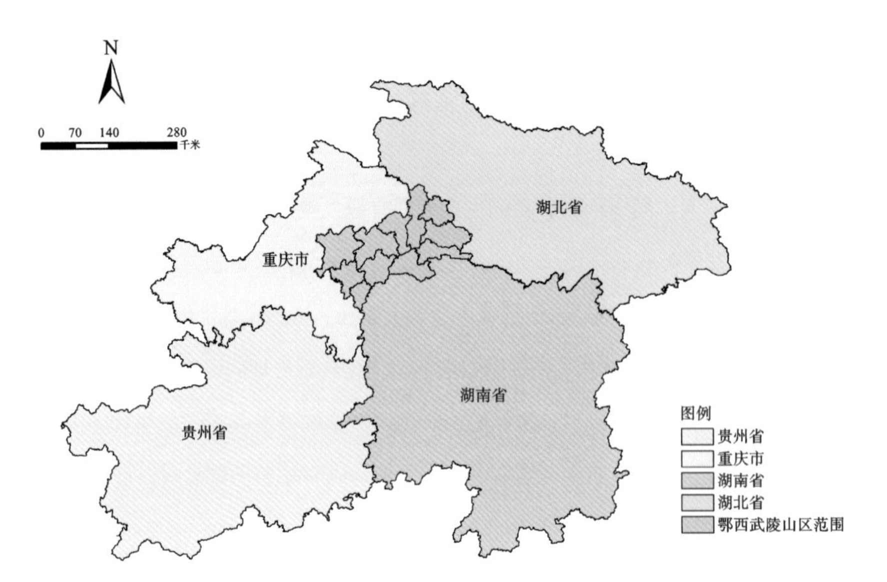

图 1-2 鄂西武陵山区地理区位图 [1]

资料来源：作者自绘

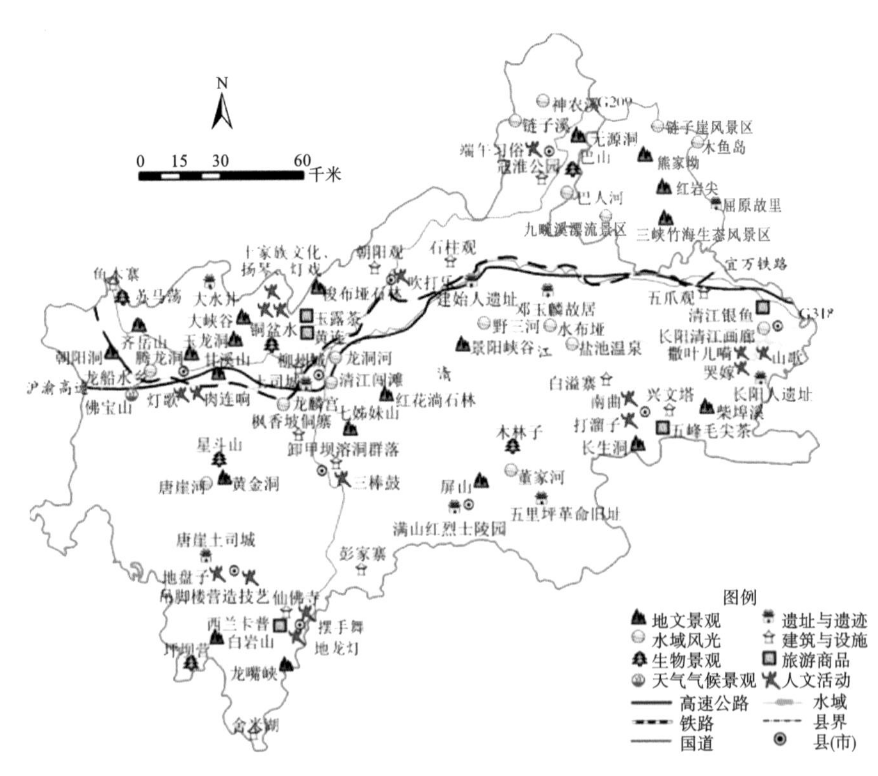

图 1-3 鄂西武陵山区 11 个县（市）旅游资源分布现状

（资料来源：根据文献（龚胜生，等，2014）改绘）

---

1 鄂西武陵山区范围共涵盖 11 个县（市），涵盖长阳土家族自治县、五峰土家族自治县、恩施土家族苗族自治州（简称恩施州，包括恩施市、利川市、建始县、巴东县、咸丰县、宣恩县、来凤县、鹤峰县）以及秭归县。

1.3.2 武陵山区调查与研究基础

（1）武陵山区乡村空间的理论研究基础。

武陵山区是人文社会科学研究的一处富矿。民族学、社会学、农村经济学、旅游学等学科在该区域开展过长期跟踪性调查研究，相关学术成果具有扎实的田野工作基础，不仅为世人揭开了武陵山区的神秘面纱，为输出资源、输入智力提供了学术桥梁，也为本研究全面认识武陵山区产业经济发展过程和地方社会人文特征提供了大量学理和数据支撑。

本书课题团队主持和参与了多项相关基金研究项目，并在乡村空间的多维理论认知和研究方法、山区乡村空间的生态层次解析、乡村空间资源配置逻辑和典型地域空间单元理论四个方面取得了多项学术成果。在研究中积累了较多关于乡村空间的多层次调查、数据采集和分析方法、典型样本选取和剖析以及多层次空间分析技术的经验。

课题组聚焦中部民族山区，在相关研究课题支撑下相继完成了硕士学位论文 12 篇，包括：《从“关系”到社会资本：新时期我国乡村社会发展的认知与应对》（乔杰，2014），《生态视角下长阳土家族自治县农村居民点空间布局优化研究》（周晓然，2016），《长阳土家族自治县乡村居住空间单元识别及体系建构》（侯杰，2016），《基于梯度分析的长阳土家族自治县沿头溪小流域乡村公共服务设施配置研究》（程德月，2016），《长阳土家族自治县农村贫困人口空间特征及治理对策研究》（张丽红，2016），《长阳土家族自治县乡村文化空间单元研究》（许杨，2016），《长阳土家族自治县沿头溪小流域自然村空间特征及其组织优化研究》（李德智，2017），《汉江遥堤地区乡村聚落的演变与空间格局优化策略》（王俊森，2017），《基于农业产业要素空间特征的山区乡村发展能力评价——以五峰土家族自治县为例》（丁博禹，2020），《基于社会资本提升的山区民族乡村产业振兴策略研究——以五峰土家族自治县茶园村为例》（许旋，2020），《长阳土家族自治县域乡村小流域类型及发展特征研究》（周萌，2022），《产业变迁视角下鄂西南传统聚落空间形态研究——以利川市兰田村为例》（李杏，2022）。博士学位论文 2 篇，包括：《生命体视域下的乡村空间研究》（乔杰，2019），《湖北省长阳土家族自治县县域乡村空间体系组织优化研究》（薛冰，2020）。

相关成果均聚焦中部贫困山区乡村空间地域样本，为本课题提供了重要的地域空间理论和分析方法。中国博士后科学基金项目《产业振兴下的武陵山区小流域人居生态单元模型研究》、国家自然科学基金青年项目《武陵山区乡村小流域“产业—空间”组织模型研究》与本课题密切相关，已经对武陵山区长阳土家族自治县域多条小流域样本的人居生态空间的特征、人居生态空间的产业机理、不同主导功能下的人居生态空间组织模式三个方面进行了系列基础研究。

课题组已完成的“长江中游地区乡村人居环境研究”（建村 [2016]80 号）与本课题相关。该课题聚焦长江中游地区三类典型乡村类型。①平原农业县乡村（农业现代化主导型）。②贫困山区县乡村（生态旅游主导型）。③大城市近郊县乡村（城乡统筹型）。通过数据调查和 ArcGIS 时空分析，认识不同类型乡村空间特征差异，凸显了不同地域乡村人居环境建设对产业经济发展和地域功能协调的重要意义，包括生态保育、特色农产品供给、文化旅游和扶贫治理等方面。这些研究均为本课题提供了乡村人居生态空间理论和方法论基础。

（2）武陵山区乡村空间的调查研究。

研究团队近十年的田野调查主要集中在中部贫困山区（鄂西武陵山区、鄂东大别山区）。自 2015 年以来，作者多次驻村，完成湖北省住房和城乡建设厅与湖北省民族宗教事务委员会相关课题的调查。同时，通过参与住房和城乡建设部相关课题调查，研究团队的田野经历覆盖了鄂西、黔东南和湘西地区，了解了武陵山区整体人居环境特征和地方乡村产业发展实际，掌握了大量一手田野调查数据和实证案例。近五年已完成鄂西武陵山区（长阳土家族自治县、五峰土家族自治县、利川市、巴东县、恩施市）和黔东南地区（黄平县、台江县、施秉县、剑河县）10 余个民族县、80 余个乡镇、120 余个村寨调研，为相关研究课题提供实证样本和方法基础。

2015—2019 年期间，作者多次参与长阳土家族自治县驻村调查（最长连续驻村时间 54 天），与不同角色的村庄治理主体建立了信任和网络关系，与“县—镇（乡）—村”各级干部、产业项目负责人、旅游投资人、地方农业专家、合作社带头人、农业大户、村庄精英、一般农户以及不同类型的贫困户进行了访谈和交流（以会议纪要和访谈录音形式进行记录），并通过微信（群）等途径与地方人员持续沟通，跟踪乡村日常生产生活、基础设施建设，重要产业项目的协同推进与多元参与形式，产业扶贫效果及地方反馈，为本书提供了丰富的样本支撑和调查经验。作者连续跟踪和聚焦县域乡村小流域旅游扶贫工作，负责编制了湖北省首个“乡村小流域旅游扶贫规划示范项目”，并持续跟进和完成不同尺度单元的小流域村庄规划和相关项目的实施推进工作。其中，“长阳土家族自治县沿头溪小流域（7 村）旅游扶贫发展规划”已获 2017 年湖北省优秀城乡规划设计（村镇类）二等奖，为本课题实证检验提供了可靠的规划实践基础和跟踪调查依据。

自 2019 年以来，申请人参与筹备了由湖北省民族宗教事务委员会和华中科技大学联合共建的省民族特色村镇研究中心。作为中心主要负责人之一，作者参与了湖北省少数民族村寨调查与特色村寨遴选工作，覆盖鄂西 10 个民族县（市），掌握了鄂西山区民族村镇人居环境建设、特色产业发展和乡村治理保障等相关数据资料。作者于 2019 年赴浙江丽水学院中国“两山理论”研究中心完成了湖北省民族宗教事务委员会组织的“湖北省民族地区产业发展助推脱贫攻坚培训班”课程（参与对象包括鄂西 10 个县（市）的“县—镇—村”干部），组织开展了浙南山区的少数民族县乡村产业与民族村镇建设的调查和研讨工作。这些工作经历均为本课题的展开提供了研究条件和社会组织支持。

（3）我国山区乡村人居环境建设经验研究。

作者先后参加了鄂东大别山区（英山、罗田、红安）、云南滇西地区（大理、巍山）、陕西关中平原（陕西杨凌）以及浙南山区（景宁畲族自治县、松阳县、缙云县等）等乡村产业特色和人居空间特征明显的乡村调查，总结了不同经济发展阶段乡村产业功能类型、不同产业功能特色下山区乡村产业要素的组织模式和人居空间特征。2015—2017 年先后参加了由住房和城乡建设部与同济大学组织的“我国农村人口流动与安居性研究—农村人居环境基础性课题”湖北省贫困山区抽样调查工作；2017—2018 年受国家留学基金委和英国杜伦大学地理系 CEL（culture economy life）研究中心的支持，参与了地理学院组织的英格兰山区周边的流域乡村农场调查，积累了流域空间治理的相关理论和技术方法，并结合我国中部贫困山区的调查研究做了题为“Exploring the Contribution of Small Catchment to Rural Planning in The Poverty Mountain Areas of Central China”的研究，具备良好的国际研究视野，为全面认识山区乡村产业发展特征，探索不同产业功能目标下产业要素组织的多情景提供了大量的经验。

1.3.3 武陵山区乡村产业空间分析方法

认识乡村产业布局与人居空间特征的多层空间关系需要新的方法论和技术支撑。首先，乡村产业和人居空间分析建立在乡村社会的实地调查基础上（李金铮，2008）。目前乡村社会调查主要聚焦于地理空间调查、社会空间调查和治理情况调查，涉及参与式乡村评估调查（PRA）、专家咨询法、基本统计学分析等研究方法（伍艳，2016）。目前乡村产业的多层次空间分析涉及要素的识别技术、空间组织分析技术、发展潜力评价和情景模拟技术。如通过遥感影像矢量数据提取与分析（胡琼，2015），基于“县—乡（镇）—村”面板统计数据的乡村发展类型、产业功能特征、产业发展潜力分析（刘彦随,2019），以多行为主体和组织网络特征模拟以及典型发展目标为导向的产业活动类型及其空间组织模式（杨忍,2018；唐承丽,2014）。

乡村产业是特定人地关系地域系统的“要素－结构－功能”有机体。土地是乡村产业发展和多功能价值呈现的基础，不同要素的空间组织模式对产业结构产生重要影响，要素的多层次空间作用实现乡村组织再造和乡村功能价值的提升。乡村产业发展是不同产业要素的融合过程。如何有效识别乡村资源禀赋的要素特征和功能组织特色，揭示乡村产业与乡村空间的多层次作用机理为本书的研究重点。在乡村转型发展过程中，要素分布、功能组织和人居空间活动在动态变化，因此需要从一种相对的、动态的、与社会经济要素相联系的角度理解乡村空间。目前，适用于乡村产业布局与人居空间特征的多层次空间分析技术在多个领域得到了成熟的应用，为本研究的展开提供了良好的技术支撑。综合集成地理学、生态学、社会学等多学科空间分析技术是本研究的研究特色。

本书在鄂西武陵山区长期乡村调查和乡村规划实践的基础上，以行政村作为基础数据采集单元，综合 ArcGIS 和 Nvivo 数据平台，收集整理区域空间数据（图 1-4）。同时，根据新一轮国土空间规划的“五级三类”划分要求及鄂西武陵山区县域农业产业经济的镇域特色集聚特征，本研究以乡（镇）单位为产业数据收集

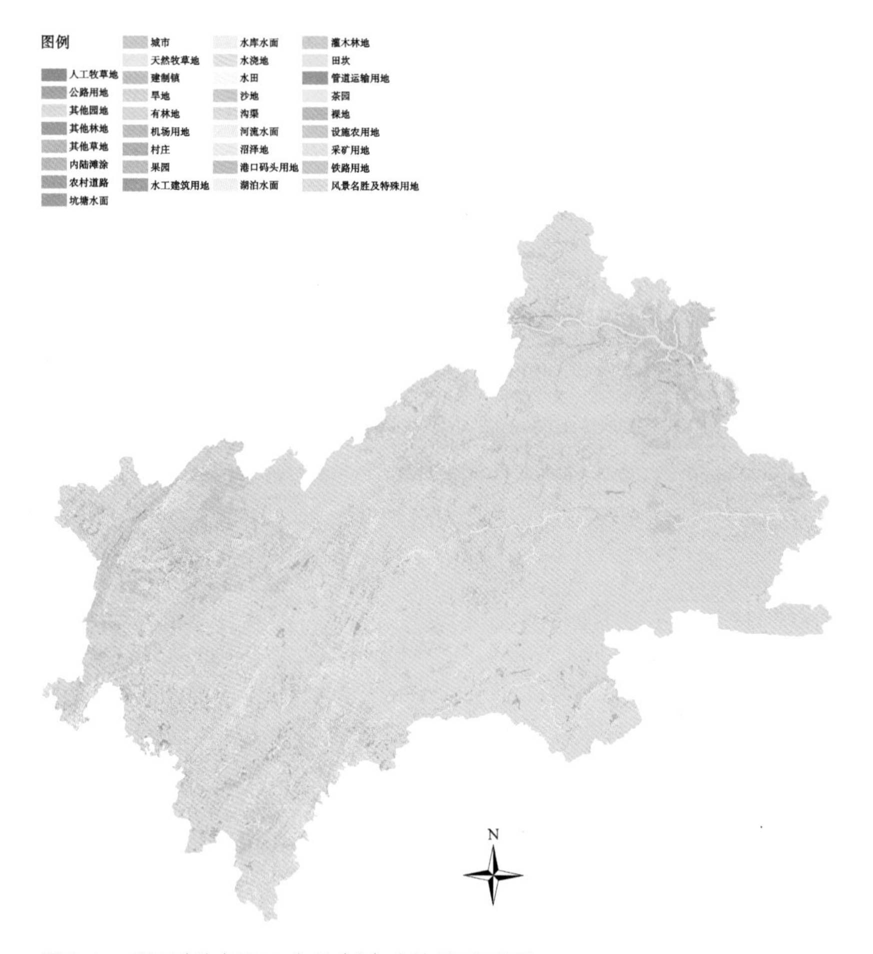

图 1-4　鄂西武陵山区 11 个县（市）土地利用现状图
（资料来源：根据样本县自然资源和规划局数据绘制）

单位，对不同类型数据集进行划分。某样本县多尺度分幅卫星影像图如图 1-5 所示。

在 ArcGIS 的支持下，通过 DEM 和国土空间数据（“三调”数据）提取县域水文（水系）、农地、居民点、交通基础设施等地理要素进行空间关联和叠加分析（图 1-6）。同时，结合社会调查和专家咨询，在充分尊重地方农业生产生活的基础上，进行空间可视化叠加分析，确定县域多尺度人居生态单元范围。

在 PRA 调查基础上，通过“人（专家调查）+ 机（遥感影像）”识别，进行解译结果校正。结合已有研究经验，在 ERDAS IMAGINE 9.2 和 ArcGIS 10.2 等地理信息软件的支持下，以 1 ： 5000 的地形图为基准进行人机交互解译，遴选出具有资源禀赋优势和产业经济效益的乡村产业要素（图 1-7），重点分析不同要素涉及的产业类型、用地结构和时空特征。

以国土“三调”数据库和分村实地调查信息为基础。通过多元线性回归分析，遴选乡村产业功能特征指标，拟从特色农业功能（A）、文化旅游功能（T）、安居保障功能（H）、生态保育功能（E）4 个层面构建指标集（图 1-8）。结合已有研究经验和专家咨询进行指标赋值，最后通过函数模型分析进行 GIS 空间可视化类型划分。

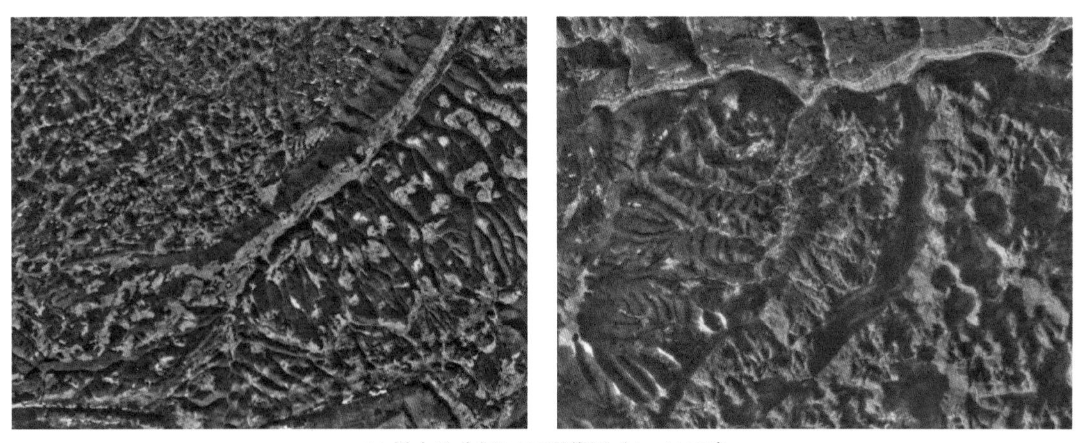

(a) 样本县分幅DOM影像图（1：10000）

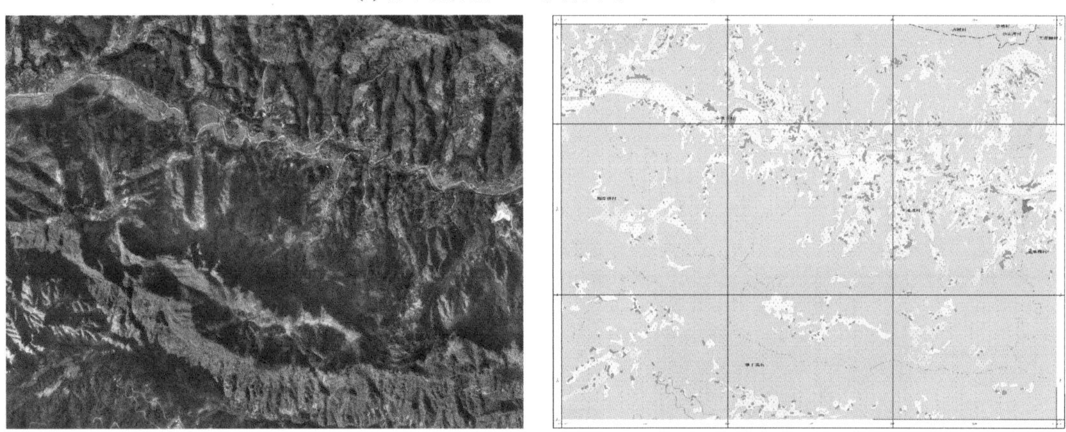

(b) 样本县DEM影像和土地利用现状图的互译（1：5000）

(c) 农村集体土地确权登记数据（1：2000）

图 1-5　某样本县多尺度分幅卫星影像图

（数据来源：根据样本县自然资源和规划局数据绘制）

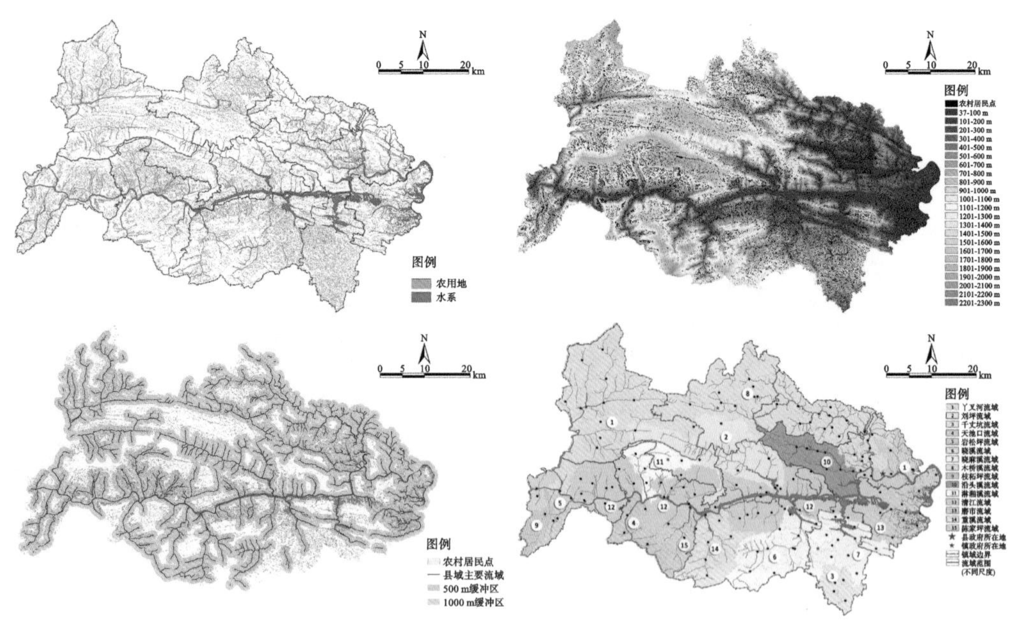

图 1-6　某样本县小流域人居生态单元多要素（农地、居民点、水系、基础设施）相关性叠加分析过程

（资料来源：作者自绘）

图 1-7　ERDAS IMAGINE9.2 对遥感影像的处理和要素提取

（资料来源：作者自绘）

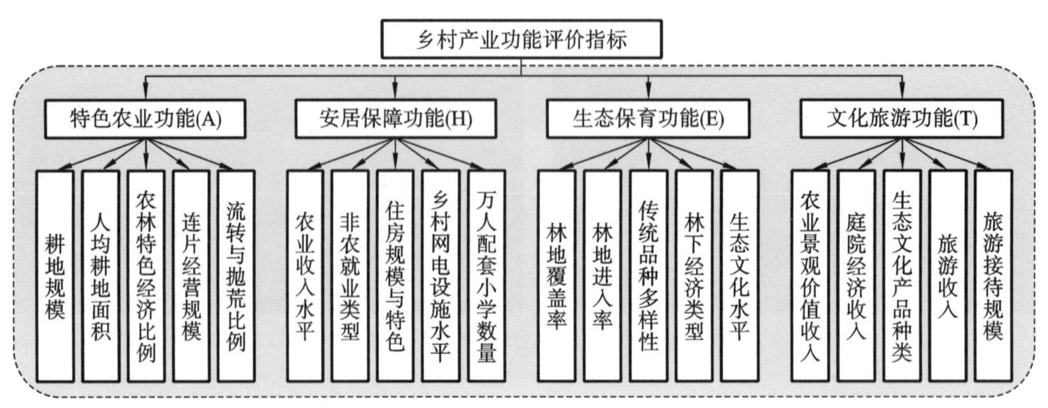

图 1-8　乡村人居生态单元地域功能评价指标体系

（资料来源：作者自绘）

2 乡村产业振兴需要尊重山区人居环境特质

- 产业振兴下山区资源系统再认知
- 鄂西武陵山区乡村产业空间资源现状
- 鄂西武陵山区乡村产业“要素—功能—组织”特征

2

英国经济学家、三次产业论的提出者阿·费希尔教授在1935年出版的《安全与进步的冲突》一书中提出，第一产业为人类提供满足基本的需要，第二产业满足更进一步的需求，第三产业满足人类除物质以外更高级的需求。20世纪80年代以来，国内一直将农村简单地与第一产业挂钩。直到2017年从国家层面提出的乡村振兴战略，农业发展及其产业价值才得到重视。在新阶段，国家优先发展农业，持续推进农村一二三产业融合发展。鼓励各地拓展农业多种功能、挖掘乡村多元价值，推进农村绿色发展，为全面推进乡村振兴作出总体部署。

山区生态文化资源丰富，但同时具有发展滞后性、民族多样性、生态脆弱性等特征（赵万民，2013）。山区乡村人居环境特质对于自身及区域社会经济的协调发展具有重要意义（吕建华，2019）。乡村人居环境是自然生态环境、地域空间环境与社会人文环境相互作用的地域系统，是农村的生态、环境、社会等要素的综合反映（李伯华，曾菊新，2008；彭震伟，2009）。在民族山区，乡村人居环境呈现“文化生态共同体”特征。人类学家朱利安·斯图尔德在1955年出版的《文化变迁论》一书中指出，任何一个民族与所处的自然与生态系统都存在一种相互作用关系，即民族文化必然渗透在所有的自然与生态系统中，而生态系统又会反作用于民族文化的构建，这种人与自然的复合实体称为“文化共同体”（杨庭硕，杨曾辉，2015）。

2.1 产业振兴下山区资源系统再认知

2.1.1 产业振兴下乡村空间价值认知

乡村产业发展既受市场规律左右，也要尊重乡村特质[1]。山区丰富的资源环境是乡村产业发展的基础。不同山地资源体系的要素、结构和功能，决定着该山地区域社会经济发展的方向和水平。在不同的历史发展阶段，山区有着不同的产业结构和资源利用特征。产业基础是由乡村资源禀赋的特征决定的，而乡村产业结构的合理化是由乡村内部的成本、协同、过程要素以及外部政策、市场、消费、技术条件共同决定的。产业经济发展归根结底是要改变资源结构，而发展中国家或欠发达地区资源结构的特征是资本的严重缺失。应通过比较优势战略，增加资本在资源禀赋中的相对丰富程度，促进资源禀赋结构提升。早在《改造传统农业》一书中，舒尔茨就重视制度对经济发展的重要作用，提出“相应制度的改变是农业经济现代化的必要条件之一”，而制度是“包括各种不同的活动、结构以及具体活动的规章制度”。改造传统农业的重要保障是：运用以经济刺激为基础的市场方式，通过农产品和生产要素的价格变动来刺激农户，克服小规模家庭经营农业的弱质性。

---

1 观点引自：产业发展要尊重乡村特质[N].贵州日报，2019年6月28日第13版.

山区往往具有县域，政府垄断性很强，社会问题多而复杂，自然资源丰富的特征。山区生态文化资源丰富，同时发展滞后、民族多样、生态脆弱等特征明显（赵万民，2013）。在脆弱的生态环境下，民族山区乡村发展面临严峻的生存压力，对于乡村空间的形成和文化的产生具有重要作用。少数民族群体在特定地理环境中形成共同文化背景，具有独特的生产制度、宗教信仰和文化教育。因此，民族乡村人居环境呈现 “文化生态共同体”的特征，即民族文化渗透在所有的自然与生态系统中，而生态系统又会反作用于民族文化的构建（杨庭硕，杨曾辉，2015）。在不同类型的封闭地理单元上，民族地区形成了各自独特的“（次）文化区”（周政旭，2016）。少数民族传统文化与地方生态环境是一种耦合体，传统生计方式与当地生态环境（水资源、植被、产业结构）具有高度适应性（陈少玉，2012）。吴良镛在研究滇西北民族地区时提出，“严峻生境”地区的聚居“必须与人的生存环境联系起来”。巨大的生存压力下形成的生计模式，具有在聚落各项生产生活行为中时刻以“维持生存”为首要任务的特点（周政旭，2018）。少数民族居民的传统生计方式与所属的自然与生态系统经过了长期的磨合，形成了与生态环境高度适应的资源利用方式，造就了少数民族地区人地关系的文化生态整体特征，也维系了人居生态系统的稳定（彭兵，2017）。从民族文化交流上，我国少数民族地区大量传统聚落分布在文化线路沿线，应从单体层次不断扩及聚落的整体层次，并参考线性遗产廊道的形式进行整体保护，突出重要的生态景观和文化内涵（单霁翔，2009）。此外，针对山区传统村落保护和利用人地关系超越行政边界的问题，周尚意（2017）在“人地关系地域系统论”基础上提出了生计层、制度层、意识形态层和自然层之间“四层一体”的理论概念，强调人居生态系统的地方独特性和整体性。认识不同地域类型区乡村人居环境特质，对于发展区域性农业生产、改善农村生态环境、提高生产力、制定农村发展规划具有重要现实意义（图 2-1）。

综合已有研究发现，实施乡村振兴战略以来，我国乡村空间研究承载了产业兴旺、生态宜居、治理有效等多学科交叉内涵。乡村空间研究需要突破传统的“就空间论空间”思维，应综合考虑乡村产业结构、机制组织、社会修复与空间形态的“异质同构”内涵（王竹 ,2018；陈潇玮 ,2019）。空间形态是产业要素布局的基础，产业空间布局与人居空间组织的多层次耦合关系研究是空间评价和规划的依据，也揭示了要素组织与功能布局的相互依存、相互制约关系（刘滨谊 ,2012）。

2.1.2　产业振兴下山区资源系统特征

民族山区各种资源虽然丰富，但长期受政策、交通、产业结构、地理位置等因素限制，土地、劳动力和资金长期外流，区域经济发展呈现“资源诅咒”现象，即丰富的自然资源可能阻碍而不是促进经济发展（高吉喜，栗忠飞，2013；Sachs and Warner，1995）。资源的丰富程度和法律、制度共同决定了区域经济增长是否依赖于资源（Brunnschweiler and Bulte，2008）。同时，我国山区生态环境特征表现为生态脆弱带与贫困地区地理分布的一致性（李周，1994）。由于绝大多数贫困人口居住在自然条件恶劣、自然资源匮乏、

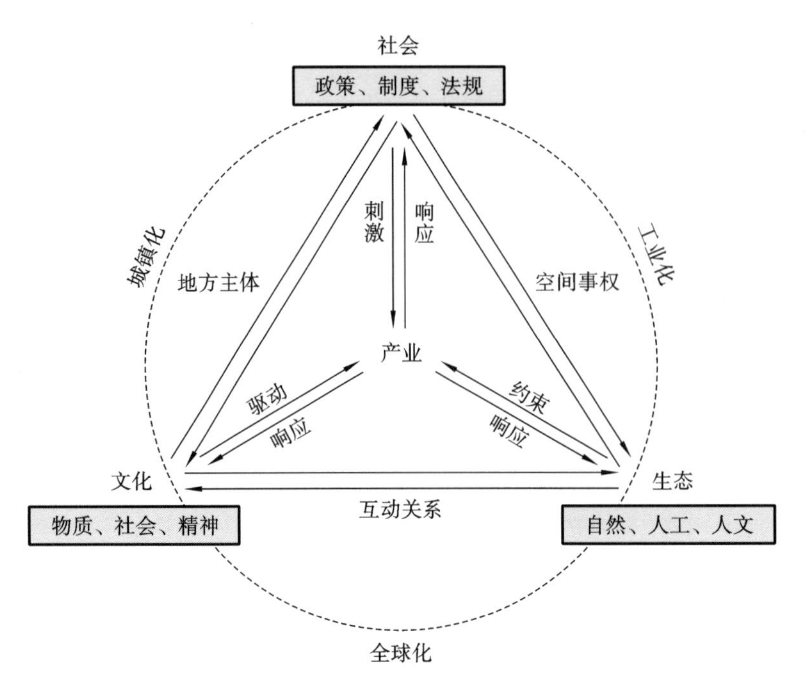

图 2-1 产业振兴与乡村“社会—文化—生态”系统整体关系
（资料来源：作者自绘）

生态环境脆弱且受到严重破坏的地区，因此贫困问题也是生态环境问题。生态脆弱区域是指经济与生态双重贫困的区域，它使我国民族地区的经济发展处于一种恶性循环状态（乔宇，2015）。贫困的根源不在于其文化本身，而在于恶劣的生态环境、粗放的生产方式等因素对当地经济社会发展带来的种种限制。从当前我国民族地区地理条件与贫困程度的耦合状态看，山区贫困产生的根源是产业基础和产业结构问题（彭建，王仰麟，2004）。民族山区受自然地理环境和社会文化影响，区域乡村经济活动规模不经济和对外交易成本高昂，致使许多地方市场破碎狭小，达不到规模企业生存所需要的市场门槛。一些企业以低质的加工制造、廉价劳动力和较小的规模对当地的原材料进行加工，满足当地及附近区域市场的需求。低质的产业结构问题还会加剧环境问题的危害，进一步加剧贫困。

土地利用是乡村产业功能和价值的呈现基础，也是实现人、物、空间和事件等产业要素组织的链接载体。乡村产业振兴需要实现资本、人才和土地三种要素的融合（申端锋，李丹，2019）。乡村产业要素的组织模式对乡村产业结构产生重要影响（吴必虎，伍佳，2007）。乡村资源要素禀赋条件决定了产业要素配置结构和资本的进入形式。产业要素融合经历了土地、技术、资本多层次空间作用过程，并对乡村社会组织产生影响（钟远平，冯佺光，2009）。

产业要素重组与乡村空间相互作用是多层次的交互网络映射过程。民族乡村产业经济多呈现“农业为主、边界经济、基本资源权力单位和四种经济活动单位（家庭、村集体、乡（镇）、乡村企业）相互关联”的特征（刘小珉，2003）。乡村产业经济活动在不同层次空间组织下呈现多尺度单元组织和空间资源利用特征，如庭院经济（崔龙燕，姚翼源，2019）、乡村社区旅游（赵福祥，李全德，2003）、乡村走廊经济（邱海鹰，2009）、乡村产业集群发展经济（陶少华,2011）。不同产业要素组合为分散农户参与乡村产业发展提供了多种经济可能（保继刚，孙九霞，2006）。以要素融合为代表的多业态复合经营模式适应了山区生态系统特征（鲁明新，田红,2017）。总体特征概括如下。

（1）庭院经济为重新认识乡村生产、生活、生态的总体价值提供了资源载体。推进所有权和经营权合一的家庭农场，兼顾经济、生态、社会三大效益。通过宅基地和住房准入制度，鼓励市场和农户对农村资产的投入，如鼓励多种形式的庭院经济发展。庭院经济为农户参与乡村发展，发展乡村旅游，实现自然资源管理提供了基础的空间单元。

（2）山区社会经济发展水平一定程度上取决于人文资源对自然资源的作用效率。贫困山区所处地域和经济上的边缘性决定了山区贫困并非一个简单的经济问题，而是一个复杂的政治经济过程，贫困的客观性在这样的过程中被反复生产。要实现脆弱农业区的可持续发展，就必须把长期处于均衡状态下的封闭社会经济系统转变成远离平衡状态下的开放的社会经济系统，也就是要革新现有贫困人口的生活方式和社会经济发展模式（叶文虎，2001；佟玉权，龙花楼，2003）。

（3）实现山地资源系统开发，要充分发挥区域（次区域）比较优势。产业不是复杂的宏观经济现象，也不是简单的微观经济行为。从中观经济学视角看，山区生态环境保护和产业发展、山民安康和富足均取决于山区资源的系统开发。具体而言，在横向上的系统开发，要克服发展中的不均衡问题，遵循山地资源生物多样性，对物质和非物质形态进行融合开发，实现全面发展；在纵向上的系统开发，要根据产业化模式，延长产业链，提升资源利用率和附加值。通过立足当地资源禀赋和市场需求，活化空间要素、拓展产业空间、创新产业形态，促进产业交叉融合（陈秧分，王国刚，孙炜琳，2018）。通过新模式将农村地区乃至城市资源进行跨界的、交叉式的集约化配置，并呈现产业化、技术化和规模化特征，推进偏远贫困地区农村经济快速、高质量发展（陈赞章，2019）。

2.1.3 产业振兴下山区“碎片化”治理

民族山区乡村产业兴旺与乡村空间治理水平紧密相关。推进贫困乡村产业发展还受到自然地理条件、社会观念以及产业政策和扶持方式的制约（何仁伟，刘邵权,2013）。产业兴旺和脱贫本质上也是同一个问题[1]。土地“碎片化”（land fragmentation）是乡村振兴战略亟待解决的现实问题。已有的“碎片化”研究多集中于宏观层面的数理分析，中微观层面结合具体产业要素的“致碎机理”研究较少。山区土地“碎片化”问题表现为产业要素的多尺度空间分异特征。通过乡村产业空间布局，带动土地整合规划和空间管理使实现乡村空间的“碎片化”治理成为可能。如何从乡村产业特征揭示山区“碎片化”的空间事实，从中微观层面探索反“碎片化”的空间组织机理是本研究的重点。

---

1 观点引自：产业兴旺与治理有效是乡村振兴战略的两大抓手 [N].21 世纪经济报道，2018 年 6 月 4 日，第 8 版.

土地“碎片化”指我国山区农地细碎、生活分散、生态脆弱的地域空间事实（佟玉权，龙花楼，2003；谭淑豪，曲福田，2003）。针对乡村空间“碎片化”问题，国内外做了较多的探索。相关研究主要集中在土地的“碎片化”衍生的农地产权和空间治理的“碎片化”问题。综合来看，土地“碎片化”是全球乡村发展面临的共性问题（Tan，2006; Demetriou，2013）。关于土地“碎片化”的影响研究多从自然资源、社会、空间特征、产权维度进行分析，并呈现空间分异特征（董雅晴，2017；Cheng，2019）。

有关山区土地“碎片化”的成因，主要聚焦于资源属性、空间属性、利用属性三个层次。地形、地貌、地质、水文、资源容量、空间分布、土壤质量等自然条件对土地“碎片化”的形成具有基础和结构性的作用（Nguyen，1996; 田孟，贺雪峰，2015）；乡村人居空间属性（如分散地块形状、距离、聚集程度等景观生态格局特征）与土地利用属性（如所有权、基础设施建设、可达性等）相关（Muchová，2017）。在民族山区，土地“碎片化”问题表现尤为突出。土家族自古“喜居山旷、不乐平地”，反映了山区“山大人稀、居住分散、耕地细碎”的空间特征（邹家俐，2000）。以家庭联产承包责任制为基础的土地均分形式加剧了山地分散化和碎片化的经营格局（谭淑豪，曲福田，2003）。在乡村产业振兴背景下，农地的适度规模经营是发展趋势，山区土地“碎片化”负面影响显得尤为突出。如增加交通和农业生产成本，浪费土地，阻碍农业现代化发展和农村可持续治理（Platonova，2011）。山区土地“碎片化”引发的产权“碎片化”，加剧了农村环境治理、农村公共服务供给的组织困境（张诚，刘祖云，2018）。相关研究指出，武陵山区农业及相关产业的衰败，与林权碎片化，产权不明有直接的关联（鲁明新，田红，2017）。

目前，产业发展引导下的土地流转和土地治理是农地“碎片化”治理的两种主要思路。在土地流转方面，推进以公司为主导的土地整理模式（Zhang，2019）；通过整合山区旅游用地，规范乡村旅游发展的土地使用（董雅晴，2017）。利用生态优势，发展多功能旅游产品，有助于实现贫困地区交通基础设施、生活服务设施开发建设，推进山区“碎片化”整合（刘家明，2017）。在土地整治方面，通过合理的土地调整，归并地权和地块，提升乡村生产生活组织效益（田孟，贺雪峰，2015）；通过重新分配土地和提供公共基础设施实现土地整理（Demetriou，2013）。此外，国外对“碎片化”做了政策层面的有益探索，如《欧洲景观公约》提出通过景观规划整合空间管理是治理土地“碎片化”的前瞻性工具（Maguelonne，2006）。

2.2 鄂西武陵山区乡村产业空间资源现状

2.2.1 鄂西武陵山区乡村社会经济发展概况

武陵山区是长江流域的水源涵养区和长江中游地区的重要生态屏障（图 2-2）。虽然与几大都市圈核

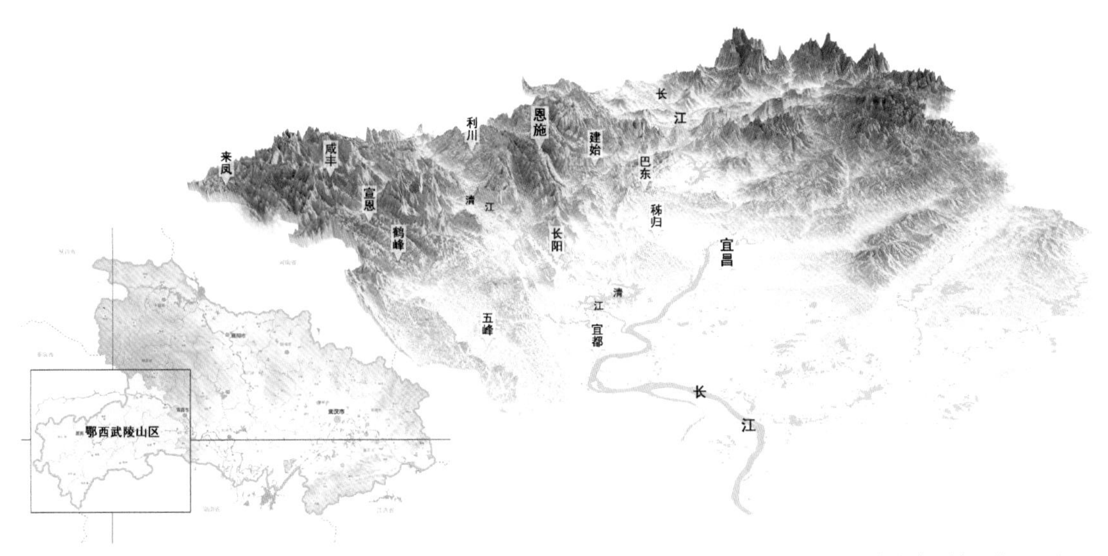

图 2-2 鄂西武陵山区地理范围示意图

（资料来源：根据研究中心数据底图绘制）

心区相比较，武陵山区社会经济发展水平较低，与核心区的经济距离较远[1]。但面对长江流域生态保护区域合作的新发展格局，武陵山区需要摆脱过去单一经济区位考量下的“核心—边缘”区位特征。

根据 2021 年湖北省乡村建设评价数据显示，全省县市的农村居民人均可支配收入为 18165 元，高于 2021 年全国样本县平均水平的 16680 元。其中，鄂西武陵山区所在的重点生态功能区经济发展水平稍显滞后。相关统计数据显示，2010—2021 年间，湖北省城乡居民人均可支配收入（全省的城市居民与全省农村居民的比值）从 2.75 下降至 2.21，全省城乡收入差距总体缩小，但重点生态功能区的城乡差距仍大于重点开发区域和农产品主产区（图 2-3）。为了探究鄂西武陵山区的乡村地区发展状况，本书主要从人口、经济两方面对鄂西武陵山区乡村社会经济情况进行总结。湖北省的人口密度整体上呈现“东密西疏、中部居中”的宏观格局。鄂西武陵山区人口密度整体处于较低水平，除了恩施市城区部分地区人口密度为中密度与中高密度以外，其他地区人口密度平均属于低密度与中低密度（图 2-4）。

人口密度的分布是在历史、经济、地理条件等多重因素影响下逐渐形成的，作为劳动力密集程度的体现，人口分布对乡村发展至关重要。人口密度会影响乡村经济、社会和环境等多个方面。人口密度低，虽然对农业而言意味着更多的土地资源，但政策扶持、教育进步、基础设施的完善程度也依赖着人口密度，应结合当地实际情况和需求，制定合理的规划和政策，引导农村人口的“流”和“留”。一方面可以有效解决农村空心化和老龄化问题，另一方面也可以应对产业振兴下的人才振兴问题。鄂西武陵山区某行政村单元 1985 年和 2020 年宅基地分布对比如图 2-5 所示。

1 观点引自：郑长德．武陵山区经济发展研究：基于新经济地理学视角 [J]. 西南民族大学学报（人文社会科学版），2013，34（01）:136-143.

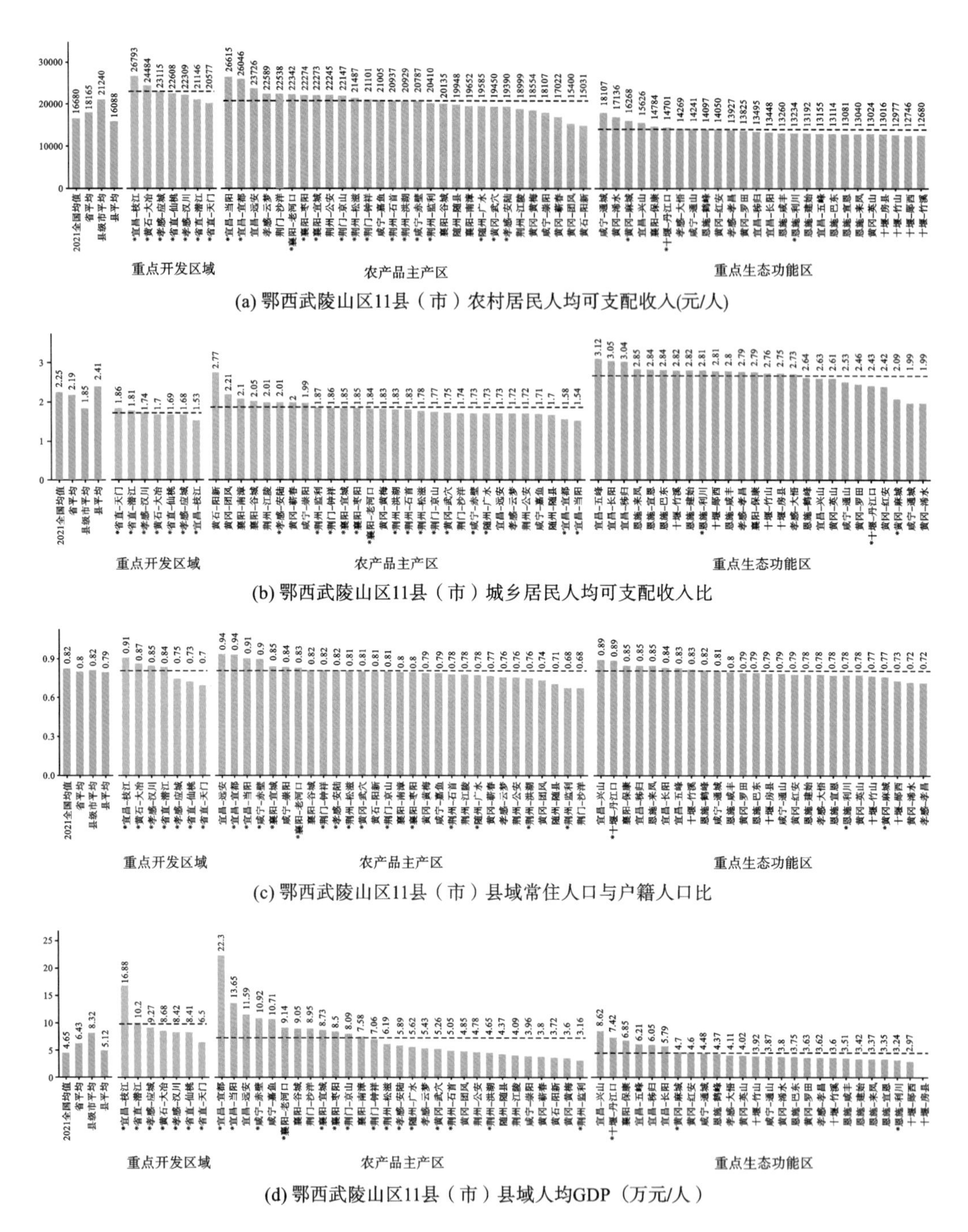

图 2-3　鄂西武陵山区 11 县（市）乡村社会经济发展情况

（资料来源：2021 年湖北省乡村建设评价报告）

鄂西五峰土家族自治县沙淌村某农村居民点宅基地分布情况如图 2-6 所示。

县域社会经济整体水平是乡村产业振兴的基础，对乡村资源利用至关重要。从县域尺度看，县域经济发展水平越高，乡村产业的市场、资金、技术、人才等要素供给越充足，乡村产业的创新能力和竞争力也越强。而县域经济发展水平越低，乡村产业的要素供给越匮乏，乡村产业的发展也越滞后。但是，县域经济发展

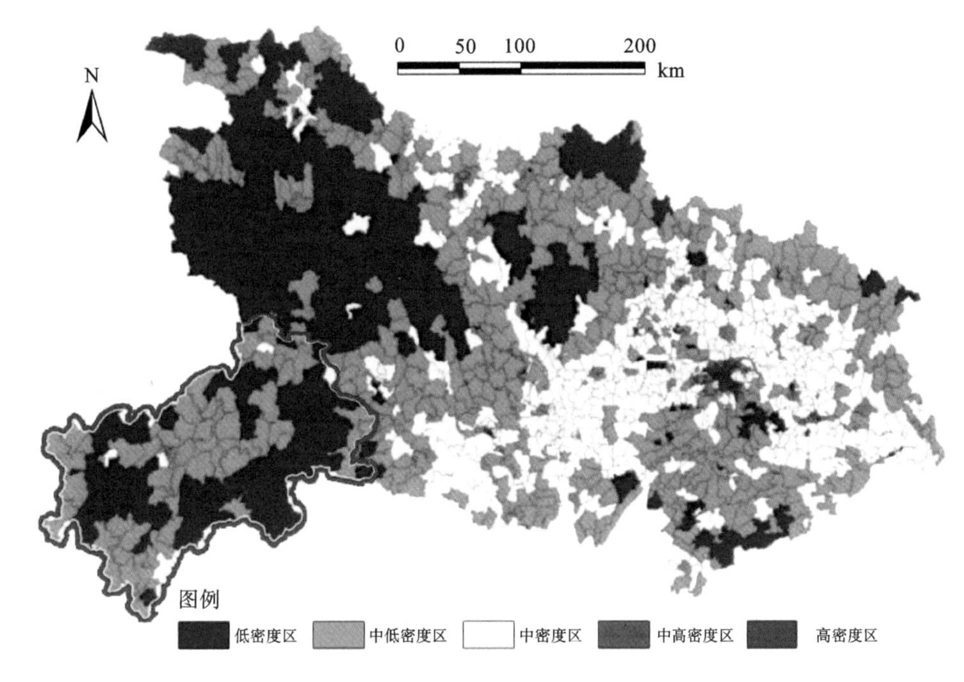

图 2-4 鄂西武陵山区 11 县（市）乡镇级单元人口密度分布图

（资料来源：研究团队绘制）

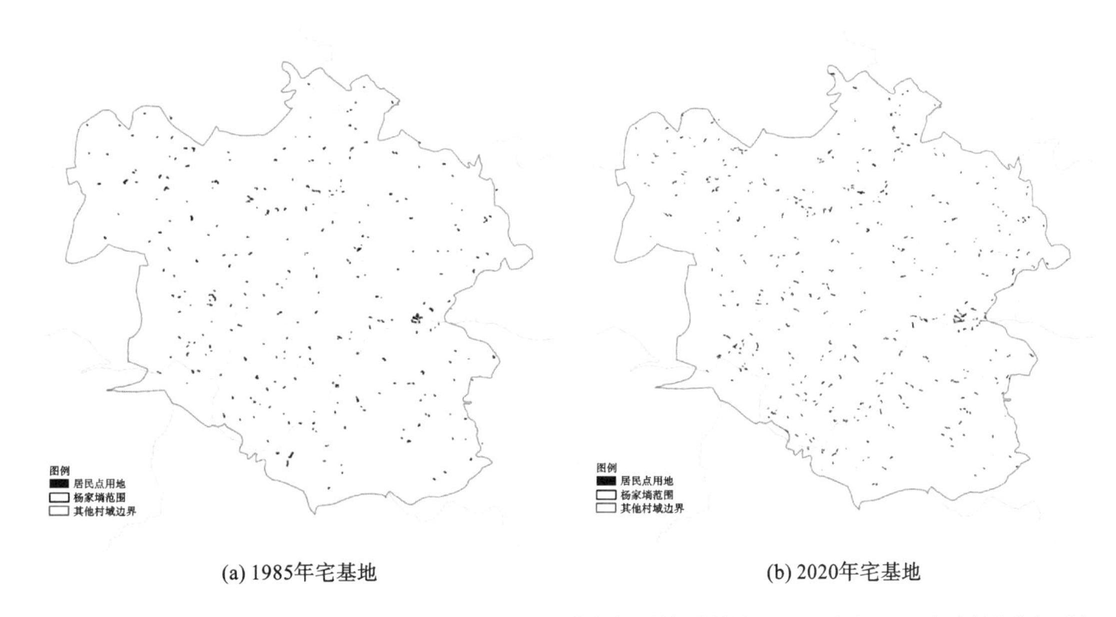

图 2-5 鄂西武陵山区某行政村单元 1985 年和 2020 年宅基地分布对比

（资料来源：研究团队绘制）

也取决于其他因素，比如产业融合、消费能力、人力资源等[1]。

从村集体角度看，村集体经济水平越高，村集体就能够提供更完善的公共服务和基础设施，促进农民

1 资料来源："治理者说：以县域经济带动乡村振兴"，《人民日报》2018 年 8 月 9 日，第 5 版.

图 2-6　鄂西五峰土家族自治县沙淌村某农村居民点宅基地分布情况
（资料来源：研究团队自摄）

收入增加和乡村产业多元化发展。而村集体经济水平越低，村集体就难以支撑日常支出，无法改善农民生活条件，制约乡村产业的创新能力和竞争力。当然，种植业效益、政策扶持、市场需求等其他因素的影响也不容忽视[1]。

从农户角度看，农民的收入、消费和投资能力越强，农业生产和农村服务业的需求和供给也越旺盛。而农户收入水平越低，农民的生活质量和福利水平越差，农业生产和农村服务业的发展也越受限制。此外，土地整合、新型农业生产与经营队伍、农业合作组织等因素也影响着农村发展。

鄂西武陵山区由于地理位置偏远，交通不便，市场规模和创新集聚能力有限，县域经济发展水平（包括经济能级、服务能级和乡村发展能级）不高，鄂西县域经济发展在湖北省乃至全国范围内均处于长期落后甚至深度贫困的状态，严重影响了该地区乡村产业融合发展以及基础设施配套建设的速度。

鄂西武陵山区县（市）人均 GDP 分布图（2017 年数据）如图 2-7 所示。

1　引自："【乡村振兴】姜长云：乡村产业发展中存在的五个问题"，《南京农业大学学报（社会科学版）》2022 年第一期文章《新发展格局、共同富裕与乡村产业振兴》.

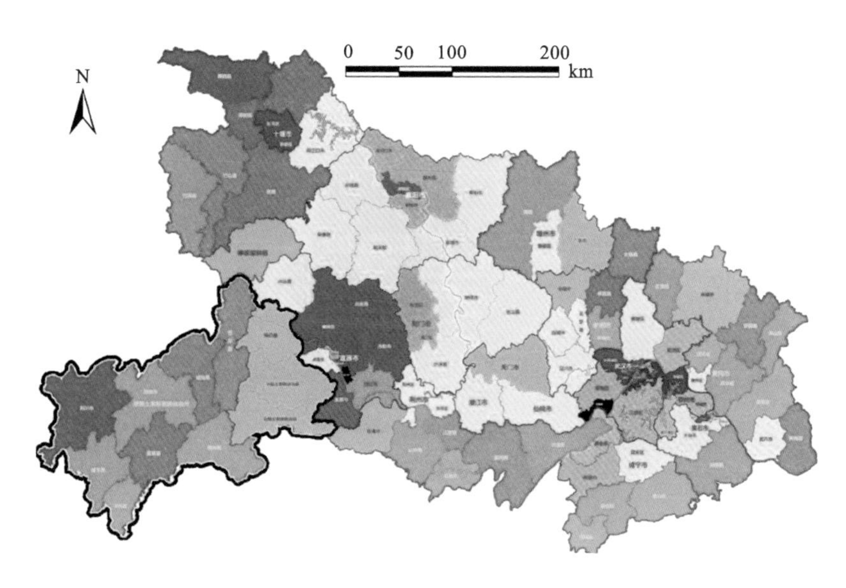

图 2-7 鄂西武陵山区县（市）人均 GDP 分布图（2017 年数据）
（资料来源：研究团队绘制）

2.2.2 鄂西武陵山区乡村地域空间的特征

武陵山区在自然结构和社会发展方面具有较强的同一性，是相对完整和独立的地理单元，区域地缘关系密切，人文同脉。从社会发展方面看，区域城镇空间松散，城镇分布不均匀、规模较小（图 2-8），城镇化水平较低，城镇体系不完善。从自然结构方面看，鄂西武陵山区资源丰富，但生态环境脆弱，生态退化、环境污染、灾害频发等问题突出。该区域主要有以下特点：地理空间的局限性，生态环境的优越性，人文历史的独特性以及产业发展的地域性。各类基础特质对地区的发展影响都具有两面性，且各种特质之间相互作用，共同影响着乡村发展。鄂西恩施州城镇生态空间格局图如图 2-9 所示。鄂西恩施州国土空间控制线格局图如图 2-10 所示。

（1）生态空间的功能性。

鄂西武陵山区占湖北省生态保护红线总面积的 41.6%，其划定范围占该区的 41.4%，两项指标均为湖北省最高。鄂西武陵山区在湖北省“四屏三江一区”总体生态格局中的定位，反映了其生态环境的独特优势。鄂西武陵山区生态环境呈现以下特点：①区域生态环境脆弱，水土流失严重。民族山区大多处于高海拔、降雨多、地质条件差的地区，易受自然灾害和人为破坏的影响，导致水土流失、森林退化、生物多样性下降等问题。②生态功能重要，资源潜力大。民族山区是许多江河的发源地和重要水源涵养地，对维持国家和地区的生态安全和水安全具有重要意义。同时，民族山区也拥有丰富的林业、畜牧业、旅游业等资源，具有较大的开发潜力。③文化多样性高，生态文明建设需求强。民族山区是少数民族聚居地区，具有独特的历史文化和传统习俗，对生态环境保护有着深厚的感情和理念。在城市建设中，应该充分尊重和保护民族文化特色，并结合当地的自然条件和社会需求，推进生态文明建设。

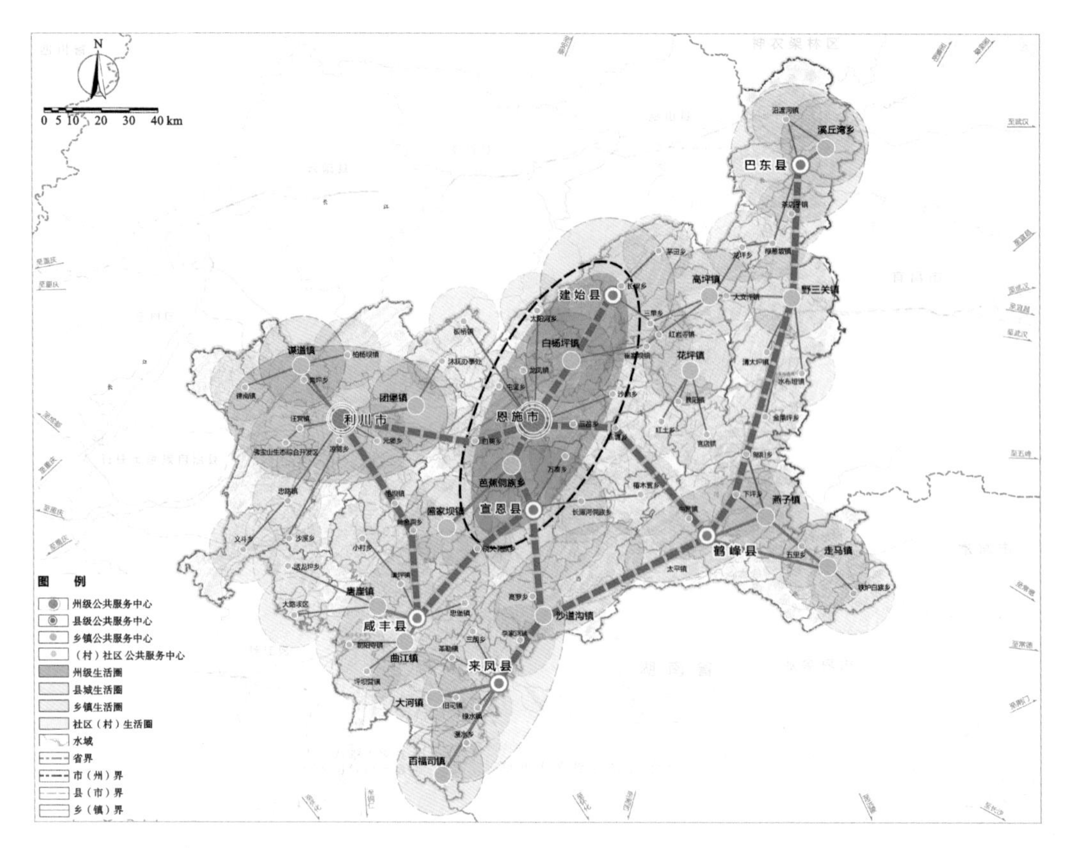

图 2-8　鄂西恩施州城镇生活空间分布格局图

（资料来源：根据恩施州国土空间规划公示稿改绘）

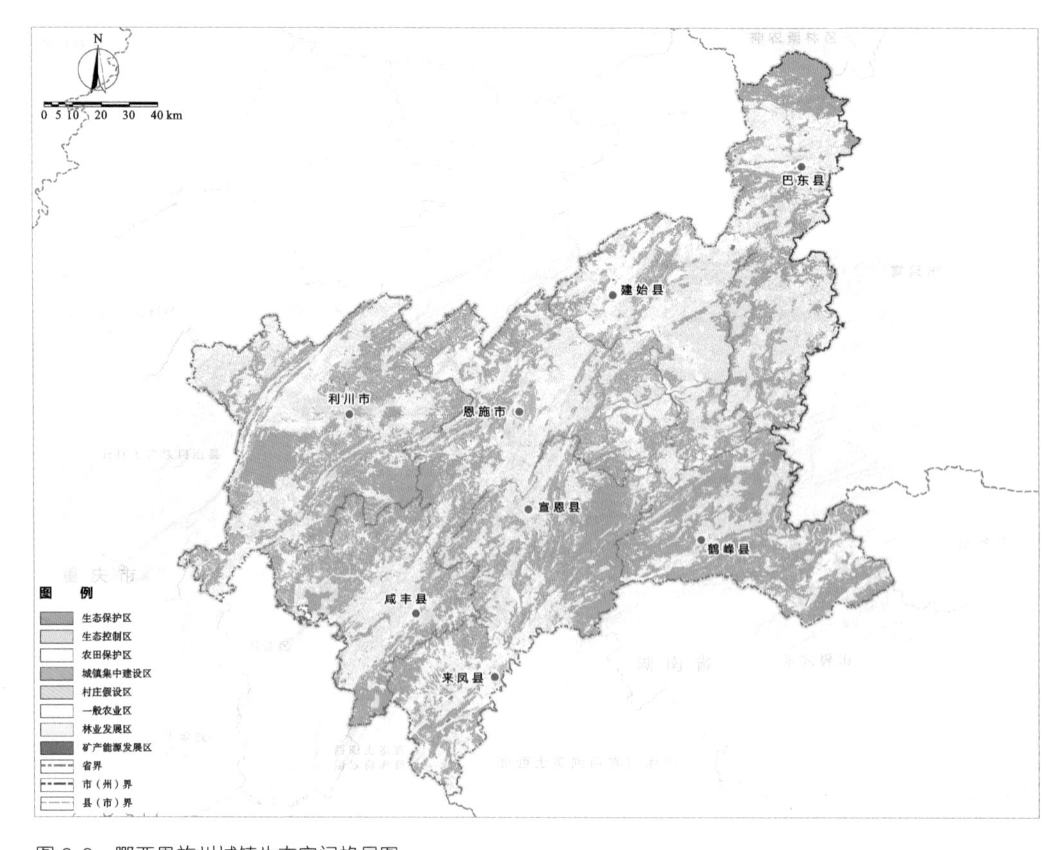

图 2-9　鄂西恩施州城镇生态空间格局图

（资料来源：根据恩施州国土空间规划公示稿改绘）

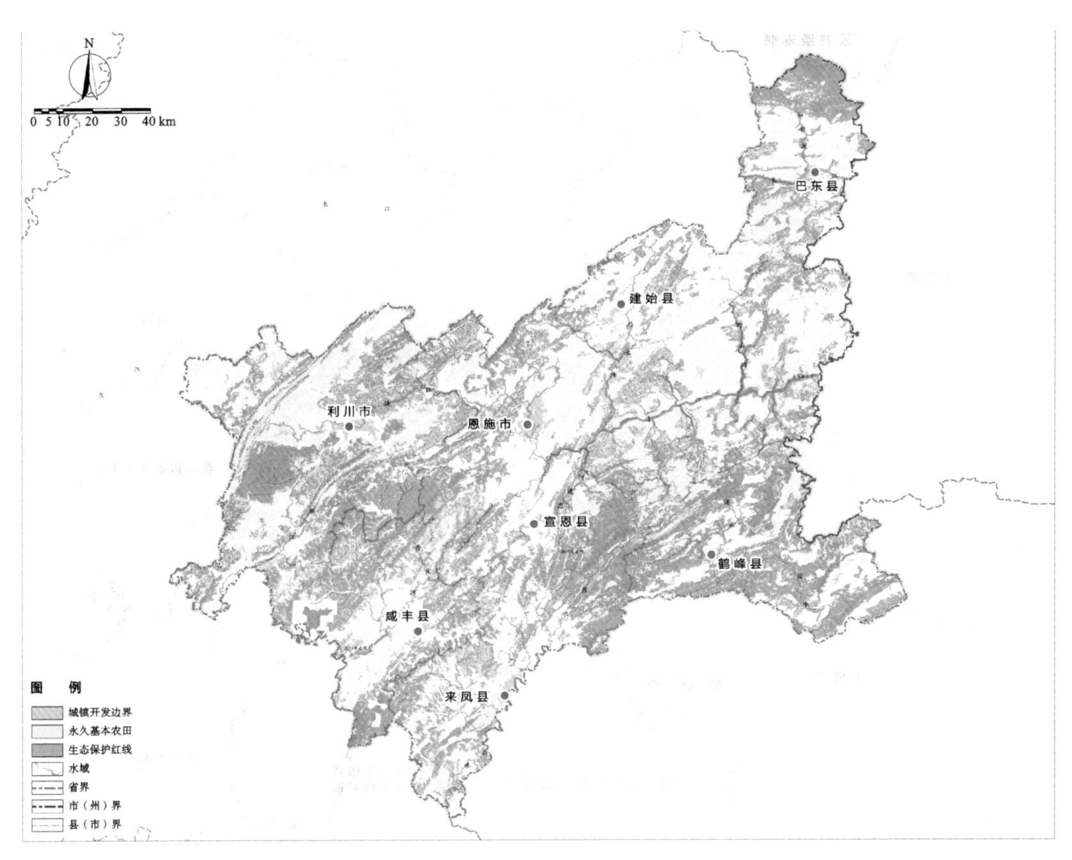

图 2-10　鄂西恩施州国土空间控制线格局图

（资料来源：根据恩施州国土空间规划公示稿改绘）

在针对乡村地区的具体研究过程中，作者对鄂西武陵山区多个乡村的农户进行了问卷调查。结果显示，愿意长久居住在本地的农户，有 90% 的人有较高的生活幸福感。因为本地环境优越，利于居住养老和身心健康，具有较低的生活压力与较慢的生活节奏。农户生活幸福感是生态环境优越性具体体现的一方面，依托于优越的生态环境衍生的产业发展模式是生态环境优越性具体体现的另一方面。近些年来，鄂西武陵山区依托独特的地理地貌和生态环境，旅游业和相关服务业得到了快速发展，旅游扶贫也逐渐成为地方性发展策略，并且在实践层面已经取得了较好的成绩。

（2）人文历史的整体性。

武陵山区是一个生态文化区域，具有历史、地理的完整性（陈彧，2021），有着悠久的历史传承和丰富的民族文化[1]。武陵山区连接了内地和西南地区的民族走廊[2]。近年来，随着乡村振兴战略的推进，民族村镇建设以各民族自身特色资源为基础，进行了大量的旅游开发建设，对其社会经济发展起到了积极作用，

1　观点引自：重庆历史文化的命名及其地域构成——也答重庆文化之问，重庆考古公众号，https://mp.weixin.qq.com/s/Af7 m8 h4Djc3lhIR4HmtWaQ.

2　资料来自：武陵山片区绿色发展协同创新中心，https://wls.yznu.edu.cn/2016/0722/c5693a20210/page.htm.

但民族村镇发展的同质化现象也十分严重。国家项目和示范村建设往往以某个村寨为对象，缺乏区域文化的整体性研究，更难以用整体系统性的视角来推进民族村镇的发展实践。政府和市场对民族村镇建设的认识多以静态符号信息呈现，未能厘清武陵山区民族文化之间的交流、交往、交融对民族村镇发展的影响。事实上，武陵山区民族村镇建设既是某一民族文化的集中展示，也是多元民族文化交融的重要空间场所，更是构成中华民族多元一体大格局下最基本的空间单元。鄂西武陵山区历史悠久，具有丰富的物质与非物质文化遗产。通过对传统民族村落的调查发现，传统建筑结构、建筑材料都是区域人文历史整体性特征的综合表现（图 2-11）。在乡村振兴和产业发展过程中应该采用保护性开发模式，通过合理的产业模式来挖掘特色建筑的经济文化发展效益。目前，已有部分村庄结合自身文化特色，通过对特色文化进行保护、开发与宣传，配合相应的产业模式实现了乡村快速发展。例如，栗子坪村依托传统民族建筑群和优美的生态环境，结合农业产业与观光旅游，大力开发旅游及配套服务业，极大地促进了村庄的经济发展，提高了农户的收入水平和生活幸福感。

(a) 五峰土家族自治县仁和坪镇岩板屋

(b) 长阳土家族自治县龙舟坪镇全福山村

图 2-11　鄂西武陵山区特色民族建筑
（资料来源：左图：郑兵；右图：长阳土家族自治县住房和城乡建设局资料）

（3）资源要素的地方性。

受限于用地紧张和地形复杂，山区工业发展缺乏竞争优势。农业因其自身条件和发展环境，未形成新的经济增长点。与平原地区相比，山区机械化种植难以推进，农业仍属于劳动密集型产业。但是，鄂西武陵山区范围内的 11 个县（市）均为典型的农业县和山区县，产业发展具有自身的地域性优势，发展特色农业及相关产业是其优势之一，例如茶叶、烟叶、中药材等特色农产品发展历史悠久，而且契合当地独特的海拔、水资源情况、气候条件以及环境风貌特点，结合自身文化和农户农业技术优势，逐渐发展成为乡村农业的重要支柱（图 2-12）。

(a) 长阳土家族自治县资丘镇陈家坪村

(b) 五峰土家族自治县林下中蜂养殖

图 2-12 鄂西武陵山区茶村现状
（资料来源：作者自摄）

2.2.3 鄂西武陵山区乡村三生空间的产业特质

鄂西武陵山区乡村的“三生空间”既存在着内部关联效应与共生关系，又存在着资源配置不均衡的矛盾与问题，梳理清楚“生产”“生活”“生态”三类空间的内部相互联系和作用机制，寻找核心问题，有利于村庄逐步完善自身建设并适应未来发展。从鄂西武陵山区乡村地区资源要素的空间布局上来看，其布局特征与乡村生态空间的相关性更强，反过来能够影响生活空间与生产空间的布局。基于“三生空间”视角解读发现，鄂西武陵山区的乡村产业特质主要有以下 5 个特点：①农业生产功能要素空间布局具有较强的相关性，总体表现为以农业及相关产业为主导，逐步多样化与复合化发展的趋势。②人口空间分布较为分散且不均衡，受地形、河流、交通的影响，部分集聚的人口空间分布呈线性特征。③人口与资源的空间配置上，表现为“地多人少”，但“耕地也少”，且人地配比不均衡，山地与林地较多，地区的人口流动具有显著的异质性。④生活空间与生产空间的结合较为密切，但是分级不明显，缺乏一定的梯度性。⑤生活空间布局特征具有较强的空间相关性，村庄建设用地的集聚特征大致分为四类：规模小且分散、规模小但集聚、规模大但分散、规模大且集聚（图 2-13）。

以五峰土家族自治县 2018 年统计数据为例，全县农林牧渔业总产值 39.89 亿元，工业总产值 43.27 亿元，其中 80% 的工业产值来自城镇，乡村地区的工业产值仅占一小部分，且产业形式多为茶叶生产加工、蜜蜂养殖等与农业紧密结合的工业模式。鄂西武陵山区的各市县乡村地区产业结构与五峰土家族自治县有很强的相似性，农业不仅是基础产业，更是衍生其他相关产业的根源。因此，研究鄂西武陵山区乡村的产业特质要以农业为重要抓手，基于农业的多功能性，对农业“生产”“生活”“生态”空间的构成要素、组织模式、空间布局关系进行深入解读。

（1） 乡村生产空间。

农业是人类改造自然和管理自然的最初模式。农业空间是在乡村社区范围内，不同时间阶段，各种农

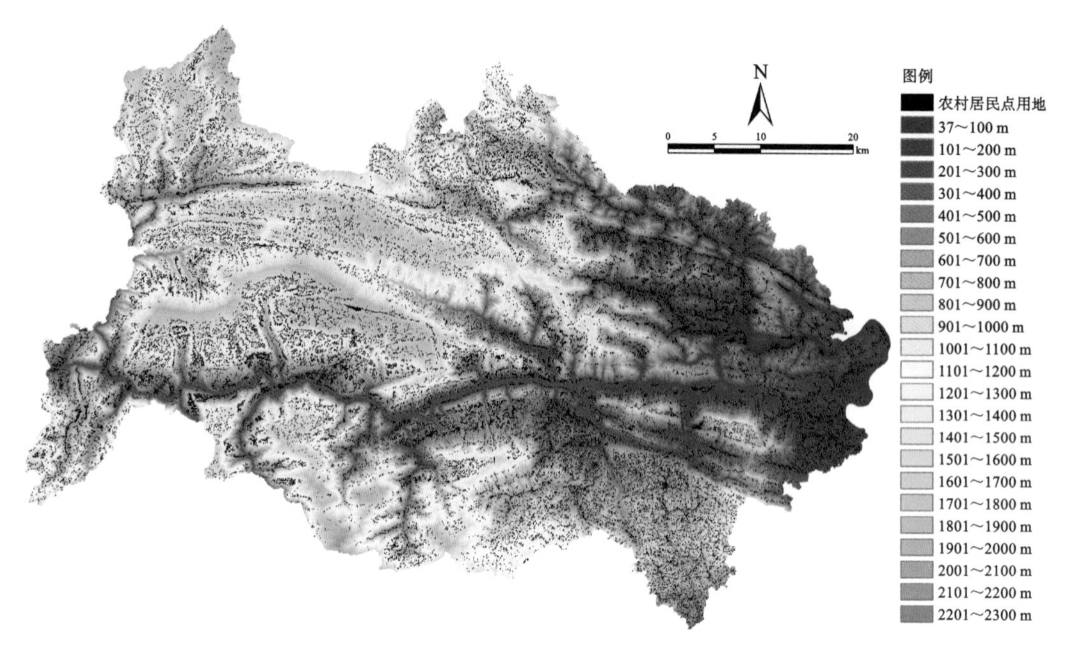

(a) 鄂西长阳土家族自治县县域乡村居民点用地高程分布图

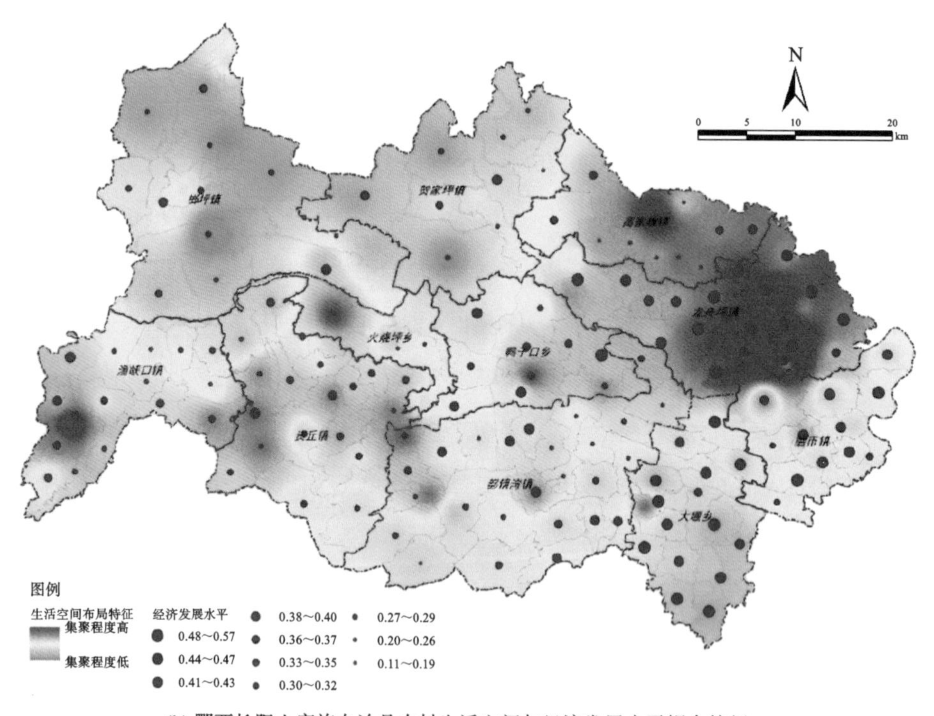

(b) 鄂西长阳土家族自治县农村生活空间与经济发展水平耦合特征

图 2-13　鄂西长阳土家族自治县农村生活空间分布特征

（资料来源：研究团队自绘）

业活动行为在空间上投影的集合，包括农业生产作用空间集合，农业生产服务性活动的空间集合以及农产品销售的空间集合。农业的生产功能是其基本属性，作用于乡村发展的任何阶段，是人类社会赖以生存的

图 2-14 鄂西长阳土家族自治县中山岗地“三生”空间特征

（资料来源：长阳土家族自治县自然资源局提供）

基础条件。鄂西武陵山区的农业生产大部分依赖传统农业。自然环境差异可导致乡村空间呈现不同的农业空间形态，即使是在同一自然村落环境中，也存在自然环境的差异（海拔、坡度、土壤条件等）。如在山区县域范围，就存在高山平坝、河谷平原、中山坡地等多样化的地理环境，不同地形条件、温度气候、光照水平下会形成不同的生产空间特色（图 2-14、图 2-15）。

在中微观层面，由于地形坡度、地质条件、水源条件也是形成多样化生产空间结构的基础。地块适宜性是由于某地块的海拔高度、坡度、土壤属性、热量条件、水分条件、灌溉条件、排水条件等自然特征所决定的，决定了不同农作物的种植适宜程度。农业产业空间布局的影响因素如表 2-1 所示。

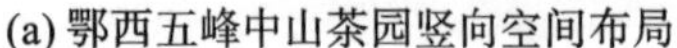

(a) 鄂西五峰中山茶园竖向空间布局

(b) 五峰土家族自治县高山平坝中药材基地

图 2-15　鄂西五峰土家族自治县自然环境差异对生产结构和生产方式的影响
（资料来源：左图：郑兵 摄；右图：栗子坪村委会提供）

表 2-1　农业产业空间布局的影响因素

分类	要素内容	一般衡量指标
资源禀赋	耕地、光、热、水	农村人均耕地资源、自然灾害状况
经济发展	市场需求、经济效益、家庭经营收入	种植业收入比率、农药使用率、非农收入比重、劳动力报酬、运输成本
政策引导	区域发展政策	人均承包经营耕地面积、非农就业比重

（资料来源：肖卫东 . 农业空间布局研究的多维视角及引申 [J]. 理论导刊，2015（8）:49-57.）

鄂西武陵山区的农业生产用地主要包括旱地、水田、茶园、林地、牧草地等。其中，旱地分布最为广泛，是基本的农业生产用地。通过可视化研究发现，鄂西武陵山区的旱地布局十分分散，局部呈现带状集聚分布，这是由其高山、峡谷、坪坝等地形特征所决定的。茶园呈现点状集聚布局。茶叶作为一种特色农产品，其发展有一定的规模效应，也需要适宜的自然环境。在鄂西武陵山区，茶园主要分布在恩施市与宣恩县交界处、鹤峰县以及五峰土家族自治县。此外，牧草地主要分布在河流附近，林地与果园布局也较为分散。鄂西恩施州国土空间用地现状图如图 2-16 所示，鄂西恩施州现代化农业空间布局优化方案如图 2-17 所示。

通过对五峰土家族自治县空间数据统计分析发现，该地区乡村农业生产空间存在着污染严重、水土流失、空间资源分布失衡以及面积锐减的问题。在国土空间规划的大背景下，农村地区的“双评价”对资源要素布局和村庄发展至关重要。在规划实施过程中，应明确地域范围内资源环境要素能够承载的农业生产和村庄建设的最大规模，以及在维持生态系统健康的前提下进行农业生产和乡村建设的适宜程度，最大限度地减少资源分布失衡及自然灾害等因素带来的不利影响。五峰土家族自治县生态保护与国土空间开发保护格局如图 2-18 所示。

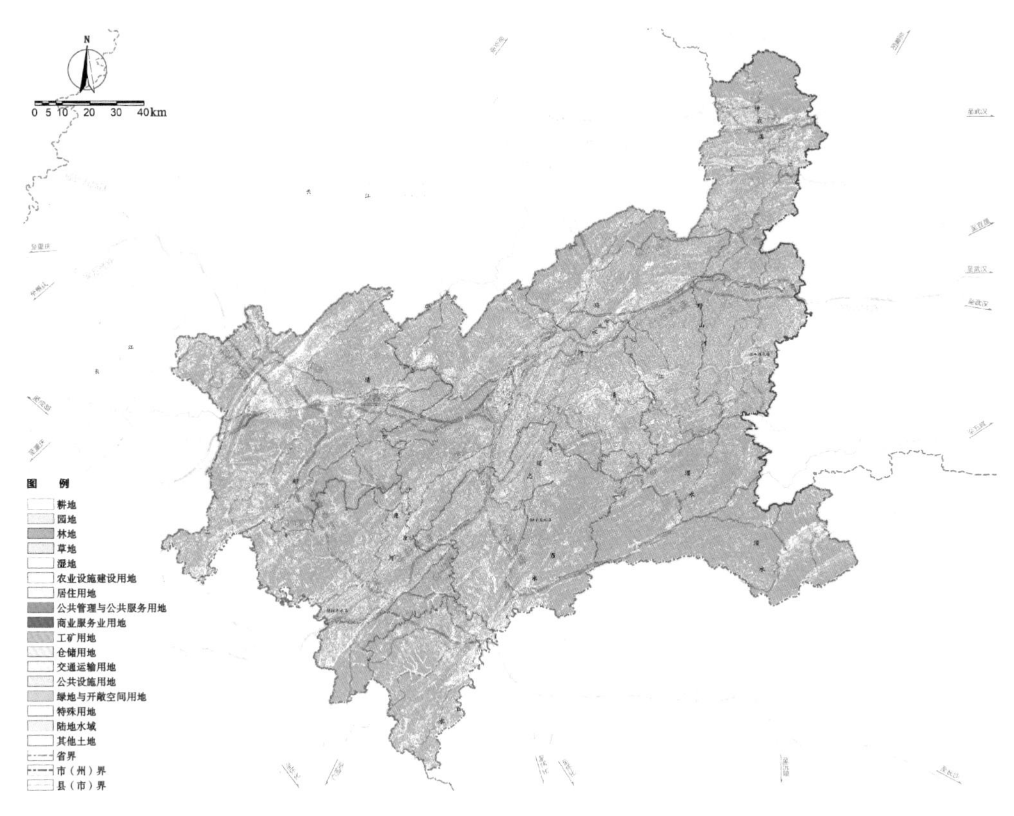

图 2-16　鄂西恩施州国土空间用地现状图

（资料来源：根据恩施州国土空间规划公示稿改绘）

图 2-17　鄂西恩施州现代化农业空间布局优化方案

（资料来源：根据恩施州国土空间规划公示稿改绘）

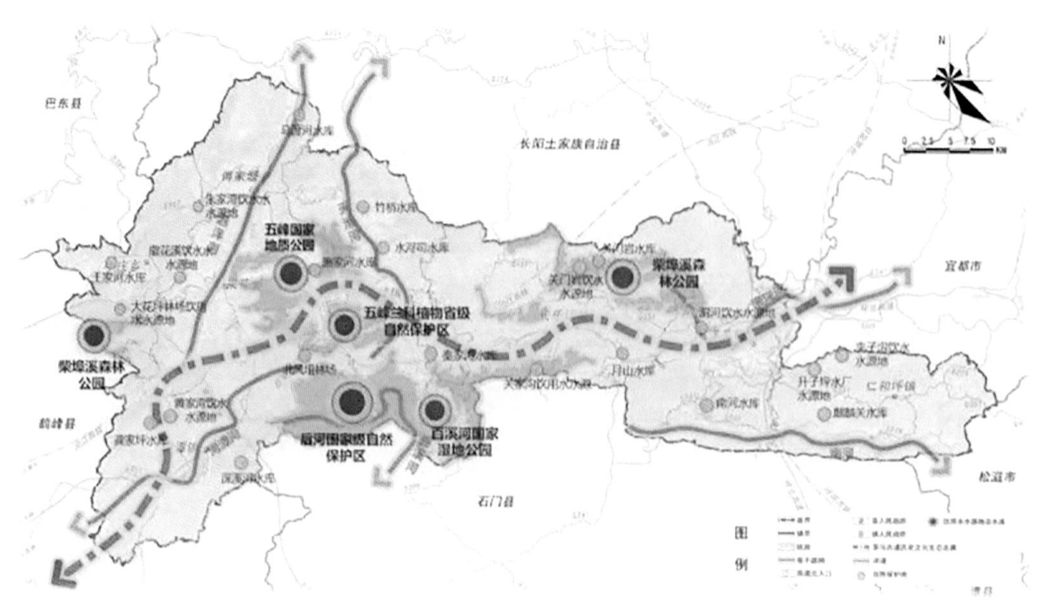

(a) 五峰土家族自治县“八分绿屏、一廊六河多点”生态保护格局

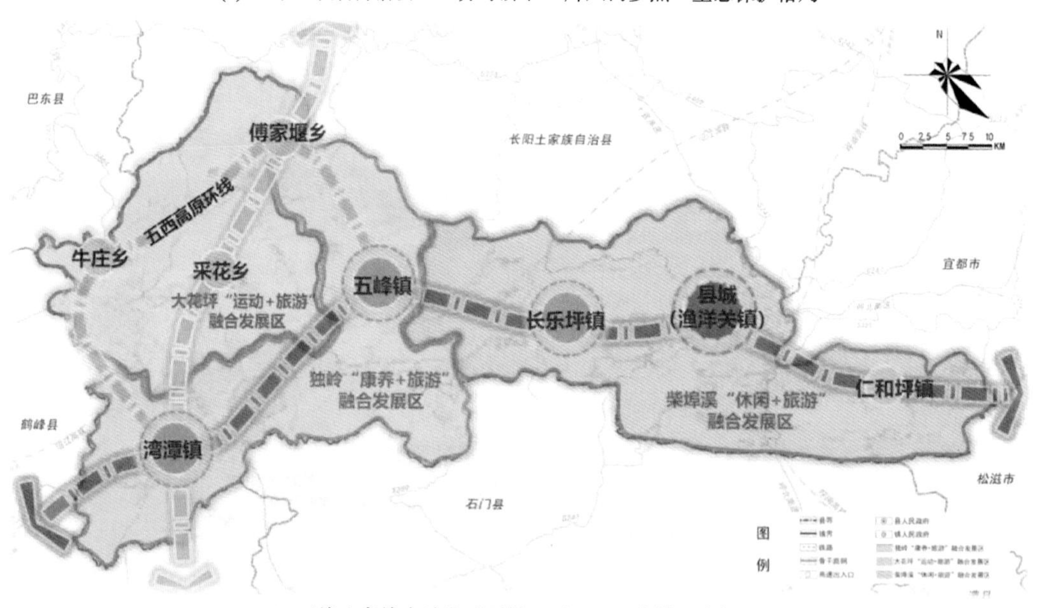

(b) 五峰土家族自治县“两轴一环三区、全域山水保护”

图 2-18　五峰土家族自治县生态保护与国土国土空间规划开发保护格局

（资料来源：根据五峰土家族自治县国土空间规划公示稿改绘）

以长阳土家族自治县作为样本案例，将其农业生产空间布局与常住人口规模进行耦合发现（图 2-19），人口与资源的空间配置缺乏单元耦合性，仅有龙舟坪镇、磨市、大堰乡以及鸭子口乡形成了农业及相关产业发展水平较高的农村居民点聚集单元，其他单元则出现了显著的空间错位。这种情况极易造成自然资源环境承载力的不足，出现地区间资源配置的不平衡，导致环境污染和资源浪费，这也是造成房屋空置、形成空心村的主要原因。

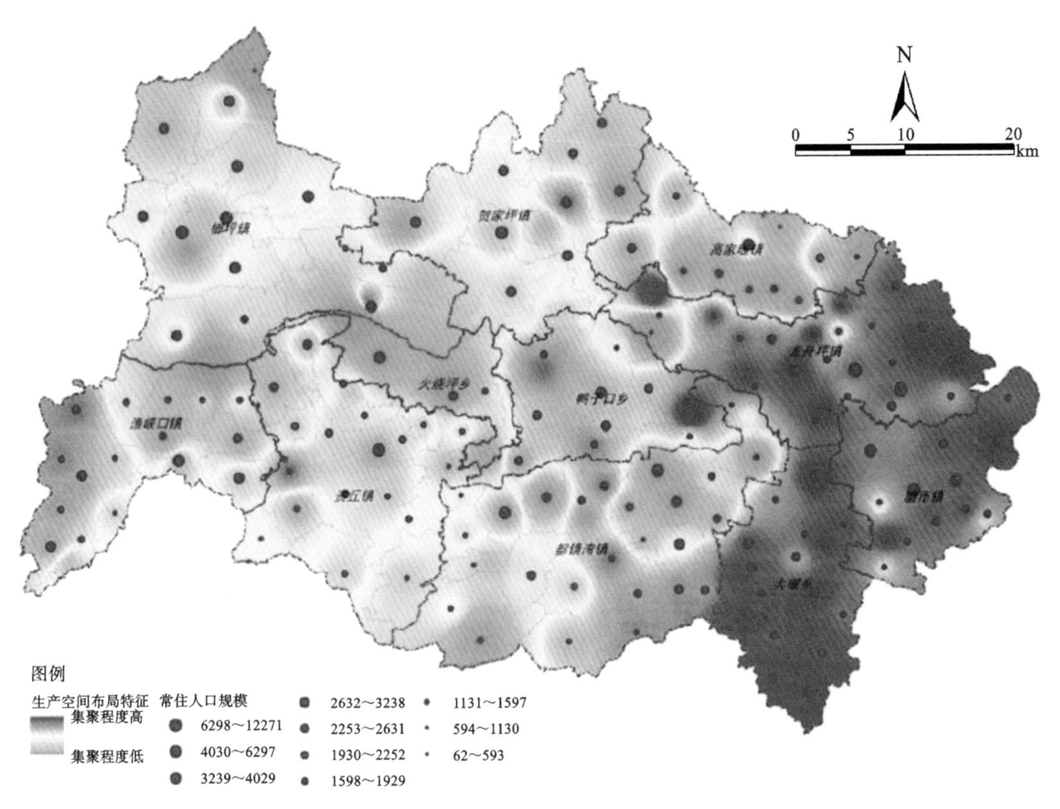

图 2-19 鄂西长阳土家族自治县农村生产空间与常住人口规模空间耦合特征

（资料来源：研究团队绘制）

（2）乡村生活空间。

鄂西武陵山区的农村居民点分布空间呈现“小聚居，大分散”的格局。乡村生活空间主要指农户日常生活起居的场所，具有自身的变化规律。空间宜居性与居民幸福感是衡量乡村生活空间建设情况的主要指标，而居民点分布特征是乡村生活空间基于大数据的具体表现。在山区，农户聚居行为因地制宜，聚居点周边有一定规模的可开垦土地和良好的水源条件，适宜进行农业生产。总体而言，不管是山区还是平原，散居户彼此之间因为自然地理、社会关系以及农业协作关系保持一定的空间距离。散居在山地和丘陵区较常见；受特殊农业种植类型和水利条件影响，部分平原地区也会出现散居形态。

在资源要素邻近度层面上，鄂西武陵山区的农村居民点的空间分布呈现三个显著特点——靠近水源、靠近交通干道、靠近耕地。通过对流域做缓冲区分析发现，在 500 米和 1000 米缓冲区范围内的农村居民点面积分别占总面积的 15% 和 28%；对各级道路做缓冲区分析发现，在 100 米和 200 米缓冲区范围内的农村居民点分别占总面积的 29% 和 36%；对耕地做缓冲区分析发现，在 100 米和 200 米缓冲区范围内的农村居民点面积分别占总面积的 48% 和 62%。农村居民点的分布与农业及相关产业的生产要素紧密结合，是长期以来自然选择的结果。但是，哪些结合方式更有利于经济发展，是制定该地区的乡村规划时需要深入思考的问题。鄂西五峰土家族自治县农村居民点与河流缓冲区的空间关系以及分布特征如图 2-20、图 2-21 所示。

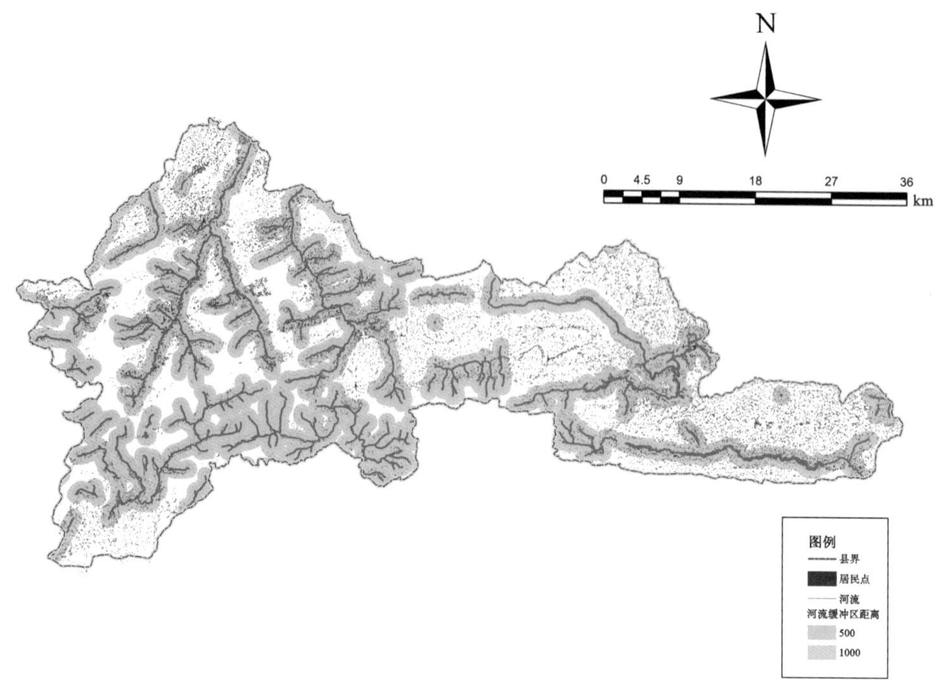

图 2-20　鄂西五峰土家族自治县农村居民点与河流缓冲区的空间关系
（资料来源：研究团队绘制）

(a)鄂西五峰土家族自治县采花乡

(b)鄂西五峰土家族自治县湾潭镇

图 2-21　鄂西五峰土家族自治县农村居民点分布特征
（资料来源：陈丹平 摄）

（3）乡村生态空间。

本研究所论述的鄂西武陵山区乡村生态空间是指狭义的农业生态空间，主要由河流、湖泊、林地、草地组成，具有水土保持、水源涵养功能。已有研究表明，各类农业用地的生态景观评价值有所差异，其中耕地、森林、草地评价值较高，镶嵌用地（农用土路、荒草地、独生林及其群落、小水池和小型田地斑块等）评价值较低。该研究基于农户视角，对乡村生态空间进行了全面解析，但其评价结果因调研对象的年龄、教育程度差异会有所不同。本研究对鄂西武陵山区的农村用地现状进行统计发现，林地与草地的占比最高，其次是耕地，居住用地占比最低。按各类用地面积来看，该地区的农业生态资源十分丰富，林地、草地、湿地等生态用地面积分别占湖北省生态用地总面积的 37%、23%、58%，大小湖泊 400 余个，建设了 140 余座水库，生态功能区占全省总面积五分之一以上。

在水资源方面，鄂西武陵山区主要的干流有长江、汉江和清江，多沟壑地形塑造了该地区典型的流域单元，大部分支流具有显著的小流域特征。在靠近水源的村庄，居民点分布的流域性很高。以长阳土家族自治县为例，清江横贯东西，有 400 余条支流，农村居民点的平均流域覆盖率高达 51.2%，最高流域覆盖率可以达到 70%，河流湖泊的分布对居民点的选址影响很大（图 2-22）。

受制于地理区位和地形地貌，武陵山区的生态条件比较脆弱，自然灾害频发，自然灾害预防不当将对乡村建设和农业生产带来极大隐患。通过文献资料研究发现，鄂西武陵山区主要的自然灾害类型有滑坡（图 2-23）、泥石流、极端干旱、酸雨、极端寒冷等。进一步对各类自然灾害进行风险评估，考虑到人为因素可能带来的火灾、山体破坏等风险，运用 ArcGIS10.2 软件进行综合风险等级评价，结果显示恩施州及南部地区为高度风险区，五峰土家族自治县、长阳土家族自治县、秭归县大部分地区为较高风险区，仅有局部地区属于中低风险区。因此，鄂西武陵山区的乡村发展规划要充分考虑自然灾害的影响，通过合理布局各类资源要素来降低自然灾害可能带来的负面影响。

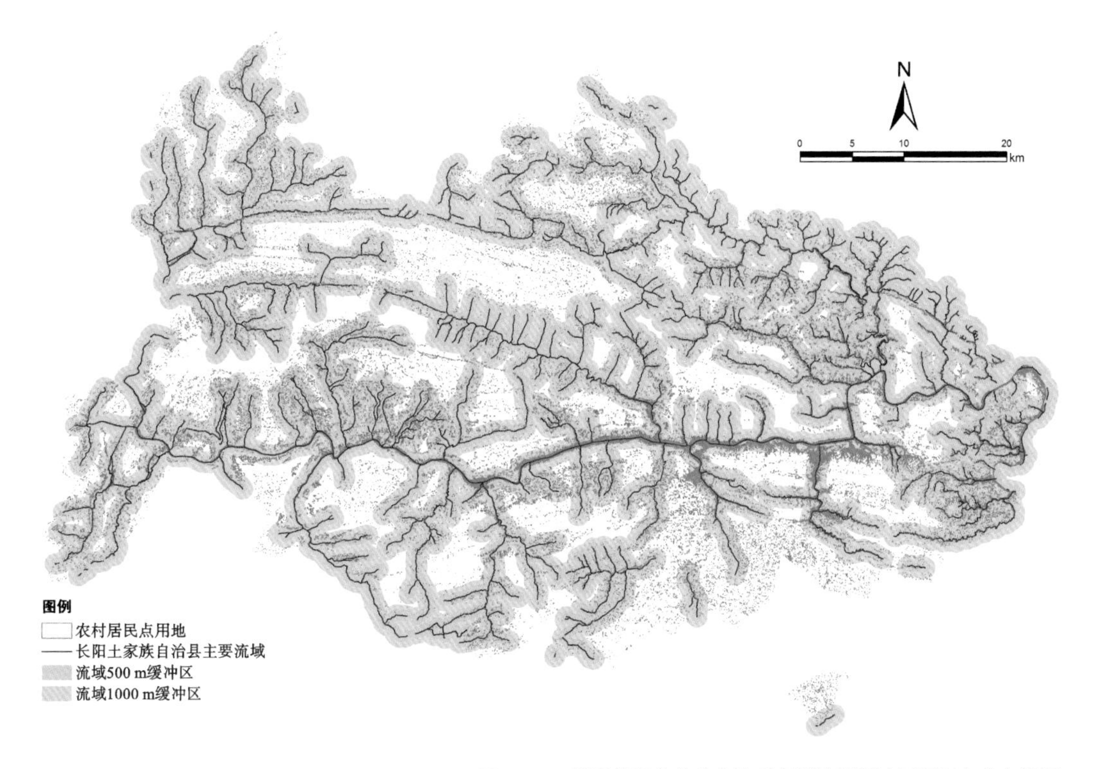

图 2-22　鄂西长阳土家族自治县县域流域缓冲区居民点分布格局

（资料来源：研究团队绘制）

图 2-23 鄂西恩施州沙子坝地质滑坡现场，2020 年
（资料来源：湖北日报）

2.3 鄂西武陵山区乡村产业“要素—功能—组织”特征

2.3.1 资源要素分布特征

道萨迪亚斯创建的人类聚居学将人居环境划分为五大系统：自然系统、人类系统、居住系统、社会系统、支撑系统（吴良镛，2001）。乡村环境属于人居环境范畴，研究区域乡村发展问题，需要基于人类聚居学理论对乡村进行系统的划分和解读。把握鄂西武陵山区乡村的“自然”“人文”“居住”“经济”“支撑”五大资源要素系统的发展状况，横向对比与时空演变特征分析，通过数据耦合关系分析影响其变化的根本原因，是研究鄂西武陵山区乡村产业发展能力的重要依据。

（1）自然生态类要素分布特征。

《农业社会学》对农业的本质进行了解读，通过人与土的循环模式解释了人地关系的重要性（朱启臻，2007）。对特定地域人地关系的辩证研究是理解其人类社会活动和环境变化的基础，属于以地理学为基础、多学科交叉的研究领域（吴传钧，2001）。对于人地关系较为紧张的山区而言，充足的可利用土地是各类产业发展的先决条件之一。在鄂西武陵山区，地形复杂崎岖，不同坡度对应的土地类型对乡村产业发展的可利用效率有所差异（图 2-24）。基于用地坡度对乡村用地的适应性评价，可以将土地划分为平地、缓坡和陡坡三类。平地和缓坡是进行建设和生产活动的有利条件，陡坡则不利于开发建设和农业生产等活动。相比于平原地区，山区的乡村用地条件更为复杂，以鄂西武陵山区的长阳土家族自治县为例，其县域范围内平地、缓坡、陡坡的占比分别为 29%、37%、34%（图 2-25）。

耕地是农村发展的基础，也是民生的保障。鄂西武陵山区面积共计 31929 平方千米，耕地面积 5593.63 平方千米。其中，恩施州面积 24111 平方千米，耕地面积 4532.13 平方千米，占比 18.80%；五峰土家族自治县面积 2072 平方千米，耕地面积 192.16 平方千米，占比 9.27%；长阳土家族自治县面

图 2-24 生态约束下鄂西恩施州利川毛坝乡人地关系现状

（资料来源：作者自摄）

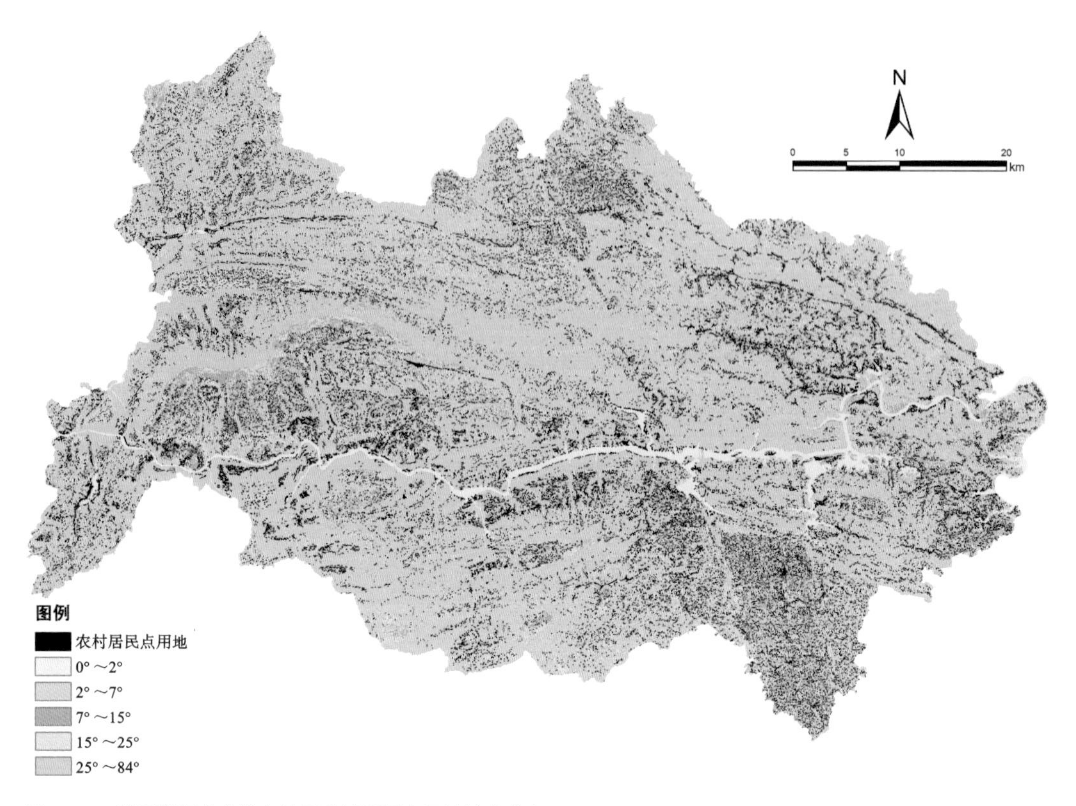

图 2-25　鄂西长阳土家族自治县乡村居民点用地坡度分布
（资料来源：研究团队绘制）

积 3430 平方千米，耕地面积 530.16 平方千米，占比 15.46%；秭归县面积 2427 平方千米，耕地面积 339.18 平方千米，占比 13.98%（图 2-26）。通过数据对比发现，鄂西武陵山区耕地面积受制于地形地貌，基本处于中等水平，部分市县耕地面积较小，占比为 9% ～ 19%，空间上由西到东耕地面积逐渐减少，传统农业进一步发展的空间受到限制（图 2-27）。

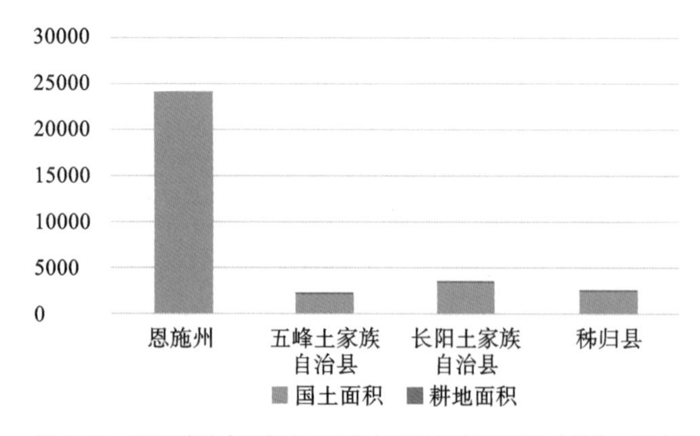

图 2-26　鄂西武陵山区各市县面积与耕地面积示意图（单位：平方千米）
（资料来源：研究团队绘制）

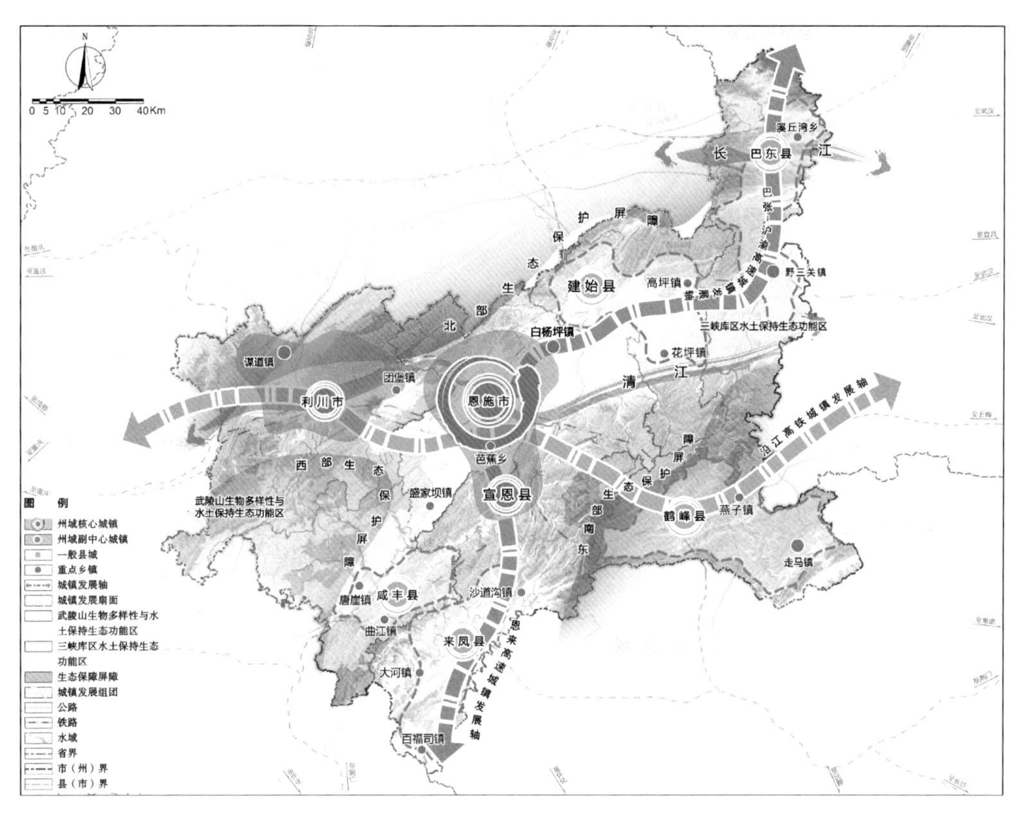

图 2-27　鄂西恩施州城镇发展对人居生态空间的影响

（资料来源：恩施州国土空间规划公示稿改绘）

在林地资源方面，鄂西武陵山区具有显著优势。2018 年湖北省人民政府发布了《湖北省生态保护红线划定方案》，红线划定范围总面积 4.15 万平方千米，占湖北省总面积的 22.30%，总体呈现“四屏三江一区”的格局。其中，鄂西武陵山区是湖北省生态保护红线“四屏”之一，其主要职能是维护生物多样性，加强水土保持。鄂西武陵山区范围内的生态保护红线用地面积占总面积的 41.14%，主要包括恩施土家族苗族自治州、秭归县、五峰土家族自治县以及长阳土家族自治县部分地区（图 2-28）。该地区各个县市区的森林覆盖率常年保持在 80% 以上，物种多样，林业资源十分丰富，山地景观宜人。

（2）人口与文化类要素分布特征。

鄂西武陵山区虽然地处秦巴山区，耕地资源有限，但是整体上仍以农业发展为主，对人口结构的分析也能验证这一特征。以恩施土家族苗族自治州为例，辖区范围内总人口 377 万人，其中农业人口 336 万人，是一个以农业为主的“老、少、边、山、穷”的地区。因为农业人口较多，耕地面积较少，人地矛盾突出，加之传统农业受天气、自然灾害等影响，导致农户的收入不稳定。农户的生计条件长期处于低水平，是部分地区人口绝对贫困发生的主要因素。

人口结构对地区的发展至关重要。联合国将人口年龄结构划分为年轻型、成年型和老年型三种类型。中国人口年龄结构于 2000 年正式步入老年型，并逐渐向老年型纵深发展。在人口结构中，最具活力的人口年龄

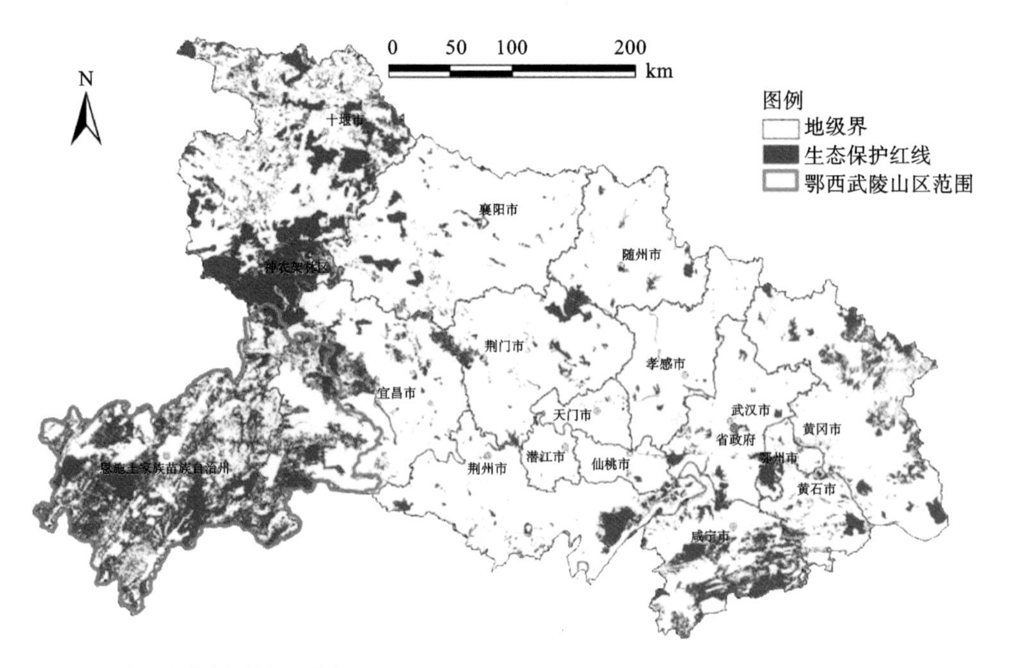

图 2-28　湖北省生态保护红线分布图

（资料来源：根据湖北省生态红线划定方案改绘）

结构应该呈金字塔形，即未来的人口呈增长趋势，是扩张型结构；较为稳定的人口年龄结构表现为各年龄段的人口数量差别不大，人口变化波动较小；老年型的人口结构中，幼年与青壮年人口占比减少，60 岁以上老年人占比较高，不利于地区的可持续发展。对于单个的村庄而言，较好的人口年龄结构应该是扩张型或静止型，农业技术人员男女比例应该是趋于 1 ∶ 1，均衡性越强，则人口发展态势越好，更有利于村庄经济社会发展。

以 2016 年的人口统计数据为例，鄂西武陵山区人口出生率为 8.6‰，死亡率为 7.03‰，人口自然增长率为 1.57‰，人口变化呈现缓慢增长态势。鄂西武陵山区男女比例为 1.08 ∶ 1，相对于中国 1.16 ∶ 1 的男女比例结构而言，鄂西武陵山区的男女比例结构更为均衡。此外，对鄂西武陵山区各县市区进行横向对比发现，恩施市与利川市的总人口与农村人口均具有明显优势，五峰土家族自治县与鹤峰县人口资源略显不足。在人口结构上，各县市区的男女比例比较均衡，农村人口远大于城镇人口，城镇化水平总体较低（图 2-29）。

鄂西武陵山区的乡村文化旅游服务业依托于农业发展，具有“农业 +”的属性。鄂西武陵山区乡村整体发展受外界影响较小，其发展演变过程主要受国家政策、自身的历史背景和地理环境的综合影响。中国传统的乡村产业以小农经济为主体，随着城镇化与工业化的进展，乡村产业逐渐打开了商品化的窗口。作者通过梳理乡村产业发展历程，结合乡村地区发展的阶段化演变经验，将鄂西武陵山区的乡村发展时序划分为以下四个阶段：“靠山”时期，“吃山”时期，“用山”时期，“养山”时期。作者对其各发展时期所对应的社会制度与特征进行了概括与总结（表 2-2）。通过对鄂西武陵山区乡村各个发展阶段的基础特征解析发现，乡村产业发展能力与发展时序具有较强的耦合性，乡村发展虽然受内力和外力共同作用，但基本遵循演变规律，难以实现跨阶段发展。

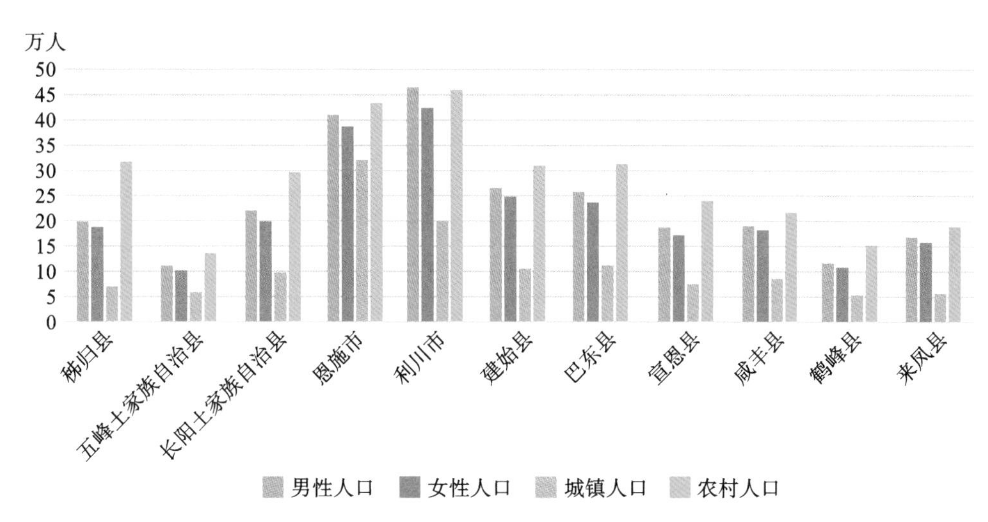

图 2-29 鄂西武陵山区各县市区人口情况统计图

（资料来源：根据鄂西各县市统计数据绘制）

表 2-2 鄂西武陵山区乡村发展阶段特征统计表

阶段	“靠山”时期	“吃山”时期	“用山”时期	“养山”时期
社会	自然农业社会	工业化社会	信息化社会	可持续发展型社会
制度	传统乡治阶段	政府管理阶段	乡政村治阶段	村企合作阶段
管制主体	宗族士绅阶层	村党委、村委	村党委、村委、经济合作社	村党委、村委、经济合作社
经济特征	传统小农经济	计划经济、复合经济	复合经济	复合经济
文化	乡土文化	外来文化冲击	多元文化交融	多元文化交融
生态	自然原始生态	资源开发型生态	资源利用型生态	友好型生态
产业	第一产业为主	第二产业起步阶段	第二、三产业发展阶段	产业结构平衡阶段
空间发展	自然发展	粗放封闭发展	粗放开放发展	集约开放发展

鄂西武陵山区的少数民族以土家族和苗族为主，其文化与特色风俗具有一定的近似性，目前广泛流传并具有一定影响力的文化类型主要有三峡文化、巴楚文化、历史名人文化、土司文化和土家族文化（表 2-3）。

表 2-3 鄂西武陵山区主要文化类型

文化类型	主要代表	涉及县市
三峡文化	长江三峡、三峡大坝	秭归县、长阳土家族自治县、巴东县
巴楚文化	三峡人家、古巴人兵寨、悬棺	秭归县、长阳土家族自治县、五峰土家族自治县、巴东县
历史名人文化	屈原、王昭君	秭归县
土司文化	唐崖土司城	秭归县、长阳土家族自治县、五峰土家族自治县、恩施州
土家族文化	吊脚楼、恩施大峡谷、女儿会	恩施州、五峰土家族自治县、长阳土家族自治县

（3）城镇与居住类要素分布特征。

鄂西武陵山区的城镇化水平普遍不高，这与地区综合发展能力有较强的联系。其中，除了恩施市城镇化达到较高水平以外，其余 10 个县市区城镇化均处于中等或者较低水平（表 2-4）。乡镇的城镇化水平与经济发达程度决定了其对周边乡村发展的辐射带动能力，提高地区的乡村产业发展能力必须要大力发展以“乡镇增财力、农业增效益、农民增收入”为核心理念的乡镇经济。

表 2-4 鄂西武陵山区各县市区城镇化情况分类汇总表

类型	县（市、区）名称
高城镇化区（65% 以上）	无
较高城镇化区（45% ～ 65%）	恩施市
中等城镇化区（35% ～ 45%）	利川市、咸丰县、五峰土家族自治县、秭归县
较低城镇化区（30% ～ 35%）	建始县、巴东县、长阳土家族自治县、宣恩县、鹤峰县、来凤县
低城镇化区（30% 以下）	无

对鄂西武陵山区乡村地区“三生空间”的研究明确了该地区乡村居民点的空间布局特征，整体上呈现出“大分散、小聚居”的布局模式。其中，相对集中的居民点一般呈现“星点状”和“条带状”空间布局形态。除了村庄建筑的空间布局特征，其建筑风貌和建筑质量同样对乡村发展具有影响作用，鄂西武陵山区的村庄居住建筑具有显著的少数民族特色，以木构建筑、石造建筑、土家吊脚楼为主要代表，具有较高的文化保护价值（图 2-30）。

图 2-30 鄂西宣恩县两河口彭家寨吊脚楼建筑群
（资料来源：研究团队自摄）

（4）社会资本类要素分布特征。

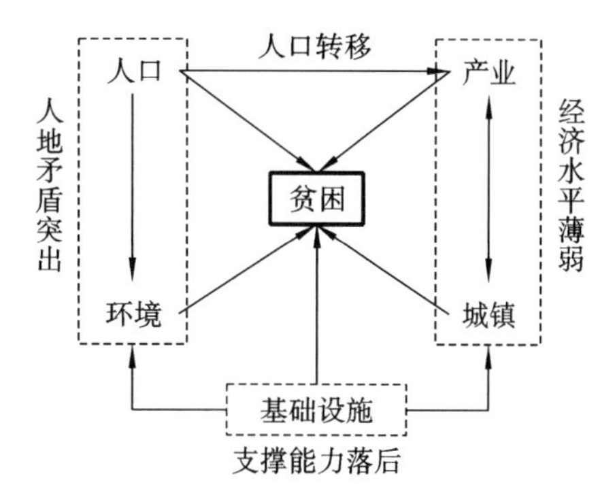

图 2-31 鄂西武陵山区贫困发生机制示意图
（资料来源：研究团队根据文献改绘）

长期以来，鄂西武陵山区一直处于深度贫困地带，政府发展资本有限，社会资本投入积极性不高，经济发展水平在湖北省比较落后。通过对其农村发展状况的了解，作者认为鄂西武陵山区经济发展落后的主要原因有三点：人地矛盾突出，经济水平薄弱，支撑能力落后（图 2-31）。受制于人地矛盾突出、人口流失现象严重，进而导致劳动力不足，村庄可持续发展能力受到影响。同时，城镇对乡村的资源掠夺加速了落后乡村的衰落，基础设施建设能力薄弱以致国家政策难以改善由人口、产业方面带来的负面影响，由此形成了村庄和农户致贫的恶性循环。

2008 年以前，鄂西武陵山区人均 GDP（国内生产总值）不足 10000 元，是全国平均水平的 40%，且远低于湖北省的平均水平，其中农民的人均纯收入水平约为全国平均水平的一半，低于内蒙古、新疆、西藏等偏远地区。通过对国家层面县市区的经济数据分析发现，大部分县市区的第一产业的发展普遍落后于第二、三产业，这是产业规模和产业效益共同作用的结果。但是，对鄂西武陵山区而言，其第一产业的发展占比达到了 30% 以上，体现了该地区第一产业的重要程度，也侧面反映了其经济发展较为落后的现实情况。

（5）基础设施类要素分布特征。

武陵山区是我国面积最大的跨省少数民族聚居区，区域聚居人口达到 3000 多万人，研究武陵山区的发展对我国区域经济研究有着全局性、战略性的特殊作用。自从国家实施脱贫攻坚战略以来，武陵山区乡村地区的贫困人口脱贫成果显著。但是在基础设施建设方面仍较为落后，片区内主干道网络尚未形成，公路建设底子薄弱（图 2-32）。由于历史原因，加之地形地貌，造就了资源环境的脆弱，交通条件闭塞，各项基础设施建设难以跟进，水利设施严重老化，电力和通信设施配套不完善。基础设施的薄弱使该地区乡村发展面临着“游客进不来，山货出不去”的不利局面，严重制约了乡村产业的发展。

鄂西武陵山区的公路交通呈现“一横一纵”的结构，“一横”为 G50 高速公路，由东到西连接利川市、恩施市、建始县和长阳土家族自治县，“一纵”为 G6911 高速公路，主要连接建始县、恩施市、宣恩县和来凤县。近些年来，各级政府加大了对鄂西武陵山区的基础设施建设力度，目前秭归县、鹤峰县和五峰土家族自治县正在积极建设高速公路与国道。在铁路交通方面，仅建始县、恩施市和利川市建有火车站，其余各县市仍以公路交通为主（图 2-33）。

图 2-32　鄂西长阳土家族自治县乡村道路网现状图

（资料来源：长阳土家族自治县交通局提供）

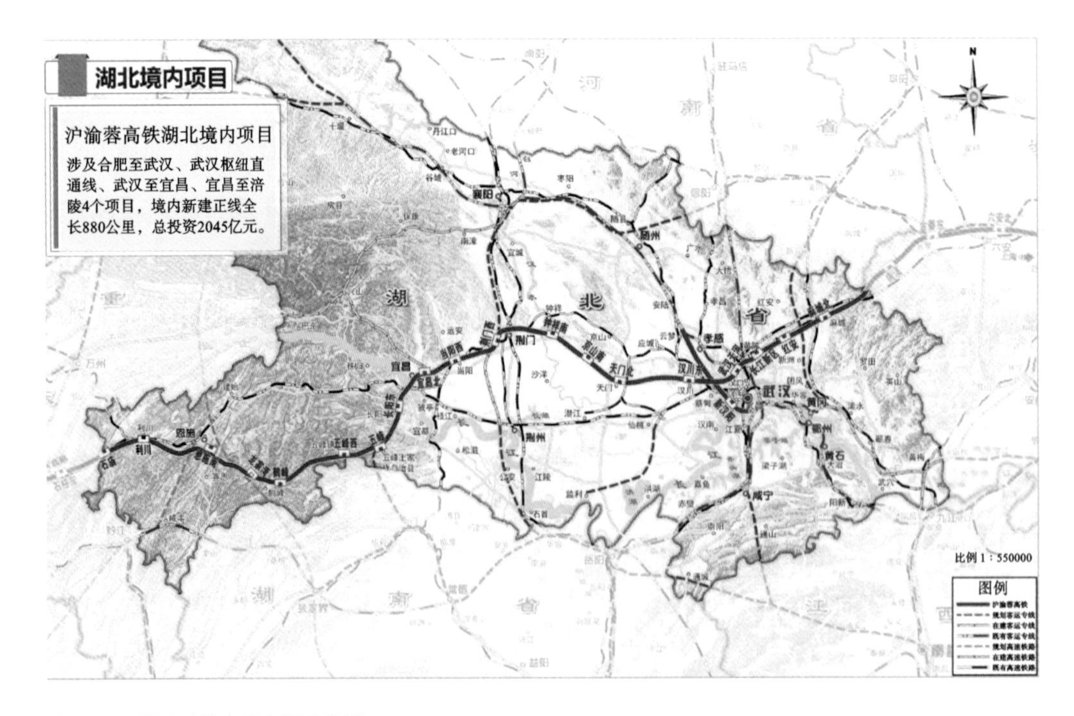

图 2-33　鄂西武陵山区交通示意图

（资料来源：铁路建设规划，http://www.rail-transit.com/xinwen/show.php?itemid=19051）

2.3.2　农业产业功能类型

目前，世界上42%的人口以农业生产为生，农业带动了大多数发展中国家的经济。随着社会经济的发展，农业在特定地区的功能也正在逐渐多元化。鄂西武陵山区具有生态环境脆弱、经济发展滞后、民族文化遗产丰富的特征（图2-34、图2-35），其农业具有多功能性，不仅具有生产食物功能，还具有环境、经济、社会、文化等非生产性功能。农业的功能具体表现为生态环境保育功能、景观保持功能、产品生产功能、生物多样性保护功能四大类型。

图2-34　研究团队与当地民间故事传承人交流
（资料来源：研究团队自摄）

图2-35　研究团队与长阳山歌非物质文化遗产传承人合影
（资料来源：研究团队自摄）

（1）生态环境保育功能。

生态环境保育功能是农业特有的功能。在现代农业中，农业生产活动对生态环境的影响具有两面性。一方面，农业生产过程中的绿色植物能够起到水土保持、净化空气、维持生态平衡等作用；另一方面，化肥、农药的大量使用导致土壤污染和水源的富营养化等问题。在后续开发过程中，诸如桑基鱼塘的农业内循环生产模式应该得到大力推广，以减少农业生产对生态环境带来的不利影响。

（2）景观保持功能。

景观保持功能反映了特定区域的居民与自然和谐共处过程中逐渐形成的生活生产方式，是价值观的统一。山区的农业景观大多以梯田的形式呈现，具有典型的农业历史遗产和地区文化特征。因此，采用可持续农业发展路径，使特色农产品的生产与周围环境完美协调显得尤为重要。农业的景观保持功能是在长期的人类活动中逐渐体现的。依据差异性与价值标准，将农业景观划分为三个等级：①具有农耕文化及相关历史意义的受保护景观；②具有一定借鉴意义的农业生产模式型景观；③一般农业景观。

（3）物质生产功能。

物质生产功能是乡村农业的基础功能，从传统农耕到现代农业，从传统的生产工具到现代的技术装备，虽然生产效率和生产方式有所演变，但是农业一直承担着粮食生产的功能，是人们赖以生存的产业形式。

在具体的表现形式上，农业及其相关的林果业和养殖业等产业的发展主要依靠劳动力、生产技术、生产工具、耕地、园地、牧草地、水源、养殖场等产业要素的组织和运行。当然，在此运行过程中，也需要政策、资本的支撑。鄂西五峰土家族自治县仁和坪篾匠做工场景如图 2-36 所示。

图 2-36　鄂西五峰土家族自治县仁和坪篾匠做工场景
（资料来源：郑兵 摄）

（4）生物多样性功能。

农业生产是依靠劳动力和生态环境养育动植物的过程。特定地区的农业生产方式在一定程度上保持了一些动植物长期的生存习惯，并且通过生态环境塑造使一些不相关的生物与农业生产长期共生。因此，在特定区域保持农作物品种的稳定不仅能够不断延伸该农产品的产业链，也能够有效保护当地的生物多样性。鄂西巴东县茶马中蜂养殖及其生物多样性生态价值如图 2-37 所示。

图 2-37　鄂西巴东县茶马中蜂养殖及其生物多样性生态价值
（资料来源：研究团队自摄）

2.3.3 农业产业组织模式

相对于鄂西武陵山区而言，发达国家和地区的农业效益普遍较高，这源于更高效和更为规范化的农业组织模式。鄂西武陵山区的乡村农业组织模式具有多样化特点，大致可以划分为农户经营模式、市场带动模式、合作社经济模式、企业主导模式。

（1）农户经营模式。

农户经营模式随着中国家庭联产承包责任制的推行应运而生。中国传统上，“户”的概念等同于家庭，拥有一定的生产资料就可以带动了农户劳动的积极性。鄂西武陵山区农业的农户经营模式主要以传统农耕和庭院经济的方式体现。传统农耕建立在劳动力、技术和耕地的基础上，属于小农经济。庭院经济在此基础上衍生而来，技术的提升释放了家庭的劳动力，通过建筑、资金、生态、交通资源的共同作用进行运转，例如农家乐、家庭旅馆等。此类产业模式主要分布在旅游资源和交通条件较好的地区。

（2）市场带动模式。

市场带动模式是指由市场主导的基于农业产物的商业发展模式，其在五峰土家族自治县主要体现为特色农业开发、农产品加工、数字赋能等产业形式。当地的茶叶、药材、烟草等特色农产品的种植具有得天独厚的优势，通过长期的发展，已经形成了较为稳定的市场，市场的推动进一步促进了特色农产品的推广种植，形成良性循环。在五峰土家族自治县新一轮的乡村振兴规划中，对特色农业的开发做了整体规划布局（图 2-38）。傅家堰乡、牛庄乡、湾潭镇和长乐坪镇为种植、生产和加工药材的主要乡镇；以渔洋关镇为核心区域，协同采花乡、湾潭镇、五峰镇和长乐坪镇作为产茶基地，规划布局茶叶产业园。县域层面的统筹规划布局有利于整合有限的资源，发挥地域优势（图 2-39 ～图 2-41）。

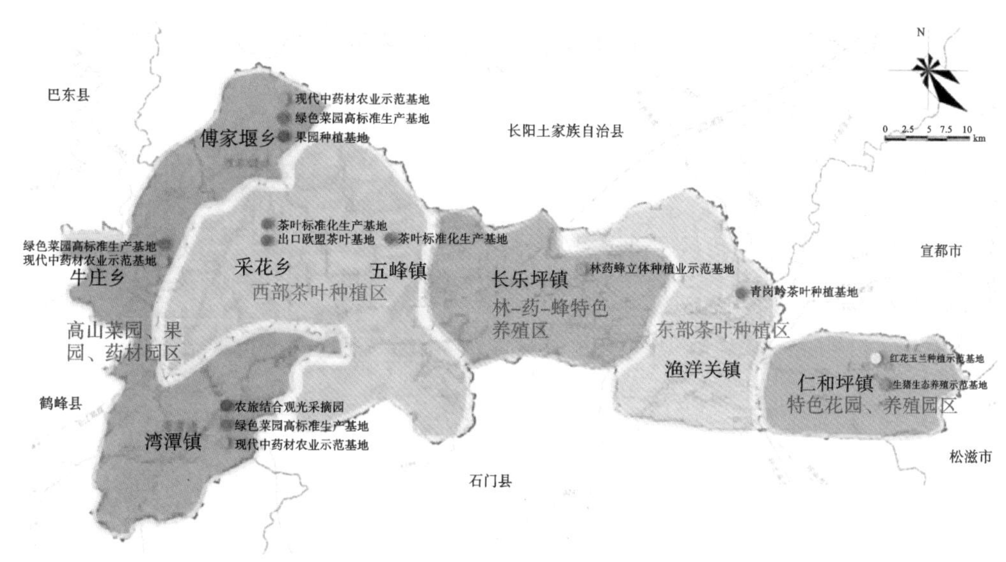

图 2-38　鄂西五峰土家族自治县“三区五片多基地”农业发展格局图

（资料来源：五峰土家族自治县国土空间规划公示稿改绘）

图 2-39　五峰土家族自治县秋季茶园基地人居生态环境

（资料来源：郑兵 摄）

图 2-40　五峰土家族自治县药园扶贫产业基地红花玉兰经济林种植情况

（资料来源：郑兵 摄）

图 2-41 五峰土家族自治县栗子坪猕猴桃基地
（资料来源：五峰土家族自治县栗子坪村村委会）

（3）合作社经济模式。

合作社经济模式是由农户群体自发组织、自愿联合进行生产经营的组织形式，属于集体经济模式。该模式是单一分散的农户与外部市场沟通的桥梁，通过民主管理组织生产、加工和销售。2018 年，五峰土家族自治县共有 23 个股份经济合作社，实行以家庭为基本单位的静态管理模式，通过农产品回收、提供工作岗位和企业分红的方式建立利益联结关系，促进个体农户和现代农业的合理衔接。以中蜂养殖为例，峰农联惠民专业合作社组织农户进行蜜蜂养殖，带领 165 户贫困家庭实现脱贫，参与合作的农户每年增收近万元。

（4）企业主导模式。

企业主导模式是以社会企业为运营方，农户为参与方，以特定农产品的加工、运销为主体的经济共同体模式。依据利益联结方式的不同，“公司 + 农户”可以划分为合同型、买断型、纵向一体化型等。在茶叶种植方面，五峰土家族自治县已有宜红茶都、五峰白溢春茶业等多家企业，随着各个企业对茶叶市场的逐步拓展，茶产业逐渐成为五峰土家族自治县的支柱产业之一，不仅为农户创造了更多的收益，也塑造了五峰土家族自治县的新名片。

3 乡村产业振兴下山区人居生态空间治理路径

- 山区乡村产业空间组织困境
- 山区人居生态空间治理基础
- 面向产业振兴的山区人居生态空间治理路径

3

从全球经验看，除了自然限制、经济瓶颈、地方社会影响外，治理约束是山区发展缓慢的主要原因，其核心问题在于争议性的管理体制下作为决策设计的治理单元与实施载体的空间单元不耦合问题。山区是我国乡村发展典型的地域类型。全国 14 个连片贫困地区中，山区有 11 处。山区空间治理的可持续性是支撑我国生态文明建设和乡村振兴战略的重要基础。城乡规划的本质是空间治理过程。当前，我国城乡规划领域的研究尚未形成适用于不同地域空间特征的应用基础科学体系，有关人居活动与空间环境相互作用的机理研究尚不清晰。

注重民族山区流域人居环境建设的可持续发展是其特殊的地理位置所决定的。我国民族地区多为长江、黄河等重要河流及其干流、支流的发源地和流经地。人居生态空间是山区人与环境之间最为密切的区域性生产生活单元，具有多尺度性和自然随机性，反映了山区自然地理、地方社会和基层治理的综合关系。人居生态空间单元建构需要综合生态学、社会学、管理学等多学科理论和方法。自“精准扶贫”政策实施以来，多部委自上而下的“项目制”治理模式推进了县域乡村空间的转型发展和地域功能提升。但部分地区大量资金、项目、技术的支持与地方资源禀赋难以形成联动机制和发展合力，扶贫效率亟待提高。面对乡村产业振兴需求，推进典型人居生态空间治理有助于综合利用山区资源优势，解决地方实际发展困境，助力高效乡村治理。

我们需要从地方需求出发，实事求是，因地制宜，实现精准扶贫、精准脱贫。我国不同地域乡村存在多样化的治理空间网络，乡村产业发展是乡村人居生态空间治理的表征，其背后是“县—乡—村”多维权力交叉与乡村社会空间网络的重组，推进产业振兴下的乡村人居生态空间治理为当前山区产业发展下的乡村空间组织和治理结构创新提供了一种可能。通过山区人居生态空间治理单元研究，有助于重新思考贫困山区乡村规划地方治理基础，为中西部贫困山区扶贫发展和乡村振兴提供更有效的决策设计和实施载体单元。本书梳理我国空间治理体系改革背景下乡村治理话语的转变逻辑，分析山区人居生态空间特征，通过对武陵山区的地方特征考察，针对贫困山区乡村空间治理的实际需求，提出面向小流域单元的空间治理话语，响应在城乡规划体系改革背景下加强空间治理能力的本质要求。

3.1 山区乡村产业空间组织困境

3.1.1 历史地理约束

山地是国家生态安全屏障的主体、自然资源的重要蕴藏区、生物多样性的宝库。山区是以山地为依托、人与自然相互作用的区域，是中华文明的重要起源地、多民族的共同家园、现代化建设的潜力区。但我国特有的阶梯地貌格局造成了地表物质稳定性差、生态环境脆弱、山地灾害频发等问题，加上人类活动对生态系统的干扰，导致山区成为地形上的高地、经济上的低谷，是我国建设现代化强国的难点区[1]。

在多学科研究中，山区发展涉及经济、社会、人文、自然等多个学科，具有封闭性、发展滞后性、民族多样性、生态脆弱性等特征。基于地理区概念，山区是和平原相对的概念；作为社会学的概念，山区在社会经济发展水平上是欠发达地区、落后地区。同时，由于山区特殊的区位条件、资源禀赋和农业产业特色，又赋予了山区经济学的意义。全国 2300 多个行政县中，有 1500 多个山区县，山区人口占全国总人口的 56%，我国绝大多数的欠发达地区主要集中分布在这些县域。山区历史、社会、经济、文化等因素塑造了山区特殊的人文地理特色，也限制了山区的发展步伐。快速城镇化进程，推进了山区社会和民生水平的综合改善，城乡发展的差距日渐弥合，但这种弥合过程在山区显得尤为艰难和缓慢。日益明显的城乡发展差距加剧了国家政策、资金、技术在山区基层乡村的治理困难。

近年来，我国山区实现跨越式发展，整体面貌发生历史性巨变。铁路通车里程增长较快，农村公路实现通达，山区机场投入运营，四通八达的立体交通网络使广袤山区天堑变通途；国家农网供电覆盖率从 70% 提高到 99%；光纤和 4G 网络通达的乡镇占比从 50% 增长到 98%。2020 年全国城市市政共用设施建设固定资产投资总额为 22283.9 亿元。31 个省市中，浙江、江苏、四川、广东、北京、山东和河南 7 个地区完成的城市市政共用设施建设固定资产投资总额超 1000 亿元，合计占全国比例的 51%。其中浙江以 2153.6 亿元的投资总额位居第一，占全国比重的 9.7%。西藏、青海、海南和宁夏这四个地区的投资总额未达 100 亿元（图 3-1）。[2]

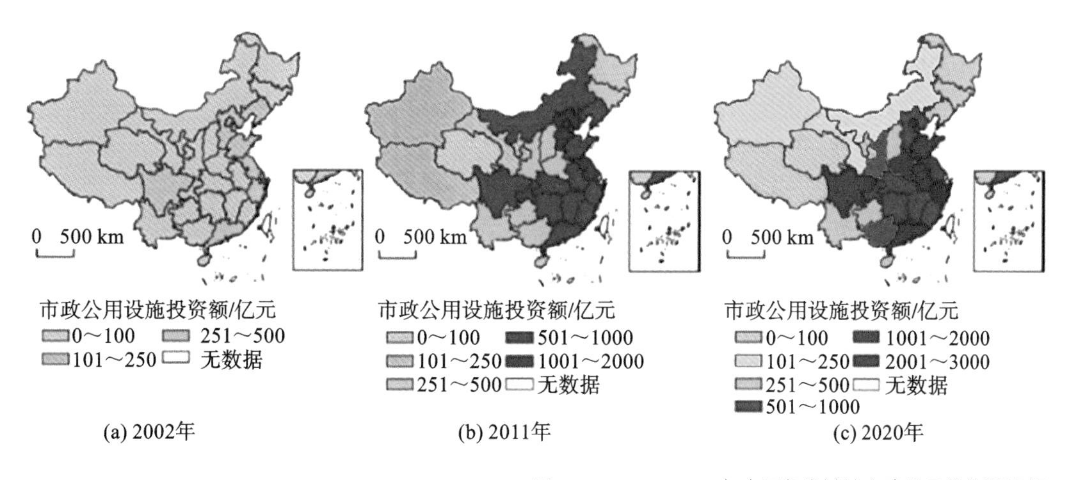

图 3-1 2002-2020 年全国各省城镇市政公用设施投资额

（资料来源：根据最新数据和文献（程哲，欧阳如琳，等，2016）改绘）

1 资料来源：中国科学院水利部，成都山地灾害与环境研究所．中国山地研究与山区发展报告，https://www.cas.cn/jh/202212/W020221227354703212354.pdf.

2 数据来源：https://www.sohu.com/a/546550994_120928700.

（1）自然约束。

山区发展进程为何如此缓慢？原因如下。①自然地理条件是山区发展重要的限制因素。由于地理条件的限制，基础设施建造难度大，道路、铁路、通信系统以及教育、医疗、公共管理等社会配套设施需要更多的资金和人力投入。②山区基础设施投资缺乏经济刺激。从经济学上看，任何有效投资都是建立在有潜在利益回报基础上的。早期山区的基础设施投入都是和自然资源开发相关联，但不是所有的山区都具有这样的资源优势。多数山区具有大量的林业资源，而大量林木砍伐导致整个区域生态环境的破坏。自然资源的过度开发同人口的快速增长成为促使山区人居环境恶化的两个重要因素。由于缺乏基础设施，山区资源的开发很难给当地居民带来持久的利益，因为资源产业链的上游部分都放在了基础设施便利的山区外地区。即便是偏重于自然体验的旅游产业，因为基础设施配套不足也限制了旅游产业的可持续开发。鄂西长阳土家族自治县渔峡口镇乡村人居空间图景如图 3-2 所示。

（2）经济瓶颈。

山区经济发展的重要基础是低成本的消耗。山区的资源开发和资源消耗应能保证产出和成本的匹配。但要在山区实现这种分散的能源供应，获取低成本的技术和足够的资金投入是最大的难题，主要有以下 3 点原因。①大部分山区远离港口和交通枢纽，很难接触到全球化市场环境。受到交通成本的影响，当地产

图 3-2　鄂西长阳土家族自治县渔峡口镇乡村人居生态空间图景

（资料来源：研究团队自摄）

品被迫需要就地就近消费。②外来开发商对山区进行经济投资往往是因为有获取高额利益的机遇，这种开发往往是短暂的，而当地的资源和劳动力通常又是以低于市场实际价值来输出。③面对区域市场高技能劳动力资源的需求[1]，山区受过专门教育和技能培训的劳动力资源很少，这些企业进入山区面临着巨大困难，山区本身教育资源的落后也让山区发展充满不确定性。鄂西长阳土家族自治县土地坡村高山光伏扶贫产业布局如图 3-3 所示。

图 3-3 鄂西长阳土家族自治县土地坡村高山光伏扶贫产业布局，2017 年

（资料来源：长阳土家族自治县土地坡村村委会）

（3）社会制约。

部分山区的社会观念制约了山区发展。从社会文化上看，山区本身具有特殊的社会文化内涵，但部分地区保守主义盛行，根深蒂固的生活传统（重男轻女、土葬习俗、风水、祭祀习俗等）对山区发展有

---

1 根据2020年第七次人口普查的统计数据分析，我国现有16～60岁劳动年龄总人口8.9亿人，平均受教育年限为10.63年，其中乡村地区平均受教育年限为8.99年。全国25岁及以上人口总数约10.1亿人，平均受教育年限为9.46年，而乡村地区25岁及以上人口受教育年限为7.78年，比全国平均受教育年限少1.68年。资料来源：https://news.gmw.cn/2023-02/28/content_36395303.htm.

一定制约。在新时期，乡村需要解决人口结构变化带来的新问题，乡村建设需要适应人们生活的新变化。如传统的家庭制度作为一种继承传统，如何面对家庭人口规模的扩大，如何在保证山区环境承载力基础上创新一种新的发展模式，以上问题在基层治理中尤为突出。

随着区域自然环境的恶化和社会经济发展，人们慢慢意识到山区环境问题带来的不利影响。因此，在部分地区，发展战略在当地固有的政治逻辑下，权力和责任的错位常常削弱了政策实施效果。究其原因，在于部分地区公共政策设计与基层政治逻辑的错位。农民参与政策变现的分析框架及其在乡土社会的拓展如图 3-4 所示。

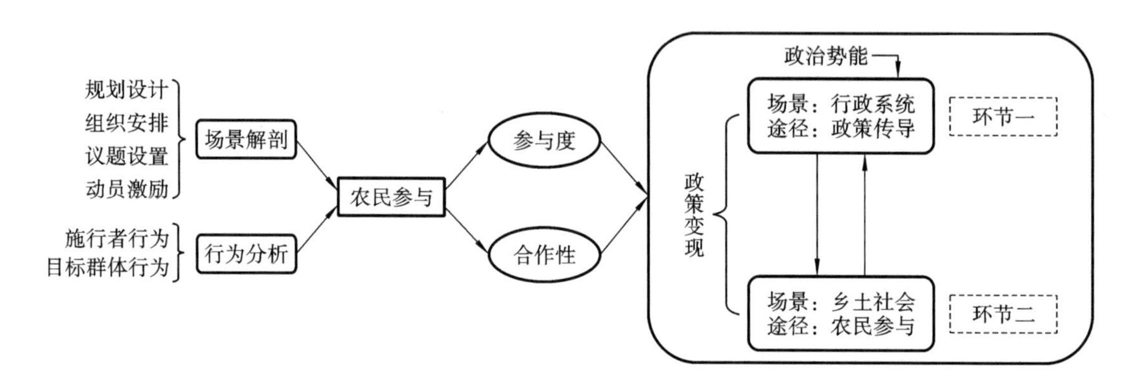

图 3-4　农民参与政策变现的分析框架及其在乡土社会的拓展

（资料来源：何得桂，徐榕．政策变现的乡土逻辑：基于“有参与无合作”现象的分析及超越 [J]. 中国农村观察，2020,No.155（05）:24-39.）

3.1.2　全球流动影响

旅游是全球范围内发展最快的经济活动方式，旅游发展对城乡发展带来的影响是显而易见的，其中在乡村发展方面尤为凸显。事实上，旅游业是许多农村地区变革的主要推动力之一。越来越多的发展中国家通过旅游业带来经济社会发展效益。因此，正确认识旅游业及其表现形式对于充分了解农村的经济、社会、景观建设活动尤为重要。因此，从旅游扶贫的视角了解新时期我国山区乡村发展及空间组织具有重要意义。对于农村地区而言，家庭旅馆（农家乐）在农村旅游发展中越来越普遍。家庭旅馆往往由当地留守妇女、老人经营，游客在农家居住，体验当地生活方式、文化风俗以及自然景观。农户可以根据自家的经济状况选择将房屋出租或者自己经营。家庭旅馆的发展，为当地农户提供了一种潜在的经济发展可能，不仅提供了就业的机会、额外的收入来源，还可以让农户在有限的经济基础上创造新的商业机会。家庭旅馆因为准入门槛低，能在较低的成本投入下产生直接收益，有助于实现旅游扶贫。

2020 年，中国国内旅游人次 50.78 亿人，旅游总收入 4.14 万亿元。数据显示，2020 年 1—8 月，中国休闲农业与乡村旅游接待人数达 12.07 亿人，休闲农业与乡村旅游收入达到 5925 亿元。自驾游、家庭亲子游成为乡村旅游市场的新趋向[1]。乡村旅游带来的全面收益让地方政府对旅游业发展有了更高的期待（图3-5）。根据文化和旅游部发布的数据，在国家“十三五”时期有17%的贫困人口（约1200万人）因为旅游发展而脱离贫困。

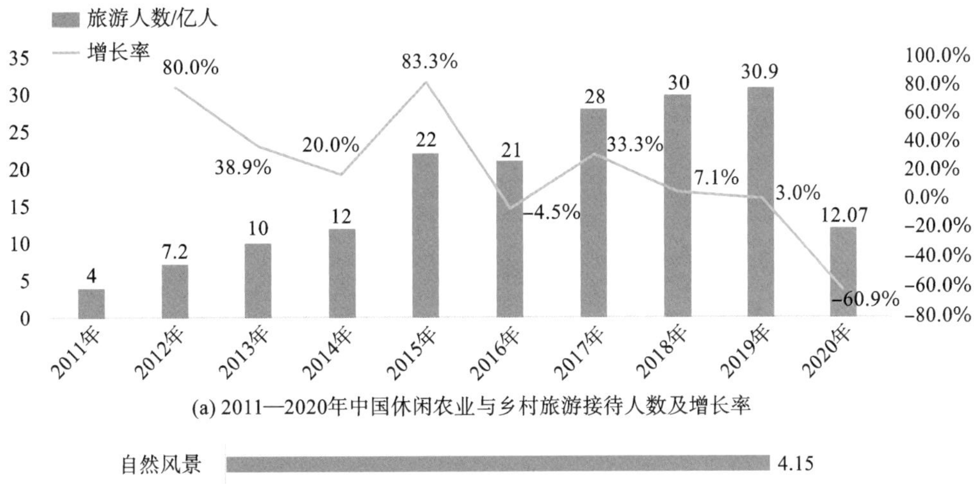

(a) 2011—2020年中国休闲农业与乡村旅游接待人数及增长率

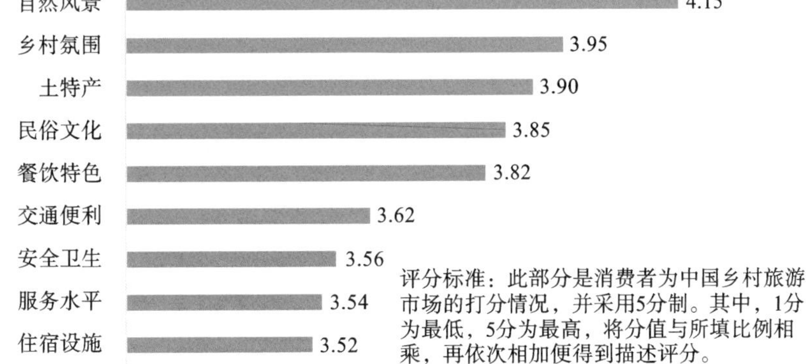

(b) 2020年中国乡村旅游消费者对乡村旅游各项描述评分

图3-5 2020年中国休闲农业与乡村旅游人数数据分析

（数据来源：中国文化和旅游部，中国农业农村部，艾媒数据中心（data.iimedia.cn））

从国际经验来看，乡村旅游发展是城乡供需双方互动的结果。作为推进我国农业现代化和乡村生态文明建设的主要模式，乡村旅游在乡村规划与村庄建设中扮演着重要角色。理解乡村旅游的本质是突破当前乡村旅游发展困境的重要渠道。“乡村性”作为乡村旅游的本质内涵，不仅是乡村旅游发展的基础，也是乡村旅游消费的核心（尤海涛，2012；邹统钎，2006）。在乡村环境品质建设过程中，“乡村性”在地域条件、资源基础、社区参与、旅游产业本地化、可持续发展等方面均有重要体现。地理学家段义孚在《空间与地方》一书中指出，“地方性”赋予了人们生活空间、经验、价值观念以及文化识别性特征。而乡村

1 数据来源：2020年11月6日，全球知名的新经济产业第三方数据挖掘和分析机构iiMedia Research（艾媒咨询）发布《2020年中国乡村旅游发展现状及旅游用户分析报告》，https://www.iimedia.cn/c400/75106.html.

旅游环境的市场化、流动性和多元性特征与乡村社会空间所呈现的自然性、缓慢性和地域性特征之间存在原始矛盾，缺乏“地方性”空间的产业是导致我国乡村旅游“乡村性”降低的主要原因（图 3-6）。

图 3-6　鄂西利川市楠木村乡村旅游带动下传统采茶场景营造
（资料来源：利川市楠木村村委会）

3.1.3　地方治理需求

（1）地方性知识。

政治人类学认为，地方性知识在有效的地方治理中发挥重要作用，忽视地方性知识容易导致不切实际、关联性弱、不公平的政策和制度实践。“地方性”赋予人们生活空间、经验、价值观和文化认同，并能在日常的生活世界中找到自己的价值。知识能否运用到公共事业中是知识的评价标准，地方性知识结构与当地的生产条件、生活习俗、文化背景和价值观息息相关，反映着不同族群的知识规范。需要强调的是，地方性知识并不否认普遍的科学知识，而是强调尊重地方社会场域特征，包括生态、社会、文化等特征。一些学者认为，掌握当地知识并对所在地区长期关注的人才可以制定出满足当地需求和可持续性发展的解决方案。从“乡村视角”出发，学习和运用地方性知识，全面理解和重视农村地区实际，赋权当地居民，协调不同利益团体，并利用当地信息将农村规划原则和技术运用于农村社区，才能实现农村居民和当地社会共同发展的目标。

（2）治理模式。

发展中国家针对农村地区的发展政策旨在帮助乡村治理主体认识和利用地方优势和发展机会，但决策者经常在地方层面上面临资源分配的困境。由于弱势群体无法获得上级政府或私人部门（市场）的服务，只能依靠地方社区维持生存。因此明确最有效的社区级治理模式是乡村发展的关键问题。

我国传统乡村治理内容可以简单概括为小农与自然、村庄内部的社会关系以及小农与国家交往的治理（邓大才，2011）。新时期农村的市场化加剧了人口流动，传统固化的领域系统正面临物质流动以及政治边界与地域边界不匹配的跨界困难。目前规划研究中对乡村地区的治理建议多聚焦地方感、社区感、可持续发展观念的培养。乡村治理方面的研究多从国家现有的体制框架对地方政府的影响和要求出发。乡村的治理模式应具有“地方感”，可以公平分配利益共同承担风险，容易建立与政府和市场密切相关的自然组织形式，同时也是负责任的，可以规划、管理、交付和协调好与政府和市场的关系。

3.2 山区人居生态空间治理基础

3.2.1 地理空间识别

治理的有效实现形式需要以一定的地域空间为基础，了解微观地理空间特征对制定乡村地区发展政策至关重要。小流域是以水文自然生态实体为基础，在乡村生产生活过程逐步形成的生态、社会、文化的系统性结构整体。作为山区典型的人居生态空间系统，小流域具有明显地理空间差异，存在尺度和类型差异。同时，小流域往往被不同的行政区域所分割，其大小划分也是相对的。目前国际上对小流域的划分标准尚未统一。从水文上看，我国的小流域通常是指二、三级支流以下以分水岭和下游河道出口断面为界，集水面积在 30 ～ 150 平方千米的相对独立和封闭的自然汇水区域（图 3-7）。

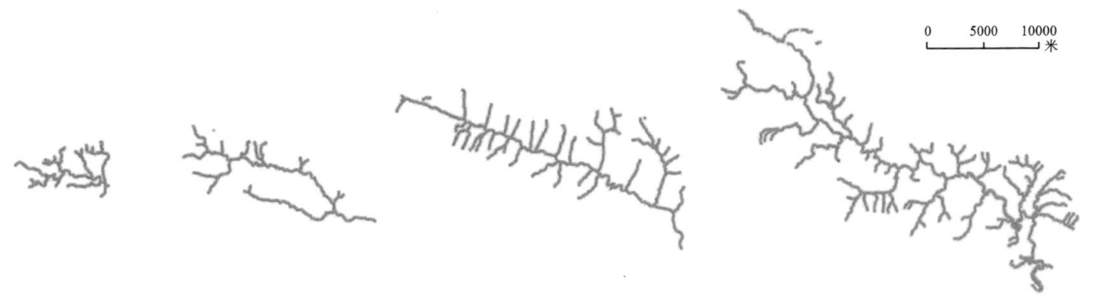

图 3-7 样本县多个小流域地理单元尺度

（资料来源：作者自绘）

通过 DEM 影像的水文数据矢量化处理和空间分析，对水文数据（水系）与乡村产业要素（居民点用地、耕地、基础设施用地）数据进行叠加聚类和空间相关性分析，可以明确小流域单元产业类型、用地结构与人居空间类型的关联特征，识别不同尺度小流域单元范围（表 3-1）。

表 3-1　山区不同类型的人居生态空间系统

类型	峰间、洼地型	山地坝子型	山间盆地、丘陵型	流域、沟谷型
地理特征				

3.2.2　地方社会认同

空间治理需要利益相关者通过关系网络，针对某一空间存在的问题进行对话、协调、合作，最大程度协调资源配置，实现对空间的高效和可持续利用（熊健，2017）。除了通过法律规则进行制度性管控（王开泳，陈田，2018; 刘卫东，2014），也包括非政府管理机构的利益相关者使用的间接治理手段。如一些地方主体依靠自身的价值观、地方依恋等文化传统或对空间的合理解释进行空间治理（周尚意 ,2019）。推进乡村社会关系（权属关系、空间组织模式）重组需要乡村空间治理的非正式手段，即具有地方认同基础。地方认同是非实体空间治理的重要基础，也是识别乡村治理核心问题的重要依据。Proshansky 根据个体与自然环境之间的认知联系提出“地方认同”，它是通过人们有意识和无意识的思想、信仰、情绪、价值观、目标、行为倾向和技能之间复杂的相互作用所建立的与物理环境相关的个人身份（Proshansky，1978）。

调查发现，山区乡村的修路碑文深刻揭示了不同历史时期乡村空间治理手段的变化，如图 3-8 所示。

(a) 20世纪90年代望坝村集资修路纪念

(b) 2019年望坝村扶贫捐赠修路碑

图 3-8　武陵山区黔东南州黄平县重安镇望坝村不同历史时期的空间治理手段

（资料来源：作者自摄）

3.2.3 治理的有效性

乡村地域空间重组和社会结构的变迁改变了乡村治理基础。小流域治理与人民群众长期在生产生活中形成的社会关系和地方认同密切相关，也是地方社会历史演变的结果。乡村治理总是在一定的时空内进行，空间范围和规模的不同决定了治理问题和治理关系的难易程度，进而影响治理的方式和效果（Allen，1987）。采用小流域参与式乡村评价（participatory rural appraisal）（Maria，2017）的研究方法（表 3-2），通过尊重村民发言权和决策权来培育发展自信、提升乡村发展的能力、赋权机会均等。针对小流域治理在教育、医疗、居住和就业以及规划和环境问题等重点需求，应从政府统筹、专家咨询和公众参与三个层次分析论证小流域单元乡村规划的可行性。

表 3-2 小流域参与式乡村评价研究方法

参与式工具		过程记录	
访谈	结构化访谈（以一种开放的方式，围绕预设主题问题提问）；半结构化访谈（通过个体访谈、知情人访谈、重点小组访谈，从特定群体中获取特定信息）		
会议	邀请不同层次的村民群体参与乡村会议，使规划决策更具民意基础以及治理可行性，针对地方问题，给予村民表达意见的机会	 大方山流域规划研讨会	
整理	结合访谈和会议基础，对小流域范围内社区发展状况进行排序，如村委班子管理水平、经济收入水平等，把握差异化水平下各个社区问题特征及村民的态度和关注点	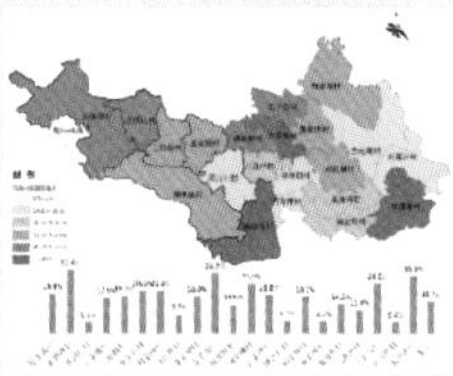	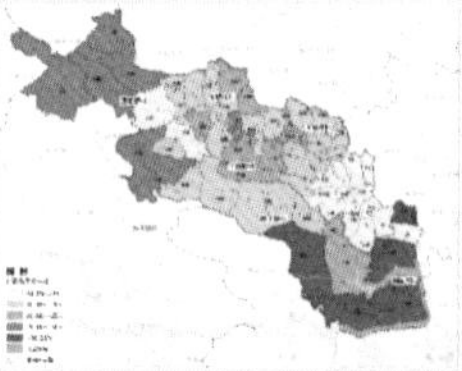
记录	参与当地村民的生产生活，了解村民的生计活动、农事时间、地方文化生活及风土人情；关注社区发展大事件及其影响，并追踪其发展	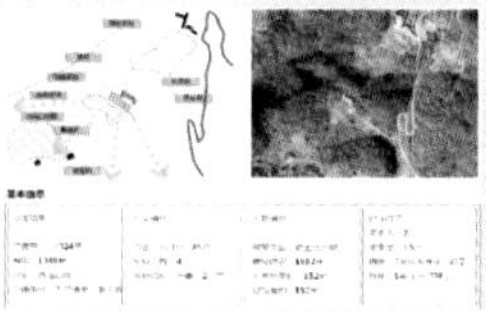	

续表

参与式工具		过程记录		
图示	村庄资源图、土地利用剖面图、农事地图、历史演变图、农事活动计划、农户空间流动图、机构组织图			
勘探观察	对村庄情况进行观察、记录、分析以获取地方基本信息			

3.3 面向产业振兴的山区人居生态空间治理路径

3.3.1 综合利用山区资源优势

林毅夫等经济学家指出，发展中国家或欠发达地区资源结构的特征是资本的严重缺失。只有通过比较优势战略，才能增加资本在资源禀赋中的相对丰富程度，促进资源禀赋结构提升（林毅夫,1999），而这些针对乡村地区的发展政策也旨在利用地方优势和发展机会（Peter，2008）。作为我国乡村发展的公共政策和技术工具，乡村规划重在重新组织和利用乡村资源和优势，通过空间手段来提高公共物品空间配置效率，实现公共资源配置的综合效益。空间手段对于发展中国家乡村发展尤为重要（Sergio and Belen，2017）。从乡村空间生产逻辑差异出发，恢复乡村空间的功能活力和治理能力，重构乡村社会组织网络，支持乡村地域空间持续健康发展是当前实施空间手段的意义所在。恩施市盛家坝镇二官寨人居生态空间治理现状如图 3-9 所示。

3.3.2 引入地方性知识

地方性知识与空间治理密切相关（周尚意，2019）。地方性知识蕴含大量社会文化资源，能助力贫困治理和可持续发展，地方性知识结构与当地人的生产条件、生活习俗、文化背景和价值观息息相关，并反映着不同族群的知识规范（盛晓明，2000）。地方知识可以补充科学知识的不足，为空间治理提供帮助（衡先培，2016）。忽视地方性知识容易导致政策不切实际（Harold，1938）。地方性知识在有效的地方治理

图 3-9 恩施市盛家坝镇二官寨人居生态空间治理现状
（资料来源：研究团队自摄）

中发挥重要作用，掌握当地知识并对所在地区长期关注的人，才可以制定出满足当地需求和可持续性发展的解决方案。

从地方视角出发，学习和运用地方性知识，全面理解和重视农村地区实际，赋权当地居民，协调不同利益团体，并利用当地信息将农村规划原则和技术运用于农村社区，通过规划协调，才能实现当地居民和地方社会共同发展的目标。五峰土家族自治县生猪养殖专业镇仁和坪镇杨家垴村产居空间单元现状如图 3-10 所示。

3.3.3 明确高效的乡村治理模式

明确高效的乡村治理模式一直是农村发展的关键问题。乡村规划作为推进乡村社区发展的重要政策手

图 3-10　五峰土家族自治县生猪养殖专业镇仁和坪镇杨家垴村产居空间单元现状
（资料来源：作者自摄）

段，一直将支持自然资源管理和可持续发展作为首要目标，并通过协调基层各级政府机构，制定满足乡村基层社区需求，解决基层实际困境的发展框架（Xiaobo，2003）（图 3-11）。传统社区研究中的治理建议多从现有体制框架的影响和要求出发，缺少对社区实际治理需求提出的治理改善举措。随着城乡人口、信息和技术流动加剧，乡村传统固化的领域系统正面临政治边界与地域边界不匹配的跨界困难（Chen and Hong，2018）。作为社区治理的公共政策和技术工具支撑，乡村规划需要有效的社区治理模式作为支撑，即具有“地方感”。这有助于公平分配利益，共同承担责任，建立和维持社会资本，形成与政府和市场密切相关的自然组织形式，同时也可以协调好与政府和市场的关系（图 3-12、图 3-13）。

图 3-11 长阳土家族自治县沿头溪流域连片发展状态

（资料来源：作者自绘）

图 3-12 长阳土家族自治县沿头溪流域连片发展带动下的人居生态空间治理现状，郑家榜村，2021 年

（资料来源：作者自摄）

图 3-13　长阳土家族自治县沿头溪流域连片发展带动下的人居生态空间治理现状，两河口村，2022 年
（资料来源：作者自摄）

4　综合利用山区资源禀赋优势

——基于县域资源要素空间特征的乡村产业发展能力评价

- 县域资源要素类型及分布特征
- 基于资源要素的五峰土家族自治县乡村产业发展能力评价
- 基于乡村产业发展能力评价的人居生态空间治理路径

4

乡村产业根植于县域，以农业为基础。乡村产业发展不仅受市场影响，还受乡村人居环境特质影响。乡村产业发展潜力体现了特定地区的村庄资源禀赋条件和综合发展水平，对于制定乡村规划战略和明确乡村空间治理方向具有重要指导意义。目前，国内有关民族山区乡村产业发展潜力的研究尚不充分。本研究准确把握山区的产业特色，通过样本研究与逻辑推导，构建了基于资源要素空间特征的乡村产业发展潜力评价体系。该体系能够将乡村的综合水平、发展阶段、产业特征更加具体化、数字化与空间可视化，为县域单元的乡村连片发展规划提供可参考的依据，通过乡村产业发展潜力评价能够准确地对乡村进行分类和分级，依据资源要素的空间布局特征，结合具体情况选择切实可行的乡村产业发展路径，科学高效地建设宜居宜业的和美乡村[1]。

五峰土家族自治县古称长乐县，是中国茶叶之乡，红色革命老区。作者结合五峰土家族自治县乡村地域资源特色，在实地调研、访谈数据收集基础上，从资源要素类型、资源要素空间特征以及要素组织模式三个方面对鄂西武陵山区乡村发展现状的总体特征进行总结。本研究对县域范围内的 96 个行政村进行了翔实的数据统计与空间分析，通过构建评价体系，代入统计数据，获取 96 个行政村的乡村产业发展能力总指标以及各项影响系统的指标值，明确了各个乡村的自身优势、发展短板以及综合发展水平。

在研究方法上，首先，将研究地区的乡村进行分类，每一类乡村选取若干村庄作为研究样本，通过对样本村庄的实地考察和空间统计数据分析，提取出对鄂西武陵山区乡村发展影响较大的资源要素，包括物质要素和非物质要素。其次，将所有要素依据基本属性进行系统分类，运用专家打分法、德尔菲法和层次分析法对各项影响因子进行赋权，通过“自上而下”和“自下而上”相结合的反馈机制对评价体系进行修改和完善，最终建立鄂西武陵山区乡村产业发展能力评价体系。

总体来看：①村庄的自然资源与生态条件对鄂西武陵地区的乡村发展影响程度最深，其余影响因素由高到低依次为社会和经济系统、支撑系统、居住和城镇系统以及人文系统。②五峰土家族自治县 96 个行政村乡村产业发展能力结果统计整体呈现“中间大，两头小”的纺锤形结构。其中，栗子坪村等少数村庄的产业发展较为成熟，应重点进行优势巩固和产业融合发展；汉马池村等大部分村庄的发展处于瓶颈期，需要采取产业创新、活化乡村发展模式、补齐发展短板等措施；沙湾村等个别村庄基础薄弱，应考虑采取异地搬迁措施。

4.1 县域资源要素类型及分布特征

五峰土家族自治县位于湖北省西南部，全境皆山，最高海拔 2320 米，平均海拔 1100 米，居全省第二，县域内海拔 2000 米以上的高山就有 32 座（图 4-1）。五峰土家族自治县森林覆盖率高达 81%，群山环抱，空气清新，光照充足，植被丰茂，云雾缭绕，系陆羽《茶经》“峡州山南出好茶”主属地。当地独特的地

---

1 本章节基于团队研究成果（丁博禹，2020）“基于农业产业要素的五峰山区乡村产业发展能力评价”改写而成，该成果受中国博士后科学基金面上资助项目（2019M662628）。

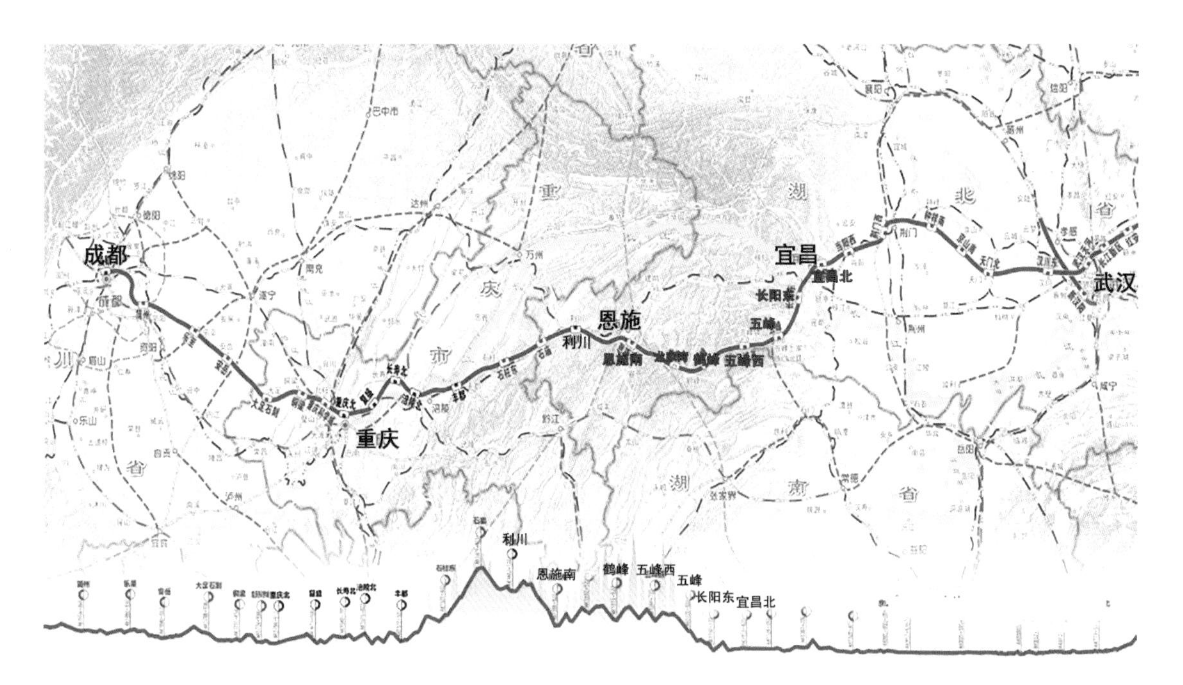

图 4-1 新建沪蓉高铁对五峰土家族自治县区域资源开发利用的影响

（资料来源：《新建宜昌至涪陵铁路五峰至恩施段用地预审专题招标公告》）

理优势和气候环境孕育出“中国名茶之乡”（图 4-2）。

五峰土家族自治县下辖 5 镇 3 乡，涵盖 12 个居民委员会，96 个村民委员会，53 个居民小组，711 个村民小组。截至 2021 年，全县户籍总人口为 19.33 万人，常住人口 17.1 万人，其中城镇人口 3.97 万人，乡村人口 15.37 万人（第七次人口普查数据）。城镇化率 40.41%，虽然城镇化率与全国城镇化率（64.72%）相比还有一定差距，但也反映了五峰土家族自治县在特色产业和特殊人地关系下的生态宜居特征。五峰土

图 4-2 茶产业发展下五峰土家族自治县乡村人居生态空间特色

（资料来源：郑兵 摄）

家族自治县整体空间形态呈现出南北窄、东西宽的特点，县域东西最大横距98千米，南北最大纵距54.3千米。县境内，旅游资源非常丰富，境内有多处国家4A级景区，如柴埠溪国家森林公园、后河原始森林、白溢寨、长生洞、后河天门峡景区等。

县域范围内整体海拔在150～2320.3米范围内，500米以下、500～1200米之间、1200米以上的用地面积分别占总面积的13.7%、41.5%、44.8%，地形起伏较大（图4-2）。复杂的地形和历史因素造就了交通不便的格局。而高山峡谷地貌的地质条件非常适合种植茶叶和烟叶等高附加值农产品。五峰土家族自治县是中国茶叶之乡、国家烟叶生产基地和中药材GAP示范基地（蒋杭，2018）。全县茶叶种植面积近20万亩，村寨处处茶歌响，山乡处处茶飘香。漫山遍野的茶树，郁郁葱葱的茶园，既是养眼景观，也是生态卫士。五峰土家族自治县是"全国十大魅力茶乡"，是"万里茶道茶源地"，是"宜红茶"的故乡，也是"采花毛尖"等著名茶叶品牌的原产地。

因地制宜进行分类指导是制定乡村规划的基本原则。目前，我国的乡村分类方法可以分为单一视角分类法和复合视角分类法。相对于复合视角分类法，单一视角分类法更有利于对乡村系统的某一侧面进行详细研究。

我们以乡村资源要素和乡村产业发展能力为主要研究对象，结合研究区域的特征发现，基于经济发展模式视角的乡村分类法更适用于以农业产业和相关附属产业为主要经济发展模式的山区乡村地区，也更契合于乡村产业发展能力研究。按照这种乡村分类方法，结合《五峰土家族自治县乡村振兴战略规划》相关内容，将五峰土家族自治县的乡村划分为集聚发展类、特色保护类和农耕传承类3个大类，其中特色保护类又分为传统民族特色村庄和乡村休闲旅游村庄。本研究所选取的8个村庄的基础数据来源于驻村调研、村民访谈的真实数据和县村各级部门的农村统计资料。选取的样本村庄具有以下三个特点。

（1）样本村庄涵盖了聚集发展类、民族特色类、休闲旅游类和传统农耕类四种村庄类型，每一类包括两个样本村庄，在村庄类型方面保证了样本的全面性、科学性和平均分布特征。

（2）样本村庄分布于长乐坪镇、仁和坪镇、渔洋关镇、湾潭镇、傅家堰乡和采花乡等6个乡镇，包含了县域空间东、南、西、北各个方位，在地理区位层面具有较强的可对比性和参考价值。

（3）样本村庄具有不同的海拔分布特征和地形条件，差异化的自然生态环境有利于对比研究村庄农业及相关产业各类要素的内生影响关系，样本村庄空间分布情况如图4-3所示。

4.1.1 资源要素的空间类型

近几年来，鄂西武陵山区积极推进乡村产业发展，彰显"土、硒、茶、凉、绿"的特色优势。其中，五峰土家族自治县是湘鄂两省交界处的少数民族聚居地区。县域森林覆盖率达81%，居湖北省县域之首，是湖北省著名的"天然氧吧"、长江中游地区重要的"生态屏障"。五峰土家族自治县拥有后河国家级自然保护区、柴埠溪国家森林公园、五峰国家地质公园、百溪河国家湿地公园四大"国字号"生态品牌，茶叶、蔬菜、中药材等生态农业优势明显，是"全国重点产茶县""世界茶旅之乡"，有国家主体功能区建设以

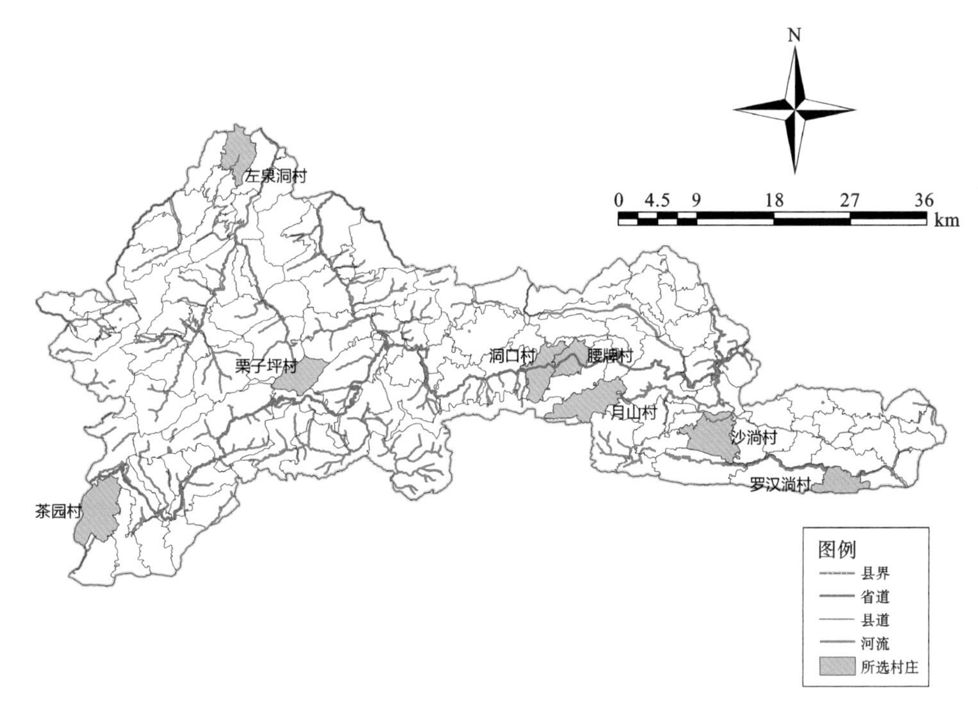

图 4-3 样本村庄空间分布图

（资料来源：作者自绘）

及湖北省“616”工程、武陵山少数民族经济社会发展试验区等重大政策支持。五峰土家族自治县有 8 个乡镇 75 个村产茶，茶产业是五峰土家族自治县的支柱产业。近年来，五峰土家族自治县分区块、有规划地对现有茶园进行改造提升，加快国家农村产业（茶叶）融合示范园建设，加速在茶园、茶工、茶市、茶街、茶旅、茶道、茶博七大功能全面拓展，构建现代茶产业体系，不断助力乡村振兴。县域内茶园总面积 22.1 万亩，茶叶面积 1000 亩以上的重点产茶村达到 52 个，3000 亩以上的重点产茶村达到 31 个，约有 13.5 万茶农从事茶产业，全县茶叶加工企业超过 200 家，其中加工产值过千万元的 11 家，过亿元的 1 家。据统计，2022 年五峰土家族自治县茶叶产量 2.85 万吨，茶叶产值 10.98 亿元。湖北省西南茶叶市场交易量 3.53 万吨，交易额达 23.11 亿元[1]。

基于国土空间“三调”数据基础和湖北省民族特色村寨调查信息采集与分析，对五峰土家族自治县的资源要素有以下 3 点基本认识。①依据县域层面的战略规划，明确在政策层面上各类村庄的发展方向，有利于在发展逻辑上认识乡村发展过程中比较重要的农业产业及其附属产业要素。②通过 RS 与 GIS 空间识别技术，对资源要素进行类型划分，进而对样本村庄的用地分类及资源要素布局关系进行解读，整合其乡村农业产业发展要素并构建要素集。③对资源要素组织模式进行分类研究，基于资源要素组织模式类型特征对样本村庄进行分类研究。

1 五峰土家族自治县春茶开园正当时 喜煞“茶叶人”，资料来源：https://xczx.hubei.gov.cn/bmdt/sxkx/202303/t20230323_4597601.shtml.

（1）聚集发展类要素。

在县域范围内，乡镇政府所在地是各乡镇社会、经济、文化活动的集中区，其经济活动能够对周边的村庄产生辐射带动作用，这种作用随着交通距离增加而减弱。资源聚集发展类村庄主要包括现有规模较大、居民点聚集性较强、临近乡镇政府所在地、临近自然保护区或风景名胜区以及城镇建成区之外但区位交通条件好的村庄。此类村庄的形成与村庄基础设施条件及政策导向密切相关，是县域乡村未来发展的重点和人口集中居住区域。五峰土家族自治县乡镇辐射效应下人居生态图景如图 4-4 所示。

(a) 采花乡

(b) 仁和坪镇

(c) 湾潭镇

图 4-4　五峰土家族自治县乡镇辐射效应下人居生态图景

（资料来源：陈丹平 摄）

在五峰土家族自治县新一轮乡村振兴战略规划中，对于聚集发展类村庄的战略定位是增加政府资金支持力度，采用高标准规划模式，在保留乡村完整风貌的基础上，积极推进多产融合，鼓励工业与服务业发展，主动吸纳周边地区剩余劳动力，促进村庄全面、协调、可持续发展。到 2022 年，聚集发展类村庄要率先在全县实现现代化。

以洞口村为例，通过卫星影像图，对其主要土地利用构成要素及空间布局情况进行识别（图 4-5）。通过卫星影像识别信息可知，洞口村位于狭长山谷地带，生产生活要素在空间布局上最大化利用了山谷内的平地以及缓坡用地。交通方面主要通过一条东西向国道对外联系，若干条村庄道路组织内部交通网络。民居建筑分布有沿路集中型和依山而居型两种类型。沿路集中型民居位于村庄中心和靠近镇区的位置，这部分建筑以村委会、卫生所、商业建筑和其他公共建筑为主，具有较强的公共服务属性；依山而建的民居多与农户自家的生产资料相结合，靠近自家耕地。洞口村的选址也与土家族传统吊脚楼的选址特点相吻合，利用坡地建造住宅以节省用来生产的平地，建筑一层用于储藏和养殖牲畜，二、三层用于人们居住。

基于“三调”统计数据，进一步对洞口村的用地构成及空间分布进行分析（图 4-6）。在国道两侧 100 米范围内的建筑用地面积占全村总建筑用地面积的 70%，其中，商业服务业设施用地面积占 25%，交通干道两侧的建筑公共性和服务性较强。位于村庄边缘地区的居民点普遍与生产用地结合，交通不便，且交通建设成本较高，短期内无法实现村庄内硬化道路的全覆盖。随着外出务工人员的增加，外围居民点的房屋空置率逐渐上升，导致了村庄的资源浪费。

图 4-5 五峰土家族自治县长乐坪镇洞口村村产业空间布局及土地利用情况

（资料来源：陈丹平 摄）

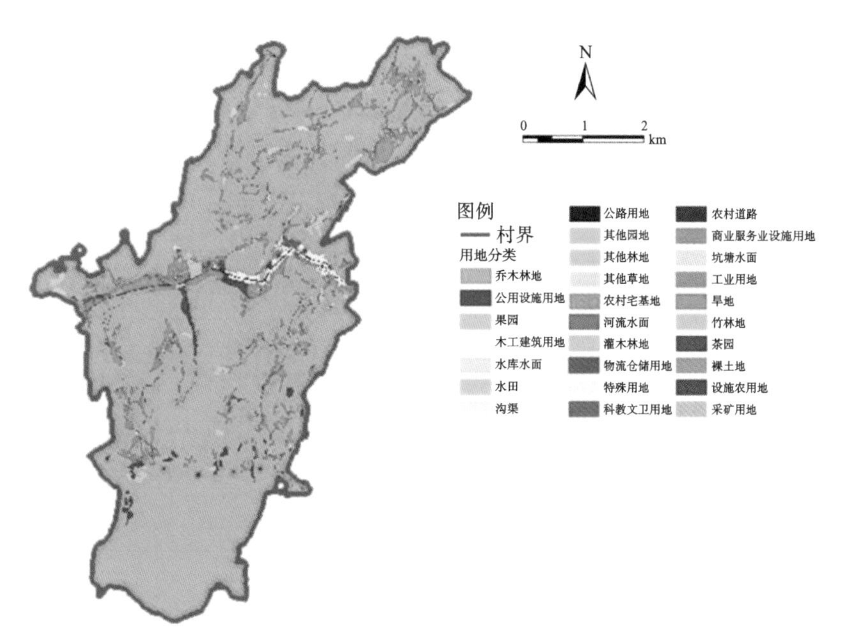

图 4-6 五峰土家族自治县长乐坪镇洞口村土地利用空间分布图

（资料来源：根据五峰土家族自治县自然资源和规划局数据绘制）

（2）特色保护类要素。

传统民族特色村庄包括历史文化名村、少数民族特色村寨、特色景观旅游名村等自然历史文化资源丰富的村庄[1]，也可具体划分为传统民族特色村庄与休闲旅游特色村庄。依据五峰土家族自治县新一轮乡村振兴战略规划，对于此类村庄要尽量保护文化遗产的完整性与原真性，梳理村庄文化脉络，结合自然田园风光进行环境整治，充分发挥生态、文化、资源优势，充分挖掘土家文化、茶文化等文化内涵，积极发展乡村田园风光游和休闲文化游，促进农旅结合、自然观光与生态相结合。到 2030 年，基本实现特色保护类村庄农业农村现代化。

以栗子坪村为例，其乡村旅游发展水平在县域范围内较为领先，村庄内部有 180 余处特色传统民居，并且这些民居在空间布局上具有一定的规模集聚效应（图 4-7）。村庄的基层干部与农户均具有较强的文化传承和风貌保护意识，主动参与特色建筑保护修缮与再利用工作。村庄中部形成了较为集聚的传统建筑群落，特色建筑的规模效应推动栗子坪村成功申报国家传统村落，进一步促进了村落的文化旅游发展。

此外，栗子坪村村民积极举办各类传统民俗活动，如摆手舞、三弦、薅草锣鼓、板凳龙等（图 4-8），积极宣传村庄文化。村民自发成立了农业合作社发展特色产业，将农业生产、文化保护与旅游发展紧密结合，取得了一定的成果。

（3）农耕传承类要素。

相对于集聚发展类和特色保护类村庄，农耕传承类村庄产业基础薄弱，生活条件和生产条件较差，人

图 4-7　五峰土家族自治县采花乡栗子坪村土地利用空间分布图
（资料来源：根据五峰土家族自治县自然资源和规划局数据绘制）

1　湖北省委省政府印发《湖北省乡村振兴战略规划（2018—2022 年）》[N]. 湖北日报 ,2019-05-20（4）.

图 4-8 五峰土家族自治县采花乡栗子坪村特色民俗活动

（资料来源：五峰土家族自治县采花乡栗子坪村村委会）

口流失情况比较严重，所以在一段时间内以上问题仍将存续。目前，这类村庄在五峰土家族自治县占比较高，是乡村振兴的难点所在。

（3）农耕传承类要素。

相对于集聚发展类和特色保护类村庄，农耕传承类村庄产业基础薄弱，生活条件和生产条件较差，人口流失情况比较严重，所以在一段时间内以上问题仍将存续。目前，这类村庄在五峰土家族自治县占比较高，是乡村振兴的难点所在。

以罗汉淌村为例，村庄内部仅有村委会所在地的建筑布局有小规模集聚特征，其余大部分居民点在空间上呈明显的分散式布局（图 4-9）。这种居民点的布局模式体现了传统农耕类村庄的特点，其根本原因在于农户的生产和生活用地需要紧密结合，而村庄内满足建设和耕地要求的平地有限，且布局分散。因此，在乡村的发展过程中，相比于交通条件，农民在选取居住点时会优先考虑满足生存需求，选择能够获得更多或者更优质生产资料的地方居住。

以农户 A 的生产生活空间为微观样本，其经济来源主要为种植业和养殖业，生产空间主要为耕地、园地、水塘及养殖用地，生活空间主要为宅基地和场院，其中场院也承担了部分生产活动的功能（图 4-10）。

通过对农户 A 的访谈得知，他的家庭与罗汉淌村大部分家庭一样，在国家政策的扶持下，近两年刚刚完成了“脱贫摘帽”，但是想要进一步提升生计水平，仍存在一些困难。其中，资金不足导致其无法进一步扩大自己的养殖规模，水资源匮乏也是制约条件之一。此外，交通成本过高也降低了其收益水平。农户的发展水平某种意义上决定了村庄的发展能力，对于鄂西武陵山区的农耕传承类村庄，在规划建设过程中，

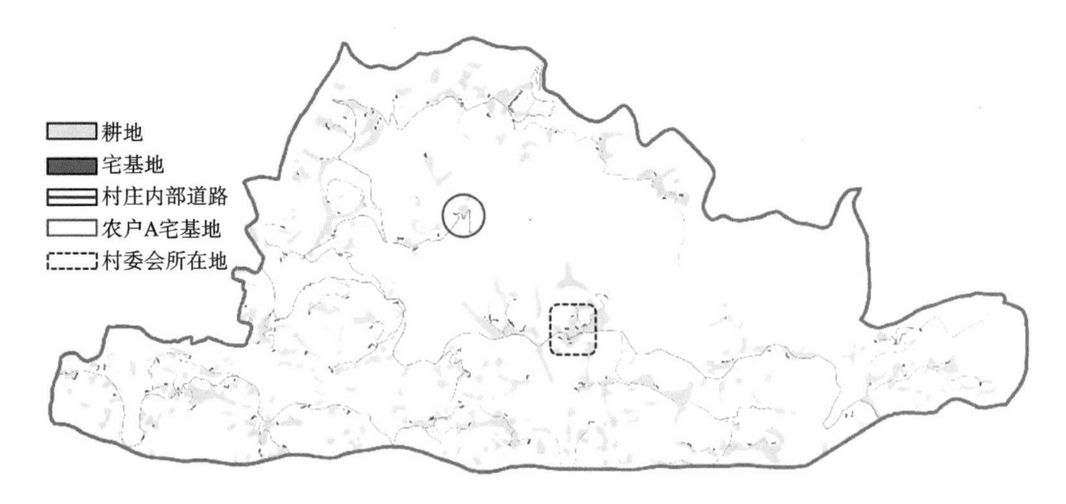

图 4-9　五峰土家族自治县仁和坪镇罗汉淌村土地利用空间分布图

（资料来源：根据五峰土家族自治县自然资源和规划局数据绘制）

图 4-10　五峰土家族自治县仁和坪镇某村农户土地利用情况

（资料来源：郑兵 摄）

应该重点考虑农户诉求。

依据五峰土家族自治县新一轮乡村振兴战略规划，对于农耕传承类村庄，要有序推进“厕所革命、垃圾革命、污水革命”等环境改善措施，合理利用残旧房屋、废弃宅院，配建完善的村庄基础设施。最为重要的是，要强化农业产业支撑，发展生态农业、特色农业，建设标准化、规模化的农产品生产基地，提高农业生产效率和效益。

4.1.2 资源要素的空间特征

（1）资源要素类型划分。

基于样本村庄的案例研究，根据资源要素存在形式，可以将资源要素划分为自然与生态类、人口与文化类、居住与城镇类、经济与社会类和支撑系统类。农业及其附属产业的发展需要它们的共同作用。每一类资源要素对乡村发展的内涵如下。

①自然与生态类（B1）。该类型村庄涵盖的资源要素是乡村地区农户赖以生存的物质基础，是相对稳定的内生定量影响要素。对乡村产业发展能力的影响体现在山、水、林、田、风景名胜及矿产资源的分布特征与相互作用能力方面。

②人口与文化类（B2）。该类型村庄涵盖的资源要素指与乡村产业发展能力紧密相关的人口构成比例、受教育水平和组织结构等基础情况以及乡村的文化遗存和历史背景等定性评价指标。

③居住与城镇类（B3）。该类型村庄涵盖的资源要素指乡村居住环境以及城乡的空间及能量交流关系，既包括乡村民居情况等微观实体要素，也包括镇村空间布局和物质及能量交流等宏观空间关系要素，是以定量为主的兼具乡村内外影响条件的资源要素。

④经济与社会类（B4）。该类型村庄涵盖的资源要素指乡村内部经济发展模式和现阶段发展成果，以及政府和社会力量的介入情况所对应的影响要素。这种影响要素是与乡村产业发展能力有直接联系并能反映乡村发展状况的定量影响要素，经济活动和社会活动的演变过程及空间分布也是影响乡村产业重构的重要因素。

⑤支撑系统类（B5）。该类型村庄涵盖的资源要素指能够为人们各项生产生活和社会经济活动提供坚实支持的系统，是基于现实配置情况的定量影响要素。

（2）资源要素分布特征。

农业土地利用的研究大多与农业地理的研究结合在一起，虽然农业地理与农村地理是完全独立的两门学科，但是有很多内容是交叉的。资源要素的分布特征由空间分布、组织模式与作用机制共同体现。其中，要素组成是基础，组织模式是过程，作用机制是结果。通过对五峰土家族自治县资源要素分布特征的梳理和总结，能够进一步完善该区域农业产业的相关要素集，明确各类要素的内涵特征，这也是构建乡村产业发展能力评价体系的基础。对空间分布规律的解释有助于理解各要素的组织模式和作用机制。基于对五峰土家族自治县的资源要素特征总结，分别在自然、人口、文化、经济、支撑五个层面进行多维视角的乡村空间分布特征研究。

①自然生态类要素。

自然生态类要素是反映乡村自然生态环境总体状况的要素指标，所涵盖的自然资源条件、生态本底是乡村发展的基础物质条件，与乡村紧密融合。掌握五峰土家族自治县的乡村人居生态环境格局是研究其产业发展条件的重要前提，通过 GIS 大数据分析，对五峰土家族自治县的乡村地理特征（海拔分布、水资源分布、土地资源条件）进行了可视化分析。

a. 海拔分布特征。对五峰土家族自治县地形地貌进行解读，五峰土家族自治县全境皆山，属武陵山支脉，是我国三大地形阶梯中第二级阶梯向第三级阶梯的过渡带，整体上呈现西高东低的态势（图 4-11）。境内最低点是海拔 150 米的渔洋河桥河峡口，最高点是海拔 2320.3 米的白溢寨顶峰。根据其海拔变化，由东到西依次可以划分为低山河谷区、半高山地带和高山地带。

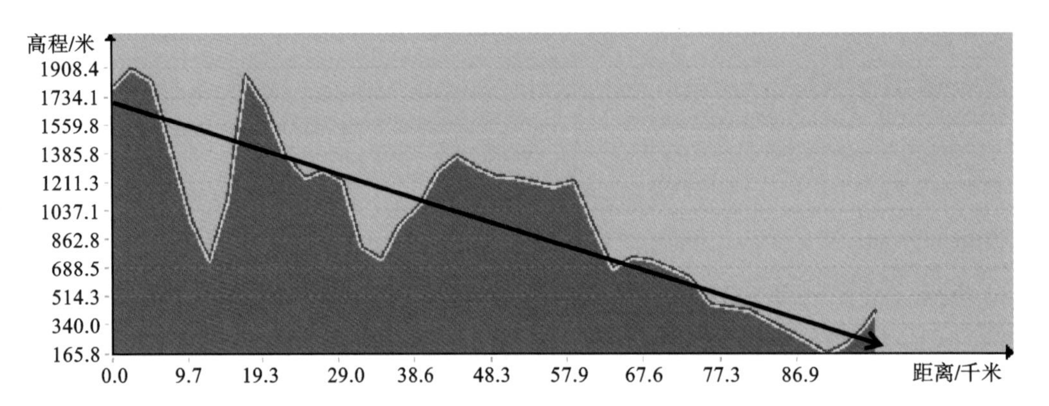

图 4-11　五峰土家族自治县由西向东海拔高程变化趋势

（资料来源：根据文献（丁博禹，2019）改绘）

其中，海拔 500 米以下的低山河谷地带占全县面积的 13.7%，500 米至 1200 米之间的半高山地带占 41.5%，1200 米以上的高山地带占 44.8%，境内多峡谷，重山交错形成了许多坪坝。依据坡度分析，占总面积 62% 的居民点与占总面积 53% 的耕地分布于坡度 6°及 6°以下的范围内，占总面积 22% 的居民点与占总面积 26% 的耕地分布于坡度 6°～15°的范围内（图 4-12）。研究发现乡村居民点多分布于峡谷与坪坝地区，整体空间分布形态较为分散，未形成规模集聚优势。村庄建设和农业及相关产业的发展与土地坡度相关，具体表现为平地比、缓坡比与陡坡比，其中平地比与缓坡比与农业及相关产业发展能力呈正相关关系，陡坡比与农业及相关产业发展能力呈负相关关系。

b. 水资源分布。五峰土家族自治县境内主要有渔洋河、泗洋河、南河、天池河以及湾潭河五大河流，其中渔洋河为县域内第一大河，其余支流共计 30 余条，水系覆盖了县域 82.4% 的国土面积（图 4-13）。五峰土家族自治县年均降雨量达 1400 毫米，独特的岩溶地貌导致地表难以存蓄雨水，部分村庄农业用水仍然紧张，出现所谓的喀斯特干旱现象。在五峰土家族自治县小流域地区，居民点的聚集度较高，流域管理与集水区的经营对地区的村庄发展越来越重要。

c. 土地资源条件。五峰土家族自治县地形属典型的喀斯特地貌，人地矛盾问题突出。乡村发展受地形

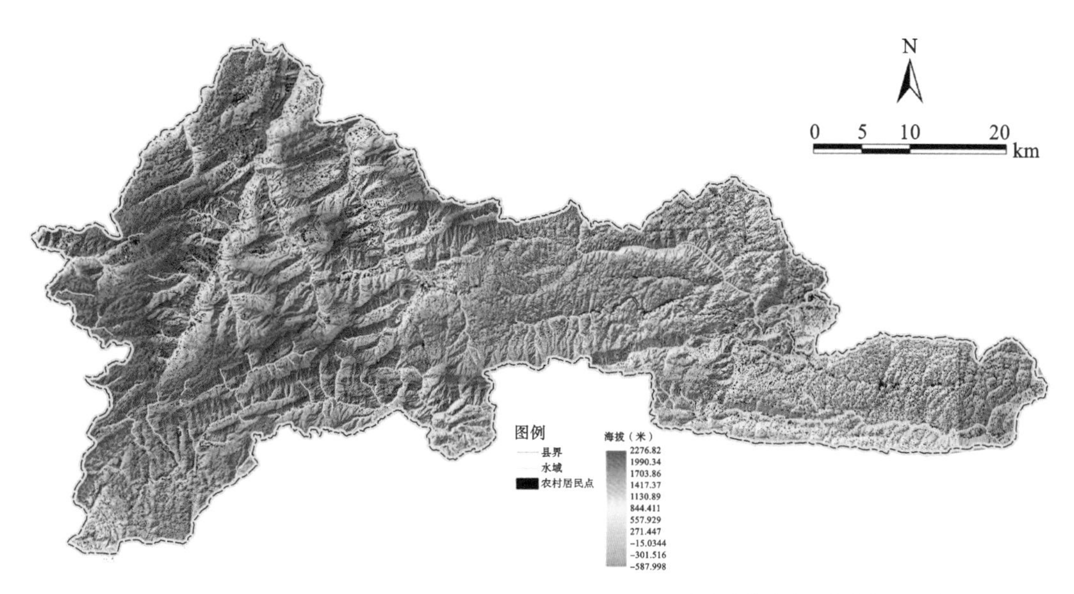

图 4-12 五峰土家族自治县海拔与居民点分布关系图

（资料来源：研究团队自绘，丁博禹）

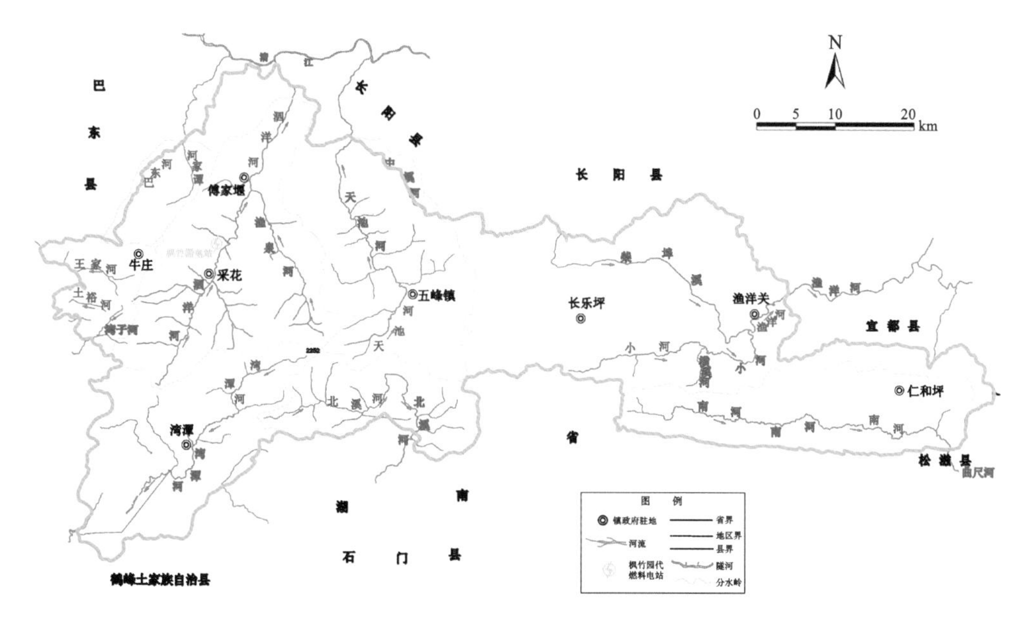

图 4-13 五峰土家族自治县水资源分布图

（资料来源：研究团队自绘，丁博禹）

限制严重。通过对 1956 年、1981 年及 2014 年的五峰土家族自治县耕地面积统计发现，其呈现先增后降、总体上升的变化趋势。截至 2018 年末，县域农村人均耕地面积为 2.54 亩，低于宜昌市整体水平。草场面积在几十年内逐步增加，反映了当地畜牧业的快速发展趋势。五峰土家族自治县长期以来都保持较高的森林覆盖率，林地资源基本保持不变，生态环境稳定性较强。但湿地资源呈现缓慢减少的趋势，需要提高警惕，避免因湿地减少造成生物多样性的破坏（图 4-14）。

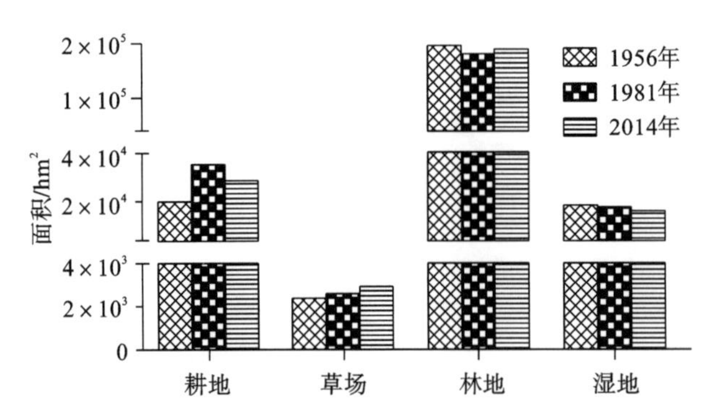

图 4-14　五峰土家族自治县土地类型变化情况
（资料来源：研究团队自绘，丁博禹）

②人口文化类要素。

社会学家费孝通通过对中国乡村问题的研究，提出了差序格局概念。在此概念中，社会关系是多个私人关系的叠加，社会范围则是私人联系所构成的网络，越是经济发展水平落后的乡村地区，差序格局的体现更为明显。以五峰土家族自治县为样本案例，通过解读其乡村人口、宗族关系等发展变化情况，可以在一定层面上了解鄂西武陵山区的乡村社会文化背景和人口变化特征，进而分析其对乡村产业发展能力的影响机制。

对 2005—2018 年的人口变化情况进行趋势分析发现，五峰土家族自治县人口整体处于缓慢下降状态（图 4-15）。具体来看，2005 年到 2009 年，人口总数由 207622 人增长至 209620 人，处于缓慢增长的状态；从 2009 年开始，县域人口总量进入下降通道，截至 2018 年末总人口总数下降至 197300 人。除了 2011 年与 2015 年有小幅增长外，其余每年人口总数均呈现下降态势，其中，2010 年与 2016 年人口总数下降明显。

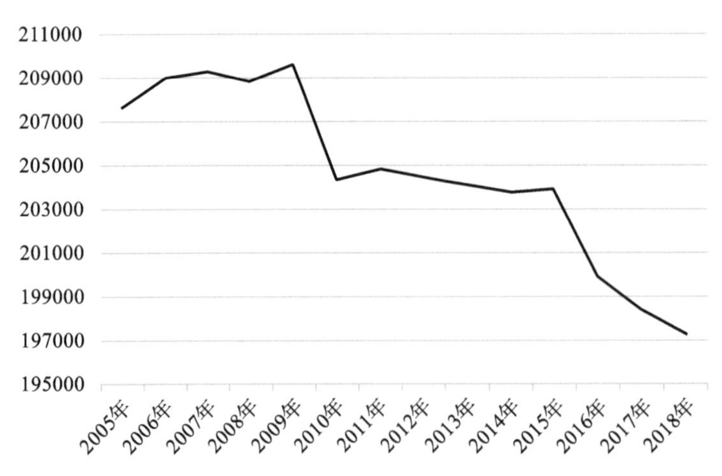

图 4-15　2005—2018 年五峰土家族自治县人口自然变动情况（单位：人）
（资料来源：研究团队自绘，丁博禹）

从农业人口的变化情况分析，五峰土家族自治县的农业人口呈现缓慢萎缩或突然下降的状态，“内卷化”现象显著。具体来看，2005 年到 2014 年，农业人口总体呈下降状态，其中 2015 年农业人口骤降，截至 2018 年，农业人口总数为 157200 人（图 4-16）。

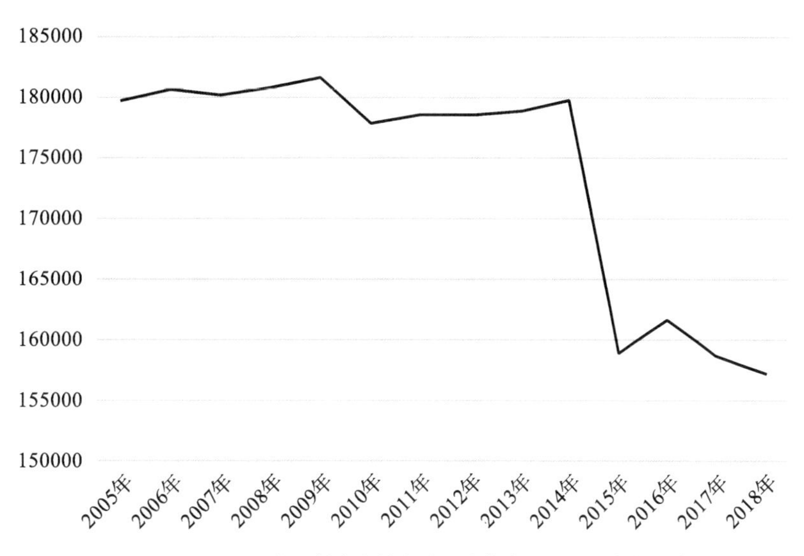

图 4-16 2005—2018 年五峰土家族自治县农业人口自然变动情况（单位：人）

（资料来源：研究团队自绘，丁博禹）

通过五峰土家族自治县的农村统计数据可以发现，农村劳动力转移人口数量呈现逐年增加的态势，从 2009 年的 31603 人逐渐增长为 2018 年的 36082 人。人口转移具体情况可按以下三种方式划分。

a. 按文化程度划分。

以 2018 年为例，农村转移劳动力中，小学以下学历总人数为 4474 人；初中以上、高中以下学历总人数为 18341 人；高中以上学历总人数为 13267 人。

b. 按年龄状况划分。

以 2018 年为例，农村转移劳动力中，20 岁以下总人数为 4396 人；21 ～ 49 岁总人数为 25139 人；50 岁以上总人数为 6547 人。

c. 按外出渠道划分。

以 2018 年为例，农村转移劳动力中，通过政府有关部门组织的总人数为 9352 人；通过中介组织介绍的总人数为 3257 人；通过企业招收的总人数为 3676 人；通过自发及其他途径转移的总人数为 19617 人[1]。

通过近十年的变化情况对比发现，农村转移劳动力的学历水平虽有所提高，但整体水平仍不高，主要人群依旧以青壮年为主，自发性较强。即五峰土家族自治县农村转移劳动力呈现出低学历、青壮年为主和自发性较强的特点，多数属于外出务工的情况。

1 作者根据地方外出务工人口统计调查数据整理而成，非官方公布数据。

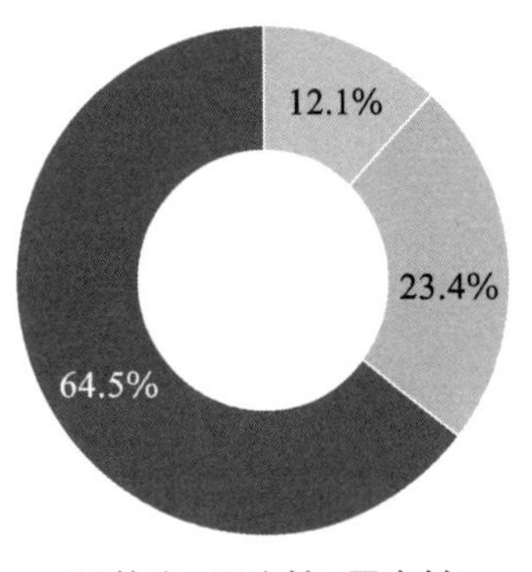

图 4-17　农村居民居住地意愿调查情况图
（资料来源：研究团队自绘，丁博禹）

人口流动的影响因素既包括客观规律、国家政策引导和经济发展水平，也包括地区居民的主观意愿。基于五峰土家族自治县的人口变化趋势，为了探究其主观原因，作者选取了该区域若干个农村随机进行问卷调查，收集农户向城镇转移的意愿。本次调查共发放 500 份问卷，最终筛选出 478 份有效问卷。调查对象中，60 岁以上老年人占 30.1%,40 ～ 60 岁中老年人口占 24.3%，20 ～ 40 岁青壮年人口占 30%，20 岁以下占 15.6%。

统计结果表明，整体上农村人口向城镇转移的主观意愿不强，当被问及“如果有条件向城镇转移，更愿意在哪生活”时，64.5% 的调查对象表示更愿意在农村生活，选择在乡镇生活的占 23.4%，选择进入大、中城市的仅占 12.1%（图 4-17）。这一方面反映了农村人口的土地依赖性较强，另一方面也体现出了该地区农村的老龄化及“空心化”现象明显。

对鄂西山区的文化传承和历史沿革进行深入研究发现，目前，五峰土家族自治县仍保留着许多传统文化。这些文化逐渐成为五峰土家族自治县对外展示的名片，对五峰土家族自治县旅游业和服务业的发展有巨大的影响。其中，有一部分传统文化入选了第四批县级非物质文化遗产，如传统舞蹈、传统音乐、曲艺、传统技艺等（表 4-1）。通过调研走访发现，仍有部分传统艺人居住在乡村，从事农业生产与文化传承工作，具有一定的知名度和影响力，是乡村特色农业及相关产业发展的主要活化力量。

表 4-1　五峰土家族自治县非物质文化遗产传承情况

<table>
<tr><th>项目类别</th><th>项目名称</th><th>传承人现居住址</th><th>人数</th></tr>
<tr><td rowspan="4">传统舞蹈</td><td>土家族花鼓子</td><td>傅家堰乡左泉洞村</td><td>1</td></tr>
<tr><td rowspan="3">土家族撒叶儿嗬</td><td>五峰镇茅坪村</td><td>1</td></tr>
<tr><td>长乐坪镇苏家河村</td><td>2</td></tr>
<tr><td>五峰镇水浕司村</td><td>1</td></tr>
<tr><td rowspan="2">传统音乐</td><td>五峰民间吹打乐</td><td>渔洋关镇王家坪村</td><td>1</td></tr>
<tr><td>土家族打溜子</td><td>仁和坪镇罗汉淌村</td><td>1</td></tr>
<tr><td rowspan="2">曲艺</td><td rowspan="2">南曲</td><td>五峰镇镇区</td><td>2</td></tr>
<tr><td>长乐坪镇白岩坪村</td><td>1</td></tr>
<tr><td rowspan="4">传统技艺</td><td>五峰民间刺绣</td><td>仁和坪镇仁和坪村</td><td>1</td></tr>
<tr><td>宜昌红茶制作技艺</td><td>渔洋关镇曹家坪村</td><td>1</td></tr>
<tr><td>采花毛尖茶传统制作技艺</td><td>五峰镇油菜坪村</td><td>1</td></tr>
<tr><td>五峰精细竹编技艺</td><td>仁和坪镇仁和坪村</td><td>1</td></tr>
</table>

通过对历史沿革的研究，可以挖掘乡村内在文化的形成过程。五峰土家族自治县始于秦朝，历史悠久。清代时期，清政府进行改土归流，废除土司制，采取流官制。这些举措减轻了鄂西武陵山区农户的生计负担，促进了该地区社会经济与文化的进步，同时加强了中央政府对西南山区少数民族聚居区的统治。至今，五峰土家族自治县的人民仍然对当地的历史事件铭记在心，这些历史文化都是乡愁与民族记忆的集中体现。

③城镇居住类要素。

城镇化率通过人口统计指标来度量某个国家或地区的城市化水平，该指标在某种意义上可以用来衡量国民经济发展水平。城镇化进程是农村人口向城镇转移的过程，对其进行研究有助于理解该区域农村经济发展状况和人口的生活选择意愿。20 世纪 50 年代初我国的城镇化率仅有 10.64%。自改革开放以来，农村人口持续向城镇转移，助推大量的农村剩余劳动力进入第二、第三产业。中国常住人口城镇化率在 2011 年首次超过 50%，并于 2018 年达到 59.58%。

相比国家整体城镇化率的变化情况，五峰土家族自治县由于其脆弱的生态环境、复杂的地形地貌、落后的基础设施建设，城镇化率远远低于国家平均水平。具体来看，2005 年到 2013 年，城镇化率不升反降，由 12.20% 变为 12.19%，出现了“逆城市化”现象。自 2013 年后，城镇化率显著提升，其中，2015 年增长迅速（图 4-18），但其背后的推动力量并非自然的人口迁移，2015 年五峰土家族自治县县城整体从五峰镇搬迁至渔洋关镇，促使渔洋关镇非农人口大量增加。

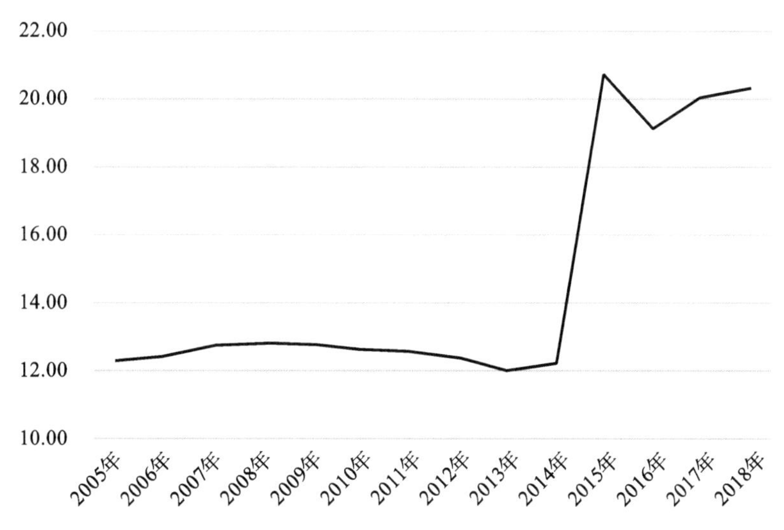

图 4-18 2005—2018 年五峰土家族自治县城镇化率变化情况（单位：%）

（资料来源：研究团队自绘，丁博禹）

截至 2018 年末，五峰土家族自治县的城镇化率仅为 20.30%，县域城镇化进程缓慢。通过历年人口流出与户籍统计情况来看，人口流动呈现出以下显著特征。

a. 异地城镇化特征明显。

五峰土家族自治县发展缓慢，人口吸引力较弱，具有向城镇转移条件的人口更多会选择宜昌市、武汉市或其他城市。这部分外流人口既包括农村转移人口，也包括乡镇所在地的非农业人口。

b. 大量人口处于“半城镇化”状态。

对比五峰土家族自治县历年的城镇常住人口与非农业人口情况来看，存在显著的“半城镇化”现象。其中，2018 年末城镇常住人口有 78000 人，但其中非农业人口仅为 40044 人。部分人口居住在城镇，但其生产方式仍旧为农业生产，表现为“地域的城镇化”而非“人的城镇化”。人口是生产要素，也是城乡创新产业发展的活化力量，农村人口转移的变化规律和特殊表现能够反映该区域的国民经济发展情况。村庄建设现状体现了其人工环境特征，这是在自然环境中逐渐演变形成的。不同区域的农村选址受地形、文化、历史、资源等多种因素的影响，是反映其乡村经济发展情况的衡量标准之一。

农村生产生活离不开充足的水资源，通过分析农村居民点、耕地等资源要素与河流的空间分布关系，可以反映各个乡村发展所依赖的水资源基础条件。利用 ArcGIS10.2 软件建立 500 米、1000 米河流缓冲区，可以有效计算村庄的河流邻近度水平，分析水域生态环境的构建基础条件。从县域居民点布局上来看，有 34% 的居民点分布在河流的 500 米缓冲区范围内，有 26% 的居民点分布在河流 500 ～ 1000 米的缓冲区范围内。这些居民点大部分分布在河谷地区（图 4-19）。

此外，道路交通条件对乡村居民点布局具有集聚作用，特别是在交通条件较差的五峰土家族自治县，村民居民点选址会更加看重交通优势。利用 ArcGIS10.2 软件建立 500 米、1000 米道路缓冲区，计算居民点的道路邻近度水平。从县域居民点布局上来看，有 18% 的居民点分布在主要道路的 500 m 缓冲区范围内，有 24% 的居民点分布在主要道路 500 ～ 1000 m 的缓冲区范围内。但随着距离的增加，道路对居民点选址的影响逐步衰减（图 4-20）。

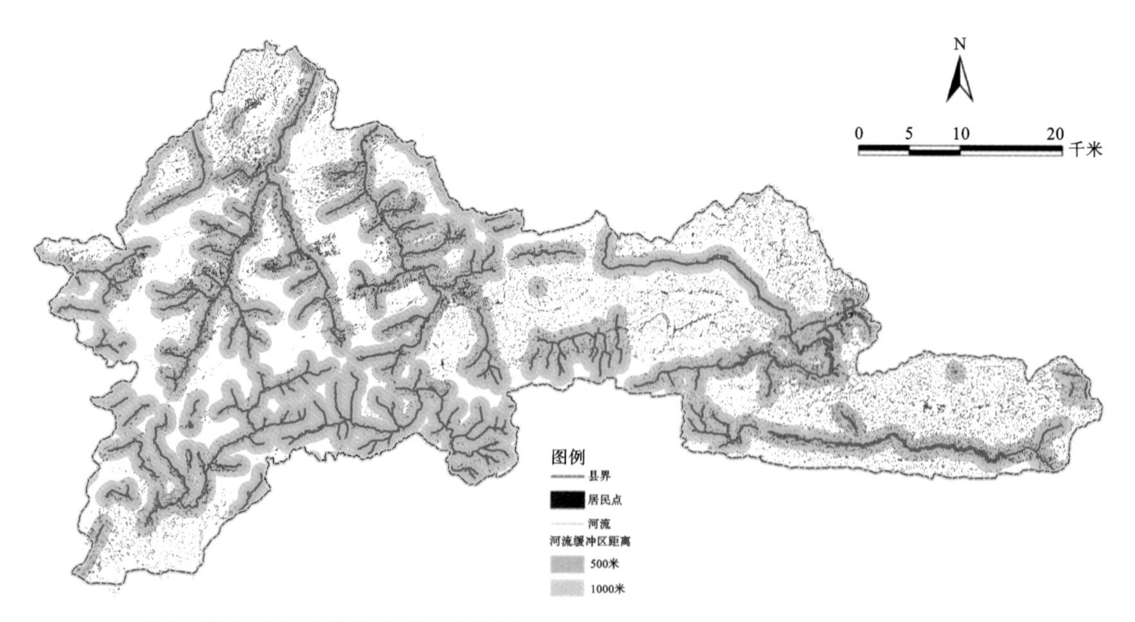

图 4-19 五峰土家族自治县河流缓冲区与居民点分布关系图
（资料来源：研究团队自绘，丁博禹）

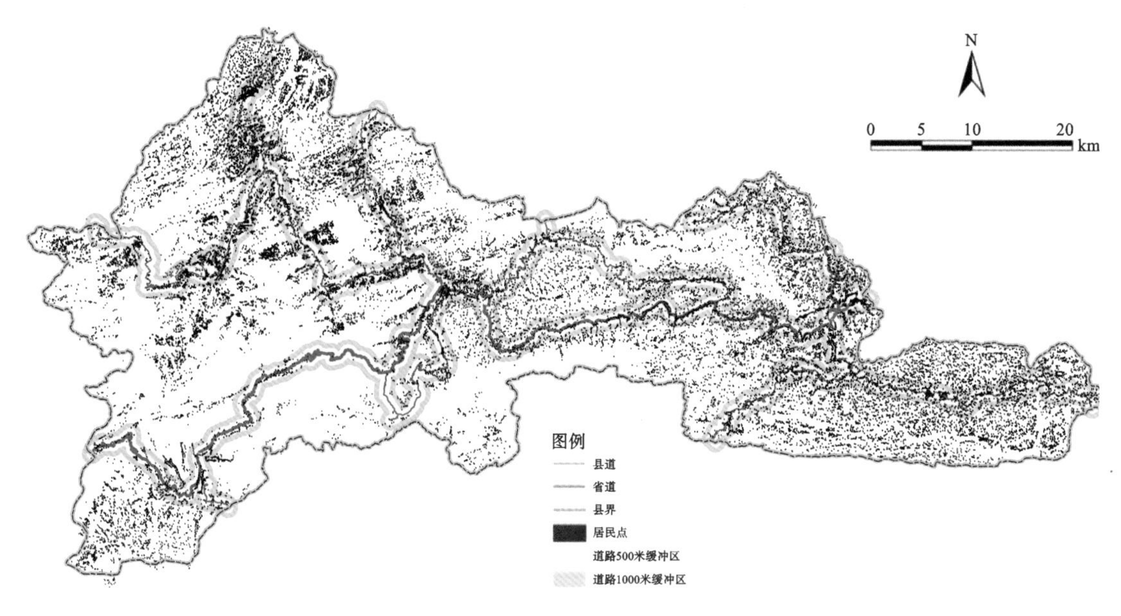

图 4-20 五峰土家族自治县道路缓冲区与居民点分布关系图

（资料来源：研究团队自绘，丁博禹）

④社会资本类要素。

产业结构是研究地区经济的重要指标，也是国民经济研究范畴内的重要指标。以 2018 年的数据为例，中国的第一产业、第二产业、第三产业结构比为 10 ∶ 46 ∶ 44，第一产业占比较低，第二产业和第三产业基本持平。五峰土家族自治县却显示出不同的情况，2018 年全县第一产业产值占比 34.2%，远高于同时期全国范围内第一产业产值占比（10%）。由此可见，农业及其附属产业是五峰土家族自治县乡村振兴的主要抓手，对于鄂西武陵山区而言同样如此，破解乡村产业发展能力问题，需要从农业入手。

“人”“地”“钱”三要素是乡村发展的重要基础。在《孤立国同农业和国民经济的关系》一书中，杜能通过孤立国假设的方式研究了乡村发展中农业产业的利润获取问题，指出了市场、资本对于农业产业长久稳健发展重要性。近些年，中国的乡村经济多呈现工农结合的生产运作方式，农户在农忙之余通过时间灵活的手工业进行生产活动，以改善单纯农业生产导致的低经济效益情况。这种生产模式的普及使乡村产业类型逐渐丰富，进而导致市场与资本对乡村发展的影响愈加显著。

在促进市场与资本对接乡村发展的过程中，各级政府作用显著。近年来，五峰土家族自治县积极对从事特色农产品加工、销售等行业的公司进行招商引资行动，与各类旅游服务公司加深合作，这些举措使五峰土家族自治县乡村发展更加多元化，延伸了乡村农业产业链，提高了农民收入。在资本投入上，也要重视社会投资及村集体和农民对各项产业发展的积极性。以五峰土家族自治县杨家垴村为例，为支持该村庄打造特色村落，建设各项基础配套设施及产业发展设施，县政府先后为文化广场宣传牌、旅游公厕、地下排水工程等建设投入资金共计 100 万元。相比之下，在此过程中社会资金投入更大，五峰归一乡村旅游合作社成员自主投入资金 400 万元。因此，对鄂西武陵山区而言，在新时期的乡村发展过程中，依托政府政策和资本投入的同时，也要发挥农民的自主能动性和社会力量，共同推动乡村振兴。

⑤基础设施类要素。

五峰土家族自治县县域范围内交通条件十分落后，除了新县城渔洋关镇与宜昌市区及省域外部沟通相对便利，其余七个乡镇均位于崇山峻岭之中，仅有一条国道 G351 作为对外联系的主要道路。统计发现，农户通过汽车等交通工具到达渔阳关新县城的平均时间需要 4 小时，到达宜昌市需要 8 小时，严重限制了乡村内外的信息交流、能量流动与经济联系。目前各乡镇村庄内部存在大量的泥土路、断头路，给农户日常生产活动带来诸多不便。针对这一问题，五峰土家族自治县出台多项精准帮扶政策，旨在全面提升村级交通网络建设水平。此外，针对农业生产基础工程，五峰土家族自治县各级政府着力加强农业灌溉水利设施建设以及流域治理工作。近些年，五峰土家族自治县乡村地区的市政配套设施也在逐年增加。到 2018 年底，在 96 个行政村中，自来水受益村庄总数为 44 个，占比为 45.8%，通有线电视的村庄数量为 59 个，占比为 61.5%，电话与宽带实现全覆盖（图 4-21）。

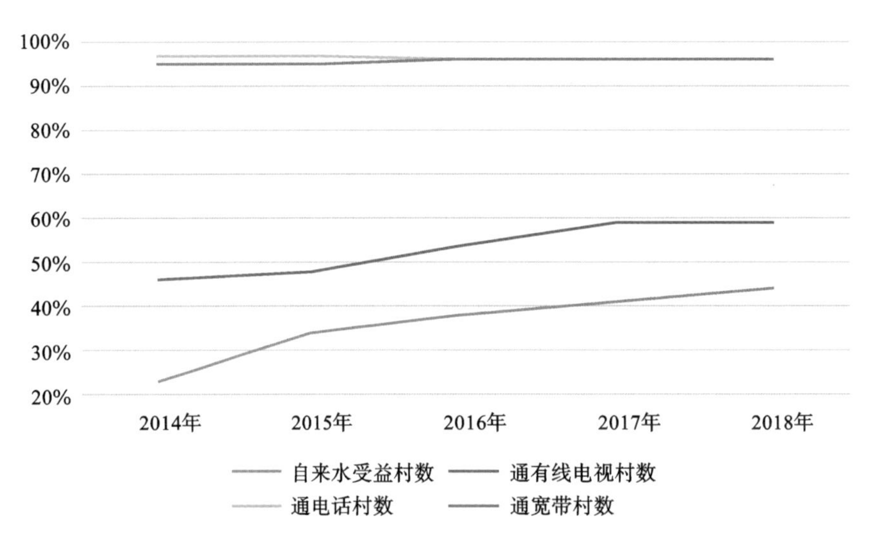

图 4-21 五峰土家族自治县村庄市政设施配套变化趋势图
（资料来源：研究团队自绘，丁博禹）

4.1.3 资源要素的组织模式

乡村研究要以人类学家的视角对村庄的产业、经济贸易、宗族关系进行多维度深入调查，研究县域层面的乡村产业发展能力也应如此。为探求鄂西武陵山区各类乡村的资源要素种类及构成，作者深入五峰土家族自治县 8 个村庄进行了实地调研，分别对“国道经济型”“特色农业产业型”“乡村旅游合作社型”“传统农业型”四类主导经济发展模式的村庄进行了详细分析。

（1）模式一：国道经济型。

农业基础设施配置一方面能够提高农业生产力，另一方面还可以为本地区农户创造更多的就业机会。

依赖交通、区位条件实现经济发展的村庄，其农业及衍生产业的相关要素在空间分布上集聚特征显著。五峰土家族自治县中，腰牌村与洞口村的经济发展模式属于典型的国道经济型，村庄依靠 G351 的交通动脉优势，连接县域南北两大区域，其资源要素在长期自组织演化过程中，顺应了发展趋势，形成了与农业相辅相成的产业模式。以腰牌村为例，其地处长乐坪镇腹地，临近 4A 级景区柴埠溪大峡谷。在空间布局上，腰牌村资源要素的分布特征与交通密切相关，有 88% 的建筑分布在道路两侧，建筑呈带状集聚型布局，建筑利用率较高，服务业设施配置相对完善，耕地及其他生产用地集中呈片状或带状分布（图 4-22）。

(a) 五峰土家族自治县美丽村庄建设航拍图

(b) 五峰土家族自治县杨柳池古茶园航拍图

图 4-22　五峰土家族自治县不同资源要素组织模式下的人居生态空间特征

（资料来源：郑兵 摄）

腰牌村的乡村经济发展主要依靠周边景区以及便捷的交通带来的人流量，村庄主要产业由过去的“老三样”（蔬菜、烟叶、玉米）逐步转变为如今的“新三样”（民宿、药材、合作社）。民宿、农家乐等庭院经济在政策扶持下发展迅速，不仅为农户带来了更多收入，也丰富了村庄的产业类型。药材的发展与农业合作社相辅相成，近年来成立了中药材科技园，逐步构建起了“生产—销售—经营”的“农户＋公司”模式。2014 年至 2019 年，腰牌村通过农业产业创新发展，实现 205 户贫困户脱贫，人均年收入从 3700 元提升到了 9781 元，实现了乡村经济的快速发展。

不过，鄂西武陵山区乡村国道经济的发展要避免一些误区，五峰土家族自治县县域内部分村庄盲目跟风，沿国道建设“火车皮式”的集市，容易导致服务业发展过于饱和，造成资源浪费，并且公路交通存在一定的安全隐患，不利于村镇经济的长期稳定发展。

通过样本村庄的解读，进一步明确了鄂西武陵山区乡村国道经济发展所对应的资源要素。①基础要素：建设用地条件，交通条件，公共服务设施，建筑密度，建筑质量，房屋利用率，乡镇辐射强度。②相关要素：人口结构，人口素质，村庄社会秩序，村干部素质能力，政府财政投入，社会资本，基础设施配置情况。

（2）模式二：特色农业产业型。

特色农业产业发展的重点在于突出对比优势，五峰土家族自治县制定了“一茶两种三园”的农业产业总体布局，打造的特色农业产业类型以茶叶、烟草、中药材、花卉、林果以及蜜蜂养殖为主，凸显了地域特色。随着乡村振兴战略的实施，五峰土家族自治县逐步发展了“林、药、蜂 + 旅游”融合示范场共计 10 余处，采用公司化经营管理模式，通过合理的政策实施，积极引导和帮助返乡创业人员通过土地租赁的模式，自筹资金或者引入社会资金进行产业发展、技术创新和基地建设。

以茶园村为样本村庄，近些年，其通过茶叶种植、加工、销售以及茶文化的推广，已经帮助许多农户摆脱贫困，拓宽了他们的经济来源。茶园村位于五峰土家族自治县西南边陲，处在层峦叠嶂的群山之中。在茶园村特色农业产业的发展过程中，国家扶贫政策和财政支持起到了积极作用。2014 年，茶园村被列为重点贫困村，2015 年便由政府出资实施了农网升级改造工作，实现了生产生活用电和网络全覆盖，极大地提高了农业生产效率和村民生活幸福感。作者深入茶园村进行了走访调查，发现除了政府政策与资金扶持以外，返乡创业的乡村能人对村庄的产业发展起到了关键的作用。2014 年 2 月，茶园村创业能人龙西洲返乡创业，自筹资金 200 万元建设茶园古村茶厂，成立五峰益农茶叶专业合作社，短时间内帮助多户贫困家庭实现脱贫。作者采访了农户陆菊秀，2016 年，经过龙西洲的上门动员，陆菊秀加入了合作社，投入到茶叶种植生产当中。“去年就收入一万多元，今年新种了 3 亩多茶树，挣两万元没问题。”2016 年 3 月，古村茶厂进行产业升级，升级改造后用电代替柴火加工茶叶，加工效率及茶叶品质大幅提升，全村茶农增收 230 余万元，农户人均年收入达到 7900 元。2018 年，茶园村茶叶产值近 700 万元，茶农茶叶鲜叶收入 400 余万元。通过特色农业产业的发展，村民摆脱了贫困，村庄经济实现了快速发展。

目前，茶园村耕地总面积 3746 亩，茶园用地面积 3500 余亩，建筑整体风貌仍保留民族特色，在特色农业产业发展的基础上进一步发展田园旅游产业（图 4-23）。当前，耕地和土壤质量正在遭受不同程度的污染和退化，对于依靠特色农业产业发展的村庄而言，应切实保护土壤环境、防止土壤退化，这需要通过合理的耕作技术和制度规范共同作用。

(a) 茶园村茶叶种植用地

(b) 茶园村居民点用地

图 4-23　五峰土家族自治县茶园村茶叶种植用地（左）与居民点用地（右）
（资料来源：研究团队自摄）

通过对样本村庄的解读，进一步明确了鄂西武陵山区乡村特色农业产业发展所对应的资源要素。①基础要素：耕地，园地，海拔条件，土壤性质，水资源，气候以及地质条件。②相关要素：劳动力，技术人员数量，基层组织管理水平，家庭经济，金融支持，道路交通及基础设施配置情况。

（3）模式三：乡村旅游合作社型。

乡村旅游合作社是农民专业合作社的一种典型形式，是当前农旅融合发展趋势下的新型经营主体，有助于拓宽农户就业渠道，增加经济收入。目前，鄂西武陵山区的乡村旅游合作社多采用“村委会＋合作社”“公司＋合作社”“土地＋合作社”等发展模式。以五峰土家族自治县栗子坪村为例，近年来，村集体委托设计部门进行多次的乡村规划与旅游规划，打造村庄农旅名片，逐渐形成了以农业、文化、旅游和营销为主的农旅产业链条。

栗子坪村是五峰土家族自治县生态乡村旅游的重要目的地之一，位于中国名茶“采花毛尖”的故乡——采花乡，全村面积 10.86 平方千米，平均海拔 1400 米，森林覆盖率达 89%，绿色孕育“天然氧吧”，“栗子两淌，高山古村”是栗子坪村的整体格局特色。栗子坪村曾入选“中国传统村落”名录，并先后荣获“湖北旅游名村”“中国生态旅游示范村”“第一批全国乡村旅游重点村”等诸多称号。近年来，随着村庄旅游业的发展，村庄基层组织借助政策优势，成立了栗子坪旅游景区管理委员会，不断完善旅游公路、农家乐、接待中心等基础设施建设，高标准建成 30 家农家乐，现有 180 余栋土家吊脚楼全部进行保护性改造修缮，特色风貌建筑具有一定的规模效应，能够吸引众多游客前来观光（图 4-24）。此外，县乡政府已经确立了

图 4-24 五峰土家族自治县采花乡栗子坪村风貌

（资料来源：五峰土家族自治县栗子坪村村委会）

将栗子坪村打造为“高山生态疗养胜地”的目标。2016 年，全村旅游接待总人数超过 3 万人，旅游综合收入近 300 万元。

通过对样本村庄的解读，进一步明确了鄂西武陵山区乡村旅游合作社发展所对应的资源要素。①基础要素：森林覆盖率，气候适宜度，旅游资源，物质与非物质文化遗产，特色民俗，建筑风貌。②相关要素：人口结构，人口素质，少数民族人口，劳动力，村庄社会秩序，村干部素质能力，政府财政投入，社会资本，合作社经济水平，道路交通及基础设施配置情况。

（4）模式四：传统农业型。

五峰土家自治县历年的农业经济总收入均占当年该地区生产总值的 30% 以上，是一个典型的农业山区县。时间维度上来看，从 1956 年到 2014 年，五峰土家族自治县农业经济实现了飞跃发展，传统农业如粮食、经济作物、畜牧业、水产等产业产值均有大幅度提升，农业结构逐渐由粮食主导型转变为经济作物和畜牧业共同主导型，体现了五峰土家族自治县农业产业的多元化和特色化发展趋势（表 4-2）。

表 4-2 五峰土家族自治县农业经济发展情况 （单位：万元）

年份	农业总产值	粮食总产值	经济作物总产值	畜牧业总产值
1956 年	2570	1725	823	0
1982 年	5300	3400	1800	0
2014 年	322217	19382	104727	115245

空间维度上来看，在五峰土家族自治县农业相关产业用地类型中，灌木林地占比最高，其他占比较高的用地类型依次为农村道路用地、河湖水面、草地、园地，剩余用地类型占比较少（图 4-25）。整体来看，县域内森林资源优势显著，耕地与园地的面积小，导致种植业开发空间具有一定的局限性，传统农业的发展难以形成规模，需要通过空间重构和产业重构来重新组织资源要素，推行农业特色化发展，通过创新发展和技术改进实现乡村产业振兴。

中国中西部地区的村庄大都以农业为主，属于传统农业型村庄，大部分农户家庭采用“以代际分工为

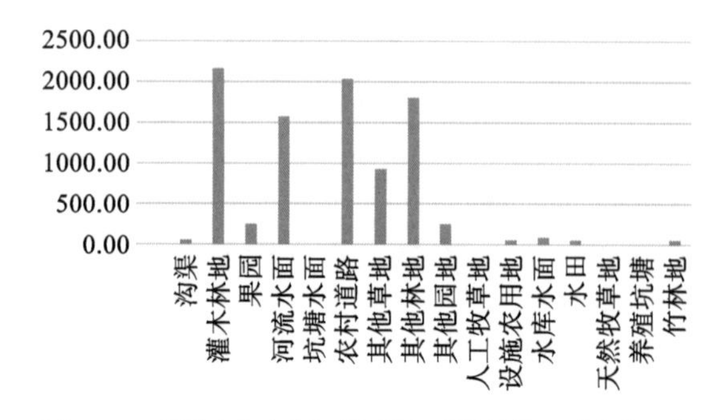

图 4-25 县域农业产业相关用地面积统计情况（单位：公顷）
（资料来源：研究团队自绘，丁博禹）

基础的半工半耕”的生计模式，即家庭中的年轻人进城务工经商，年长者留村务农。五峰土家族自治县目前有一些村庄已经借助区位及资源优势实现转型发展，但仍有部分村庄受制于自身条件，生产方式仍以传统农业为主，且村庄常住劳动力大部分为中老年群体，大量人员外出务工，村庄面临着“空心化”和“老龄化”的严峻局面。

本章通过对罗汉淌村和左泉洞村的解读，详细解读传统农耕类村庄的资源要素构成与组织模式。以样本村庄仁和坪镇罗汉淌村2018年的数据为例，村庄位于五峰土家族自治县东南部，全村172户，620人，常住劳动力345人。作者通过实地走访发现，村庄交通条件较差，现有14家农户仍未通公路。居民点分布较为分散，村庄产业发展未能发挥集体力量，难以形成规模效应，农户收入以传统小农经济为主（图4-26）。在种植业方面，村域范围内耕地面积2238亩，但利用率不高，粮食产量426吨，油料产量64吨；在畜牧业方面，生猪存栏1203头，生猪出栏2912头，山羊存栏997头，山羊出栏1683头；在特色农产品方面，茶园种植面积共40亩，仍有进一步开发的潜力。除去外出务工的收入，这三方面的劳动收入是农户家庭的主要经济来源，2018年罗汉淌村年人均可支配收入为9884元。乡村农业产业发展需要从配套基础设施建设和提升农民生产技术方面着手，提高各类生产用地利用效率，组织形成农业专业合作社以延长农业产业链，扩大经济效益。

以样本村庄傅家堰乡西北部的左泉洞村为例，村庄由原炉子坡村和左泉洞村合并而成。村域内海拔高度为800～1500米，村域总面积16.84平方千米，其中林地面积21000亩，耕地面积5100亩，常用耕地面积1800亩。村庄森林资源相对丰富，耕地面积与用地质量优势明显，种养业、林业、外出务工是农户收入的主要来源。村庄是典型的传统农业村寨（图4-26）。2014年，当地党员群众共计1000多人义务投工投劳，历时9个多月建成两个1000立方米的蓄水池，有效解决了村民的用水难题。此外，还对村庄未硬化道路进行了有效硬化，解决了生活生产道路不便的问题。近年来，村庄成立了坤鹏合作社，种植蔬菜面积达200亩，辐射周边100多家农户，年产值达100多万元。基础设施的建设和合作社的成立极大地改善了农户生活条件。

(a) 罗汉淌村传统农业劳作图

(b) 左泉洞村传统农业劳作图

图4-26 罗汉淌村与左泉洞村传统农业劳作图

（资料来源：研究团队自摄）

通过对样本村庄的解读发现，在传统农业型村庄的农业产业组织模式中，资源要素的表现形式主要包括以下两点。①基础要素：耕地，土壤性质，牧草地，水资源，气候以及地质条件。②相关要素：劳动力，农业技术人员，农业合作社，家庭经济，金融支持，道路交通及基础设施配置情况。

4.2 基于资源要素的五峰土家族自治县乡村产业发展能力评价

4.2.1 乡村产业发展能力内涵

如何协调人类社会与自然环境的关系，认识到区域的差异性和相互依赖性，在此基础上构建科学的产业空间结构一直是农业地理学的重要研究课题。武陵山区绝大多数乡村仍处于自然农业状态，农业产业发展仍是保障农户生计的首要问题，也是关乎乡村发展和乡村振兴的关键所在。乡村产业发展能力与农业产业紧密结合，农村土地制度的改革与创新、城乡生产要素流动、农业产业模式在乡村演变历程中发生了延伸和拓展，既包括传统农耕经济，又包括庭院经济、农业合作社、新型农业产业、农业服务业以及“互联网＋农业”等产业模式。在本书的研究范畴内，依托于农业发展起来的新农旅、农业工业园、“互联网＋农业”等相关产业都在资源要素的影响范围之内。鄂西武陵山区乡村产业发展能力的内涵是指在一定阶段内，基于乡村的资源要素基础条件和空间布局情况，结合不同类型乡村的要素组织模式和发展路径，对其乡村振兴和产业发展现实能力的初步判断。对鄂西武陵山区乡村产业发展能力评价的作用具体可以从以下两个方面来体现。

（1）在县域层面对乡村进行总体定位。以数字化的形式对县域乡村进行评价，更加清晰地明确乡村之间的差异与优劣势对比，以及特定时期内乡村的整体实力和存在的发展短板。乡村振兴实施分类推进，本书对乡村产业发展能力的研究成果有助于为乡村振兴策略提供新的路径和手段，是乡村统筹发展的基础研究。

（2）实现更有效的乡村空间治理需要对乡村的现状条件做基础研究和分析研判，借助乡村产业发展能力评价体系进行研究，可以减少主观的影响和视角差异，综合评价乡村发展各项条件，实现分析的可视化。

4.2.2 评价指标构成

产业振兴是实现乡村振兴的基石。科学合理地评价资源要素，避免就农业讨论农业，或者单纯地就市场讨论农业产业发展，而忽视民族山区特殊的经济、社会、文化和生态建设现实。本书基于长期乡村现场调研、村民访谈以及与县村各级农业农村经济发展管理部门沟通交流，通过案例分析总结研究区域内的资源要素类型、空间分布特征及组织模式，深入了解了研究区域内乡村发展面临的主要问题、矛盾点和发展瓶颈，明确了当地村民的核心诉求与主要关注点等相关问题，将当地乡村发展面临的现实情况和农民的主体意见融入指标体系的选择行列和各项权重的设计当中。

结合研究的现实意义，以乡村振兴战略规划的基本要求和乡村发展的科学内涵作为逻辑基点，通过整合借鉴该领域权威研究成果和咨询相关专家意见，构建出乡村产业发展能力评价体系的总体框架。同时，初步完成乡村产业发展能力评价体系，并征求相关专家的意见，将该评价体系转化为易于理解的表达方式，通过调查问卷的形式发放给研究区域当地的村民及县村各级管理人员，并收集意见。之后对各种意见进行整合，进一步完善初步框架。最后，将已修改完善的评价体系方案再次分发给相关专家、当地村民和管理人员，听取并整合他们的意见，通过这种自上而下的理论体系构建和自下而上的反馈机制，最终构建出一种科学、务实、切实可行的乡村产业发展能力评价指标体系。

（1）指标集遴选。

按照上述构建思路和基本原则，通过现场调研收集资料，结合相关文献研究成果，根据该领域的专家以及村民基于生计层面的意见，经过反复沟通修改，最终形成了乡村产业发展能力评价指标体系。对资源要素的空间分布影响因素进行剖析，将指标体系确定为自然生态系统、人文系统、居住与城镇系统、经济与社会系统和支撑系统 5 个一级指标（准则层），具体划分为 37 个二级指标（指标层），并进一步明确各个指标的赋值方法和测量标准（表 4-3）。

表 4-3 鄂西武陵山区乡村产业发展潜力评价体系与指标选取说明

目标层	准则层	指标层	赋值方法	测量标准
乡村产业发展	自然生态系统	平地比	定量赋值	村域范围内坡度小于 6°的土地面积
		缓坡比	定量赋值	村域范围内坡度为 6°～ 15°之间的土地面积
		海拔适宜度	定性赋值	村域范围内 500 ～ 2000 米海拔用地面积占比
		水资源条件	定量赋值	村庄涉及的江、河、湖、库、渠水资源总量
		森林覆盖率	定量赋值	森林面积占村庄土地总面积的比例
		气候适宜度	定量赋值	依据光照时数、温度、降水量建立指数模型
		地质环境安全度	定性赋值	泥石流、洪涝等地质灾害每年发生的频率
		耕地总面积	定量赋值	村域范围内耕地的总面积
		畜牧业发展水平	定性赋值	村庄各牲畜、家禽的年出栏总量
		土壤耕性	定性赋值	土壤的耕作难易、耕作质量和宜耕期的长短
		旅游区数量	定量赋值	村域范围内一级、二级、三级、四级旅游区数量之和

续表

目标层	准则层	指标层	赋值方法	测量标准
乡村产业发展	人文系统	人口年龄结构	定性赋值	金字塔形人口结构耦合程度
		农业技术人员数量	定性赋值	熟悉农业生产过程、掌握相关技术的人数
		劳动力数量	定量赋值	村庄常住 18 ～ 60 岁劳动力总数
		少数民族占比	定量赋值	少数民族人口数量占乡村总人口的比例
		受教育人口比例	定量赋值	中小学教育水平及以上的人口比例
		返乡创业人数	定量赋值	返乡进行创业的人才数量
		村庄社会秩序	定性赋值	乡村居民遵守行为规则、道德规范、法律规章的程度
		村干部素质能力	定性赋值	通过民意调查和业务能力共同判定
		非物质文化遗产与特色民俗传承情况	定性赋值	非物质文化遗产和特色民俗数量和等级
	居住与城镇系统	居住密度	定量赋值	村庄各类建筑的密度
		建筑质量	定性赋值	村庄建筑的完整性、安全性和可利用性
		建筑风貌	定性赋值	村庄单体建筑和建筑群的风貌等级
		房屋利用率	定量赋值	村庄非空置房屋的数量占比
		历史文化遗产保护情况	定量赋值	村域范围内历史文化遗产的分布数量
		乡镇辐射强度	定性赋值	村庄位于所述乡镇的辐射范围等级情况
	经济与社会系统	合作社经济收入	定量赋值	村庄合作社年经济收入
		人均可支配收入	定量赋值	村民人均年度可支配收入水平
		各级政府财政投入	定量赋值	各级政府对村庄的财政投入
		社会资本投入	定量赋值	社会各界对村庄的资本投入
	支撑系统	硬化道路比例	定量赋值	已硬化道路占道路总里数的比值
		村庄路网密度	定量赋值	村庄的道路用地面积占比
		道路两侧建筑密度	定量赋值	沿路建筑占村庄总建筑面积的比值
		给排水设施覆盖范围	定量赋值	村庄给排水设施的覆盖率
		通信设施覆盖范围	定量赋值	村庄通信设施的覆盖率
		电力设施覆盖范围	定量赋值	村庄电力设施的覆盖率
		公共服务设施数量	定量赋值	村庄公共服务设施的配建数量

（2）指标测算方法。

乡村发展是受多种因素共同作用的，针对鄂西武陵山区，其乡村产业发展能力的评判存在复杂性、偶然性与不确定性。例如对某村村干部素质能力的权重赋值和价值判断上，我们通过民意调查和乡村工作的绩效来共同评判，但是村民的意见难免会带有主观成分，因此纯粹的定量测算或定性测算都是不全面的，需要两者的共同作用。鉴于定性指标与定量指标的差异性，在具体的评价体系中，需要对所选取的定性指标通过层次划分法进行定量识别。将其划分为四个标准进行打分，基于评价因子相关性较强的指标对其进行强弱程度判断，并赋予对应的分值（表 4-4）。

表 4-4 鄂西武陵山区乡村产业发展潜力评价定性指标评分标准

指标名称	评分标准			
	81 ～ 100 分	61 ～ 80 分	40 ～ 60 分	<40 分
海拔适宜度	适宜	较适宜	一般	不适宜
水资源条件	丰富	较丰富	一般	缺乏
气候适宜度	适宜	较适宜	一般	不适宜
地质环境安全度	安全	较安全	一般	不安全
畜牧业发展水平	好	较好	一般	差
土壤耕性	好	较好	一般	差
人口年龄结构	好	较好	一般	差
农业技术人员数量	好	较好	一般	差
村庄社会秩序	好	较好	一般	差
村干部素质能力	高	较高	一般	低
非物质文化遗产传承情况	丰富	较丰富	一般	缺乏
建筑质量	好	较好	一般	差
建筑风貌	好	较好	一般	差
历史文化遗产保存情况	丰富	较丰富	一般	缺乏

考虑到本评价体系选取的评价指标包括定量与定性两种类型，因此采用 AHP 和 Delphi 法相结合的手段确定各个指标的权重更加科学合理。AHP 又叫层次分析法，是对定性问题进行定量分析的一种简单方便、科学实用的多准则决策方法。其基本的实施原理是把和评价决策相关的各类要素划分为目标层、准则层和指标层等层次，邀请相关的专家学者对每一层的评价要素进行相互比较，通过评判各个要素的影响力程度，给出定量分值结果，随后通过矩阵算法和一致性检测，最终来对各评价指标进行权重赋值。

为了最大限度地降低主观因素的影响，通过邀请多位乡村发展研究领域的专家对各个评价指标的影响力程度进行相互对比，最终确定每个指标的权重值。权重计算公式如下。

$$W_i = \sum a_{ij} / m \tag{4-1}$$

式中，$0<W_i<1,0<a_{ij}<1$，$\sum W_i=1$。W_i 中的 i 是指标权重，m 是专家人数，a_{ij} 指的是第 j 位专家对第 i 个评价指标的打分值。因为在此评判矩阵中 W_i 始终为整数，所以将各评价因子之间的对比结果以四舍五入的方式取整以表示权重值。接下来，作者通过对准则层的权重测算为例，对层次分析法在鄂西武陵山区乡村产业发展能力评价体系中的运用方法进行解释。

第一步，运用 Delphi 方法征询了 5 位乡村规划与建设领域相关专家学者的意见，将准则层对鄂西武陵山区乡村产业发展能力的影响程度进行相互比较。其运行机制是通过 1 ～ 9 的比例标注法进行打分，首先预设两个评价因子的相对重要性程度分别为“一样重要”“略微重要”“明显重要”“非常重要”和“极端重要”，与重要性程度相对应的赋值结果分别为 1、3、5、7、9，将 2、4、6、8 用于表示介于相邻重要性程度之间的赋值结果，假设两评价因子的位置互相颠倒，则表明标度值互为倒数。

将准则层的评价因子进行两两对比之后，运用式（4-1），结合相关专家的评价分值，将上述综合因素作为两两对比的判断矩阵得到目标层判断矩阵表（表 4-5）。

表 4-5　目标层判断矩阵表

乡村产业发展能力 A	自然生态系统（B1）	人文系统（B2）	居住与城镇系统（B3）	经济社会系统（B4）	基础支撑系统（B5）
自然生态系统（B1）	1	7	3	5	3
人文系统（B2）	1/7	1	1/5	1/3	1/5
居住与城镇系统（B3）	1/3	5	1	3	3
经济社会系统（B4）	1/5	3	1/3	1	1/3
基础支撑系统（B5）	1/3	5	1/3	3	1

用式（4-2）将判断矩阵的每一列数据进行归一化处理，然后运用归一化的判断矩阵，使用和积法运算准则层判断矩阵的最大特征值及其对应的特征向量。

$$W_{ij} = \frac{W_{ij}}{\sum_{k=1}^{n} W_{kj}} \tag{4-2}$$

式中，W_{ij} 是判断矩阵中 i 和 j 两个影响因子的相对权重值，i=1，2，3，…，n；j=1，2，3，…，n。归一化的判断矩阵如下。

$$\begin{bmatrix} 0.50 & 0.33 & 0.62 & 0.41 & 0.40 \\ 0.07 & 0.05 & 0.04 & 0.03 & 0.03 \\ 0.17 & 0.24 & 0.20 & 0.24 & 0.40 \\ 0.09 & 0.14 & 0.07 & 0.08 & 0.04 \\ 0.17 & 0.24 & 0.07 & 0.24 & 0.13 \end{bmatrix}$$

将归一化判断矩阵依照每一行的结果进行求和，可以得出向量 W^{T}=（2.26，0.22，1.25，0.42，0.85），继续把向量进行归一化可以得出特征向量的结果为 $W=(0.45,0.05,0.25,0.08,0.17)^{T}$。依据式（4-3），代入判断矩阵最大特征根中进行运算。

$$\max = \sum_{i=1}^{n} \frac{(AW)_i}{nW_i} \tag{4-3}$$

式中，AW 是判断矩阵与特征向量的积，$(AW)_i$ 是 AW 的第 i 个元素。AW 的运算过程按照如下方法进行。

$$AW = \begin{bmatrix} 1 & 7 & 3 & 5 & 3 \\ 0.14 & 1 & 0.20 & 0.33 & 0.2 \\ 0.33 & 5 & 1 & 3 & 3 \\ 0.20 & 3 & 0.33 & 1 & 0.33 \\ 0.33 & 5 & 0.33 & 3 & 1 \end{bmatrix} \begin{bmatrix} 0.45 \\ 0.05 \\ 0.25 \\ 0.08 \\ 0.17 \end{bmatrix} = \begin{bmatrix} 2.460 \\ 0.223 \\ 1.399 \\ 0.459 \\ 0.891 \end{bmatrix}$$

通过把之前的计算结果代入式（4-3），能够得到判断矩阵的最大特征根 max=5.2617。然后，运行一致性检验，将有关数据运用式（4-4）进行计算，可以得出 $C.I.$=0.065。

$$C.I. = \frac{\max - n}{n-1} \tag{4-4}$$

依据 AHP 平均随机一致性指标表可知：当 n=5 时，$R.I.$=1.12，那么 $C.R.=C.I./R.I.=0.0584<0.1$，由此可以得出判断矩阵一致性检验通过，最终确定的权重有较强的科学性。

（3）指标权重确定。

运用相同的运算原理，对所有二级指标的相对权重进行计算，再通过一致性检验得出每一项指标的权重值，随后通过相乘得出每个指标的合成权重（表 4-6）。

表 4-6 鄂西武陵山区乡村产业发展能力评价指标表

准则层		指标层		合成权重
名称	权重	名称	权重	
自然生态系统	0.45	平地比	0.1332	0.0599
		缓坡比	0.0988	0.0445
		海拔适宜度	0.0874	0.0393
		水资源条件	0.0788	0.0355

续表

准则层		指标层		合成权重
名称	权重	名称	权重	
自然生态系统	0.45	森林覆盖率	0.0623	0.0280
		气候适宜度	0.0633	0.0285
		地质环境安全度	0.0783	0.0352
		耕地总面积	0.1523	0.0685
		畜牧业发展水平	0.0882	0.0397
		土壤耕性	0.0672	0.0303
		旅游资源	0.0902	0.0406
人文系统	0.05	人口年龄结构适宜度	0.0702	0.0035
		农业技术人员数量协调度	0.0534	0.0027
		劳动力数量	0.1532	0.0077
		少数民族占比	0.0612	0.0031
		受教育人口比例	0.1008	0.0050
		返乡创业人数	0.1626	0.0081
		村庄社会秩序	0.0712	0.0035
		村干部素质能力	0.2012	0.0101
		非物质文化遗产传承情况	0.1262	0.0063
居住与城镇系统	0.25	居住密度	0.1669	0.0417
		建筑质量	0.1523	0.0380
		建筑风貌	0.1498	0.0375
		房屋使用率	0.1336	0.0334
		历史文化遗产保护情况	0.1543	0.0386
		乡镇辐射强度	0.2431	0.0608
经济与社会系统	0.08	合作社经济收入	0.2047	0.0164
		人均可支配收入	0.1903	0.0152
		各级政府财政投入	0.2423	0.0194
		社会资本投入	0.3627	0.0290

续表

准则层		指标层		合成权重
名称	权重	名称	权重	
支撑系统	0.17	硬化道路比例	0.1508	0.0256
		村庄路网密度	0.1614	0.0274
		道路两侧建筑密度	0.1122	0.0191
		给排水设施覆盖范围	0.1328	0.0226
		通信设施覆盖范围	0.1542	0.0262
		电力设施覆盖范围	0.1324	0.0225
		公共服务设施数量	0.1562	0.0266

由表 4-6 可知，在所有的准则层中，自然生态系统的权重值最高。自然生态系统、人文系统、居住与城镇系统决定了乡村产业发展能力的上限，是基础且不可或缺的影响因素。乡村发展要坚持“因地制宜，突出特色，市场导向，政府支持”的基本原则。各地区的基础条件、地方特色是乡村振兴发展过程中的重要考虑因素，应结合经济发展状况和政府政策引导进行开发建设，这些正契合了影响系统的权重排序。因此，本研究构建的基于资源要素空间布局的鄂西武陵山区乡村产业发展能力指标体系不仅具有全面性和科学性，而且符合国家层面的战略发展需求，有显著的在地性和实用性。

4.2.3 乡村产业发展能力评价及分类

（1）确定评价标准。

在研究的评价指标体系中，定量的评价指标数据均来源于实地调研的记录或者各级部门提供的统计资料等。定性的评价指标数据主要以实地调研收集的数据为基础，也包括对农户访谈信息、历年乡村基础资料的解读。因为同时有定性和定量的评价因子，且评价因子的计算单位也不同，无法保证指标之间的可公度性。因此本研究采用极值标准化方法对各评价因子相应的原始数据进行标准化处理，具体公式如下。

$$P_{ij}=(X_{ij}-\min X_{ij})/(\max X_{ij}-\min X_{ij}) \tag{4-5}$$

式中，i 代表第 i 个村庄（i=1,2,3,⋯），j 代表第 j 个指标（j=1,2,3,⋯），P_{ij} 是标准化处理之后的结果，X_{ij} 是第 i 个村庄的指标的实地调查数值，$\min X_{ij}$ 是所有指标中的最低值，$\max X_{ij}$ 代表所有指标中的最高值。

通过多因素加权分值法，构建鄂西武陵山区乡村产业发展能力评价综合指数 K 的计算模型。运算公式如下。

$$K_i=\sum_{j=1}^{n}P_{ij}W_j \tag{4-6}$$

式中，K 表示鄂西武陵山区乡村产业发展能力评价综合指数，P_{ij} 表示 i 村庄 j 指标标准化处理之后的结果，W_j 表示 j 指标的权重值，n 表示所有参与评价的村庄总数之和。在最后结果中，K_i 的数值越大，表示目标乡村产业发展能力越大。

通过评价指数可以得出相应的乡村产业发展能力大小（表 4-7），依据新时期乡村发展的总体要求，结合现实情况提出了对应的乡村建设和产业发展的政策建议。在此基础上，仍需要进一步结合村庄特色与各影响系统的优势度进行产业发展路径选择。

表 4-7　鄂西武陵山区乡村产业发展能力分级评价标准

评价等级	能力指数	产业发展能力	政策建议
1	>0.80	能力巨大	巩固优势，打造优质产业，加快产业融合
2	0.60～0.80	能力很大	活化乡村发展模式，增强产业集聚效应
3	0.40～0.60	能力一般	提倡创新发展，提高资源转化效能
4	0.20～0.40	能力较小	重点改善民生，补齐发展短板
5	<0.20	能力不足	异地搬迁，撤村合并

（2）乡村产业发展能力评价结果分析。

通过资源要素的空间特征与分布情况来解释研究区域乡村发展的内在规律和外在动力，依据“2018 年五峰土家族自治县农村统计年鉴”（资料由五峰土家族自治县统计局提供）和驻村现场调研资料，结合各乡镇的村庄统计数据，对定量指标进行赋值，整理出了 2018 年五峰土家族自治县 96 个行政村资源要素数据统计表。然后通过数据的归一化处理，把结果数值代入乡村产业发展能力评价框架，运用 Matlab 软件的矩阵算法功能，最终得出五峰土家族自治县 96 个行政村的各影响系统的评价结果以及乡村产业发展能力总值，并依据乡村产业发展能力总值进行分级（表 4-8）。

表 4-8　五峰土家族自治县乡村产业发展能力评价结果

乡村名称	自然生态系统	人文系统	居住与城镇系统	经济社会系统	支撑系统	乡村产业发展能力总值	标准化处理值	乡村产业发展能力等级
杨家垴村	0.528	0.055	0.25	0.192	0.192	1.217	0.833	1 级
栗子坪村	0.557	0.057	0.269	0.144	0.182	1.209	0.818	1 级
汉马池村	0.586	0.066	0.259	0.086	0.173	1.17	0.741	2 级

续表

乡村名称	自然生态系统	人文系统	居住与城镇系统	经济社会系统	支撑系统	乡村产业发展能力总值	标准化处理值	乡村产业发展能力等级
仁和坪村	0.48	0.062	0.25	0.144	0.202	1.138	0.675	2 级
石梁司村	0.538	0.06	0.259	0.086	0.192	1.135	0.671	2 级
沙淌村	0.605	0.044	0.25	0.067	0.163	1.129	0.658	2 级
林家坪村	0.48	0.048	0.288	0.096	0.192	1.104	0.608	2 级
麦庄村	0.557	0.048	0.259	0.077	0.163	1.104	0.607	2 级
三教庙村	0.547	0.047	0.269	0.077	0.163	1.103	0.606	2 级
长茂司村	0.48	0.052	0.288	0.077	0.202	1.098	0.596	3 级
月山村	0.528	0.059	0.25	0.096	0.163	1.095	0.591	3 级
茶园村	0.47	0.057	0.24	0.144	0.173	1.084	0.568	3 级
红渔坪村	0.48	0.05	0.269	0.086	0.192	1.078	0.555	3 级
业产坪村	0.48	0.069	0.25	0.086	0.192	1.077	0.554	3 级
水浕司村	0.509	0.075	0.24	0.058	0.192	1.074	0.547	3 级
大村村	0.518	0.053	0.269	0.067	0.163	1.071	0.541	3 级
大栗树村	0.47	0.048	0.269	0.086	0.192	1.065	0.531	3 级
富裕冲村	0.538	0.048	0.24	0.077	0.154	1.056	0.511	3 级
小河村	0.49	0.057	0.269	0.058	0.182	1.055	0.51	3 级
桥料村	0.48	0.049	0.24	0.086	0.192	1.047	0.494	3 级
菖蒲溪村	0.499	0.039	0.25	0.077	0.173	1.038	0.475	3 级
梅坪村	0.49	0.043	0.24	0.086	0.173	1.032	0.464	3 级
宋家河村	0.461	0.051	0.25	0.086	0.182	1.031	0.461	3 级
谢家坪村	0.48	0.06	0.24	0.077	0.173	1.029	0.459	3 级
火田坑村	0.49	0.048	0.24	0.077	0.173	1.027	0.455	3 级
火山村	0.499	0.048	0.25	0.067	0.163	1.027	0.454	3 级
白溢坪村	0.48	0.053	0.25	0.067	0.173	1.023	0.446	3 级
鸭儿坪村	0.451	0.053	0.259	0.077	0.182	1.022	0.444	3 级
梅二冲村	0.48	0.052	0.25	0.067	0.173	1.022	0.444	3 级
茅坪村	0.48	0.051	0.25	0.067	0.173	1.021	0.442	3 级
锁金山村	0.48	0.052	0.23	0.086	0.173	1.021	0.442	3 级

续表

乡村名称	自然生态系统	人文系统	居住与城镇系统	经济社会系统	支撑系统	乡村产业发展能力总值	标准化处理值	乡村产业发展能力等级
香东村	0.49	0.05	0.25	0.077	0.154	1.019	0.439	3 级
柴埠溪村	0.442	0.042	0.25	0.086	0.192	1.012	0.424	3 级
九门村	0.422	0.06	0.288	0.077	0.163	1.011	0.422	3 级
凌云村	0.48	0.04	0.24	0.086	0.163	1.009	0.418	3 级
三板桥村	0.442	0.049	0.25	0.077	0.192	1.009	0.417	3 级
百年关村	0.47	0.057	0.259	0.077	0.144	1.008	0.416	3 级
大檀树村	0.442	0.047	0.269	0.077	0.173	1.007	0.414	3 级
茅庄村	0.49	0.052	0.25	0.067	0.144	1.002	0.404	3 级
马蹄井村	0.48	0.051	0.23	0.077	0.163	1.001	0.402	3 级
枫香坪村	0.413	0.05	0.269	0.096	0.173	1.001	0.401	3 级
星岩坪村	0.442	0.049	0.259	0.067	0.182	0.999	0.398	4 级
王家坪村	0.451	0.056	0.25	0.077	0.163	0.997	0.394	4 级
腰牌村	0.365	0.055	0.269	0.134	0.173	0.996	0.392	4 级
白庙村	0.432	0.045	0.269	0.077	0.173	0.995	0.391	4 级
小凤池村	0.442	0.054	0.278	0.067	0.154	0.995	0.39	4 级
白鹤村	0.442	0.044	0.259	0.077	0.173	0.995	0.389	4 级
三台坡村	0.422	0.044	0.269	0.077	0.182	0.994	0.389	4 级
大龙坪村	0.432	0.058	0.24	0.077	0.182	0.989	0.379	4 级
清水湾村	0.461	0.057	0.23	0.067	0.173	0.988	0.376	4 级
鞍山村	0.47	0.047	0.23	0.067	0.173	0.988	0.375	4 级
白岩坪村	0.413	0.064	0.269	0.077	0.163	0.985	0.371	4 级
黄粮坪村	0.442	0.045	0.25	0.067	0.182	0.986	0.371	4 级
罗汉淌村	0.451	0.044	0.259	0.067	0.163	0.985	0.37	4 级
杨柳池村	0.422	0.044	0.259	0.086	0.173	0.985	0.369	4 级
采花台村	0.451	0.053	0.23	0.067	0.182	0.984	0.368	4 级
洞口村	0.384	0.081	0.25	0.096	0.173	0.983	0.366	4 级
牛庄村	0.384	0.052	0.259	0.115	0.173	0.983	0.366	4 级
黄家台村	0.413	0.051	0.259	0.077	0.182	0.982	0.364	4 级

续表

乡村名称	自然生态系统	人文系统	居住与城镇系统	经济社会系统	支撑系统	乡村产业发展能力总值	标准化处理值	乡村产业发展能力等级
甘沟村	0.451	0.044	0.221	0.077	0.182	0.976	0.351	4 级
傅家堰村	0.422	0.052	0.259	0.067	0.173	0.974	0.347	4 级
升子坪村	0.422	0.062	0.25	0.077	0.154	0.964	0.328	4 级
石桥沟村	0.432	0.043	0.269	0.067	0.154	0.964	0.328	4 级
红渔潭村	0.422	0.041	0.269	0.077	0.154	0.963	0.326	4 级
松木坪村	0.432	0.041	0.25	0.067	0.173	0.962	0.325	4 级
左泉洞村	0.451	0.05	0.23	0.077	0.154	0.962	0.323	4 级
青岩冲村	0.442	0.039	0.25	0.077	0.154	0.96	0.32	4 级
石柱山村	0.413	0.046	0.259	0.086	0.154	0.958	0.316	4 级
桥坪村	0.442	0.046	0.24	0.077	0.154	0.958	0.315	4 级
红旗坪村	0.451	0.042	0.211	0.067	0.182	0.954	0.308	4 级
怀抱窝村	0.432	0.049	0.24	0.067	0.163	0.951	0.303	4 级
白鹿庄村	0.422	0.049	0.24	0.077	0.163	0.951	0.302	4 级
鹿耳庄村	0.413	0.048	0.24	0.077	0.173	0.95	0.301	4 级
南河村	0.461	0.046	0.211	0.067	0.163	0.949	0.298	4 级
长坡村	0.432	0.047	0.221	0.077	0.173	0.949	0.298	4 级
楠木桥村	0.413	0.046	0.25	0.077	0.163	0.948	0.296	4 级
万里村	0.403	0.044	0.259	0.086	0.154	0.946	0.292	4 级
田家山村	0.413	0.043	0.259	0.077	0.154	0.945	0.291	4 级
船山坪村	0.422	0.039	0.24	0.077	0.163	0.941	0.283	4 级
苏家河村	0.422	0.048	0.221	0.077	0.173	0.94	0.281	4 级
沙河村	0.451	0.038	0.259	0.077	0.115	0.94	0.281	4 级
桥梁村	0.413	0.048	0.221	0.086	0.173	0.941	0.281	4 级
楠木河村	0.394	0.052	0.269	0.067	0.154	0.935	0.27	4 级
金山村	0.384	0.06	0.24	0.077	0.173	0.933	0.266	4 级
红烈村	0.394	0.051	0.259	0.067	0.154	0.924	0.249	4 级
大湾村	0.374	0.04	0.25	0.077	0.182	0.923	0.247	4 级

续表

乡村名称	自然生态系统	人文系统	居住与城镇系统	经济社会系统	支撑系统	乡村产业发展能力总值	标准化处理值	乡村产业发展能力等级
九里坪村	0.413	0.037	0.25	0.096	0.125	0.921	0.241	4 级
珍珠头村	0.365	0.045	0.259	0.077	0.173	0.919	0.238	4 级
横茅湖村	0.374	0.053	0.23	0.077	0.182	0.917	0.235	4 级
前坪村	0.394	0.053	0.25	0.067	0.154	0.917	0.233	4 级
油菜坪村	0.394	0.045	0.25	0.067	0.154	0.909	0.218	4 级
苦竹坪村	0.432	0.045	0.221	0.058	0.154	0.909	0.218	4 级
池南村	0.384	0.042	0.25	0.077	0.154	0.906	0.211	4 级
涨水坪村	0.413	0.048	0.211	0.058	0.173	0.903	0.205	4 级
龙桥村	0.374	0.049	0.25	0.058	0.163	0.894	0.188	5 级
沙湾村	0.346	0.038	0.23	0.067	0.154	0.834	0.069	5 级

（3）乡村产业发展能力分类及特征。

依据评价标准将乡村产业发展能力分为 1 级（乡村产业发展能力巨大）、2 级（乡村产业发展能力很大）、3 级（乡村产业发展能力一般）、4 级（乡村产业发展能力较小）和 5 级（乡村产业发展能力不足）共五个层级，并对五峰土家族自治县共计 96 个行政村的乡村发展评价结果进行统计分类（图 4-27）。其中，乡

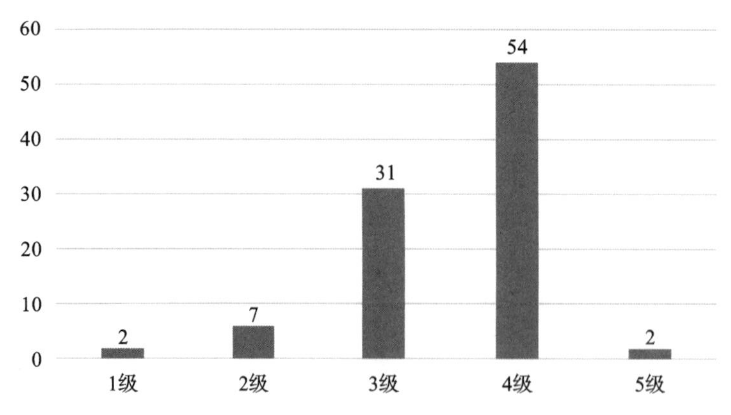

图 4-27 五峰土家族自治县乡村产业发展能力分级数量统计图（单位：个）
（资料来源：研究团队自绘，丁博禹）

村产业发展能力属于 4 级的村庄数量最多，有 54 个；其次是属于 3 级的村庄数量，共计 31 个；第三是属于 2 级的村庄数量，共计 7 个；最后是 1 级和 5 级的村庄数量，均为 2 个。通过数据统计可见，大部分乡村的发展处于增长和提升阶段，需要更多的创新活力来为乡村提供新的发展动力，也需要对乡村进行产业重构，增强产业融合力度，保证乡村的可持续发展。

拥有 1 级乡村产业发展能力的 2 个行政村分别为栗子坪村和杨家埫村，皆为少数民族传统村落，具有优越的用地条件、丰富的旅游资源、多渠道的资金投入和相对完善的配套基础设施，村庄产业发展模式与现有资源相契合，特色化和创新化的产业发展路径更有利于激发乡村发展活力、提升乡村产业发展能力。在乡村产业发展路径上，要逐步促进产业融合，基于优势产业进一步拓宽产业链。

拥有 2 级乡村产业发展能力的 6 个行政村在空间布局上普遍靠近乡镇所在地，拥有较好的区位交通优势以及乡镇辐射发展优势，乡村产业相对多元化，政府及社会投资比较充裕，乡村发展更加依赖外力带动。这类乡村的发展模式应融合更多新技术和新型人才来进行活化，进一步激发乡村的发展潜力。

拥有 3 级乡村产业发展能力的行政村大部分位于经济发展水平整体较低的乡镇，或者位于经济发展较好乡镇的边远地区，此类乡村缺乏特色资源，但各项设施配置相对完善。可以看出，村庄发展与其所在乡镇的整体经济发展水平关系密切，对于此类乡村，要提倡创新发展和集约化发展，对有限的资源进行整合和合理规划，运用新技术、新方法进行产业创新。

拥有 4 级乡村产业发展能力的行政村普遍存在一些明显的短板，如耕地不足、劳动力外流、资金短缺等问题，需要针对各个村庄的主要问题进行解决。在此类村庄中，部分农户的生计水平仍然较低，村庄建设应该从解决农户生计问题着手，加强基础设施和公共服务建设。

拥有 5 级乡村产业发展能力的行政村发展长期落后，基础设施建设能力比较薄弱，并且相比于县域范围内其他村庄，自身没有独特的优势，难以形成产业发展的突破点，农户居住选址过于分散、偏僻，不利于道路、电力等基础设施的全覆盖建设。此类村庄需要采取异地搬迁的方式才能够有效帮助农户脱贫，并且在此基础上，也要借鉴周边经济发展较好村庄的发展模式，探寻新的村庄产业发展路径。

从空间分布上来看，五峰土家族自治县新、老县城镇周边以及靠近宜昌市区的仁和坪镇周边的村庄整体乡村产业发展能力评分较高。由此看出，五峰土家族自治县的乡镇整体经济水平与区位优势对乡村产业发展能力的影响是多方面的，一定程度上起主导作用。依据评价结果，五峰土家族自治县乡村产业发展能力东部强于西部，南部强于北部，整体上呈现“两核一带”的发展结构（图 4-28）。

本节对五峰土家族自治县的乡村发展总体情况进行了详细研究，明确了农业产业组织模式与资源要素空间布局特征，并通过样本村庄的详细解读构建了五峰土家族自治县的资源要素集。基于此，本章旨在详细说明基于资源要素的鄂西武陵山区乡村产业发展能力评价体系的构建逻辑和数学方法，并进一步对五峰土家族自治县 96 个行政村进行乡村产业发展能力评价和分类研究。

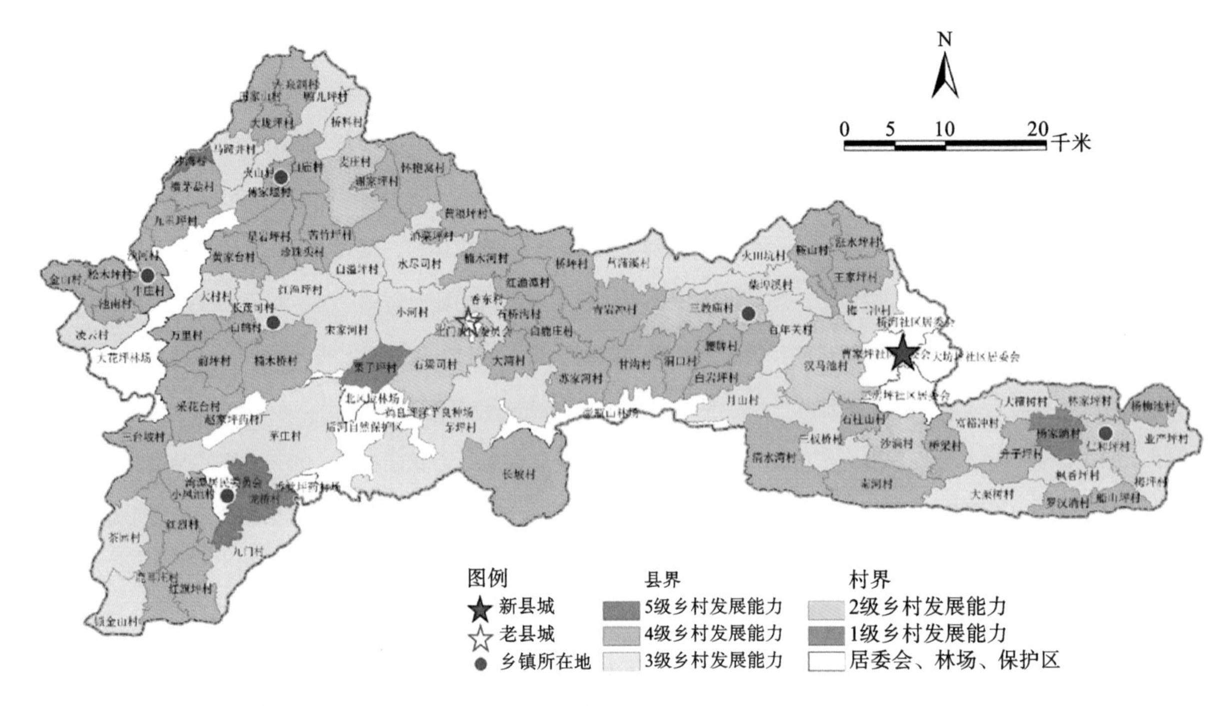

图 4-28 五峰土家族自治县乡村产业发展能力分级空间分布图
（资料来源：研究团队自绘，丁博禹）

4.3 基于乡村产业发展能力评价的人居生态空间治理路径

乡村产业发展能力评价体系注重研究范围内部个体之间的对比性，评价结果的数值大小代表了村庄在研究区域范围内的整体水平高低。其中，总指标代表村庄综合发展能力或一定时期内村庄发展潜力的高低，是结合乡村各项基础情况得出的可视化定量评价指标。该指标有助于帮助决策者把握乡村的基本情况，在区域层面对乡村发展进行合理定位。但是，想要明确各个乡村存在的发展短板、发展优势以及主要发展动力，需要从次级指标即各影响系统的能力高低来进行判断。在倡导农业多元化发展的背景下，乡村的发展路径制定要采取“挖掘自身优势，补齐发展短板，借鉴成功案例，因地制宜”的总体策略。

通过对五峰土家族自治县 96 个行政村“自然生态系统、人文系统、居住与城镇系统、经济社会系统、支撑系统”五大影响系统的评分结果进行分析，明确了各个乡村的发展优势与短板。将 96 个行政村各类资源要素空间特征进行数字化与可视化处理，结合当地乡村经济社会发展演变特征，进一步针对五峰土家族自治县乡村产业发展路径进行分类及特征总结，并依据类型划分提出相应的乡村产业发展建议。

基于自然与生态系统的评价结果可以发现，评分较高的村庄具有突出优势，分别是旅游资源比较丰富、耕地面积相对较大和水资源比较充沛。结合自然生态系统中各个次级评价指标数值具体分析，发现五峰土家族自治县县域范围内的村庄在用地类型和地形地貌方面同质性较强，但相较于市域范围以及湖北省中部地区而言，又具有特色文化、特色农业产业及生态旅游方面的独特优势，因此县域内部各个行政村的差异主要体现在耕地资源水平和旅游资源禀赋方面。将自然与生态系统评价结果划分为五个等级，统计相应的村庄数量发现：五峰土家族自治县的 96 个行政村自然生态系统 1 级、2 级、3 级、4 级和 5 级的村庄个数分别为 4 个、7 个、35 个、36 个和 14 个，分级统计结果呈橄榄形结构，具有“两头小、中间大”的特点（图 4-29）。

由此可见，在县域范围内，大部分的村庄的自然生态条件趋同，不具备明显的对比优势，仅有少数村庄因其具有相对丰富的旅游资源或较好的耕地条件，在县域乡村振兴战略布局中具有显著的优势。在 2019 年印发的《五峰土家族自治县乡村振兴战略规划》中，对于特色农业产业布局和旅游开发的规划，其覆盖范围与自然生态系统评价较高的村庄较为吻合，能够充分发挥其资源禀赋，深度挖掘乡村发展潜力。对于自然生态系统评价结果一般或较低的村庄，应该重点关注此类村庄在其他影响系统层面的优势度，结合优势进行发展建设。

在人文系统方面，五峰土家族自治县 96 个行政村 1 级、2 级、3 级、4 级和 5 级的乡村数量分别为 2 个、7 个、33 个、47 个和 7 个，统计结果仍然呈现“两头小、中间大”的橄榄形结构（图 4-30）。这主要由于各个村庄之间的人口差异不大，文化风俗及历史背景相似度较高。但是，仍有小部分村庄在人文系统方面具有明显的优势，此类村庄人口分布具有显著的集聚效应，平均受教育水平较高，具有较多的返乡创业

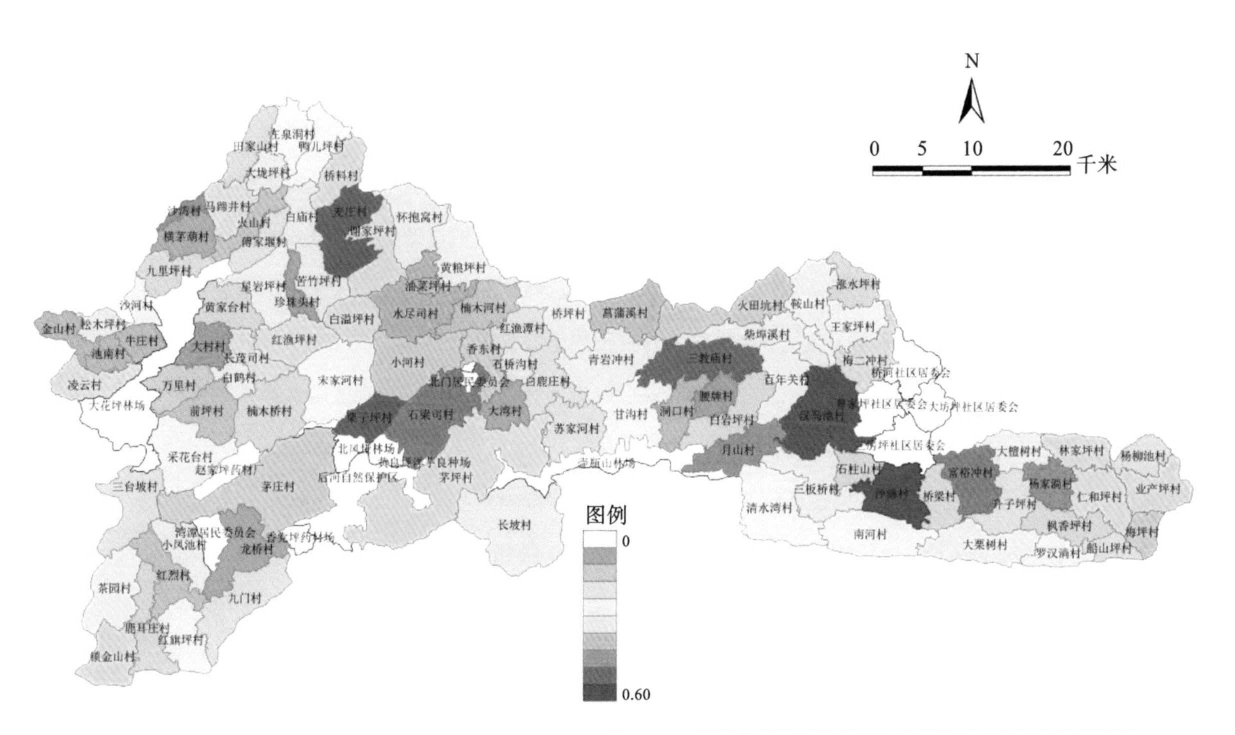

图 4-29　五峰土家族自治县 96 个行政村自然生态系统评价

（资料来源：研究团队自绘，丁博禹）

图 4-30　五峰土家族自治县 96 个行政村人文系统评价

（资料来源：研究团队自绘，丁博禹）

人数，在空间布局上分为沿主要道路布局型和乡镇政府所在地近郊型两大类。不过，在当前的城镇化背景下，乡村人口流失、老龄化和空心化问题加剧，人口流动性增强，乡镇政府所在地及城市地区对乡村人口的吸引力较大，乡村地区单一的人口优势不具有稳定性，必须通过合理的政策来巩固和强化。

通过对五峰土家族自治县 96 个行政村的居住与城镇系统的评价结果来看，各个村庄在该系统层面的差异性不大。村庄的区位条件与该系统的评价结果未出现较强的耦合性，这主要由于五峰土家族自治县大部分村庄的交通条件都比较薄弱，而村庄建筑的综合情况对该系统的评价结果影响显著。依据评价结果进行分级数量统计，1 级、2 级、3 级、4 级对应的村庄数量依次为 4 个、33 个、51 个和 8 个（图 4-31）。仅有少量村庄的建筑在空间布局方面能够形成规模效应，有利于进行新型农业相关产业和文化旅游的开发建设。

在经济社会系统方面，通过评价结果发现，五峰土家族自治县的村庄发展受资金短缺的束缚，该系统的评分普遍较低。通过分级数量统计，具有相对优势的 1 级和 2 级评分的村庄分别有 6 个和 20 个，具有相对劣势的 3 级和 4 级评分的村庄分别有 40 个和 30 个（图 4-32）。一方面是由于大部分村庄的农业产业及相关工商业、服务业缺乏规模效应，大规模的企业数量较少，乡村地区创新创业仍在起步发展阶段，对资金的吸引力有限；另一方面是由于政府对乡村发展的扶持资金更多针对具有一定发展基础和开发潜力的村庄，集中力量发展优势地区经济，对相对劣势的村庄资金投放量较少。

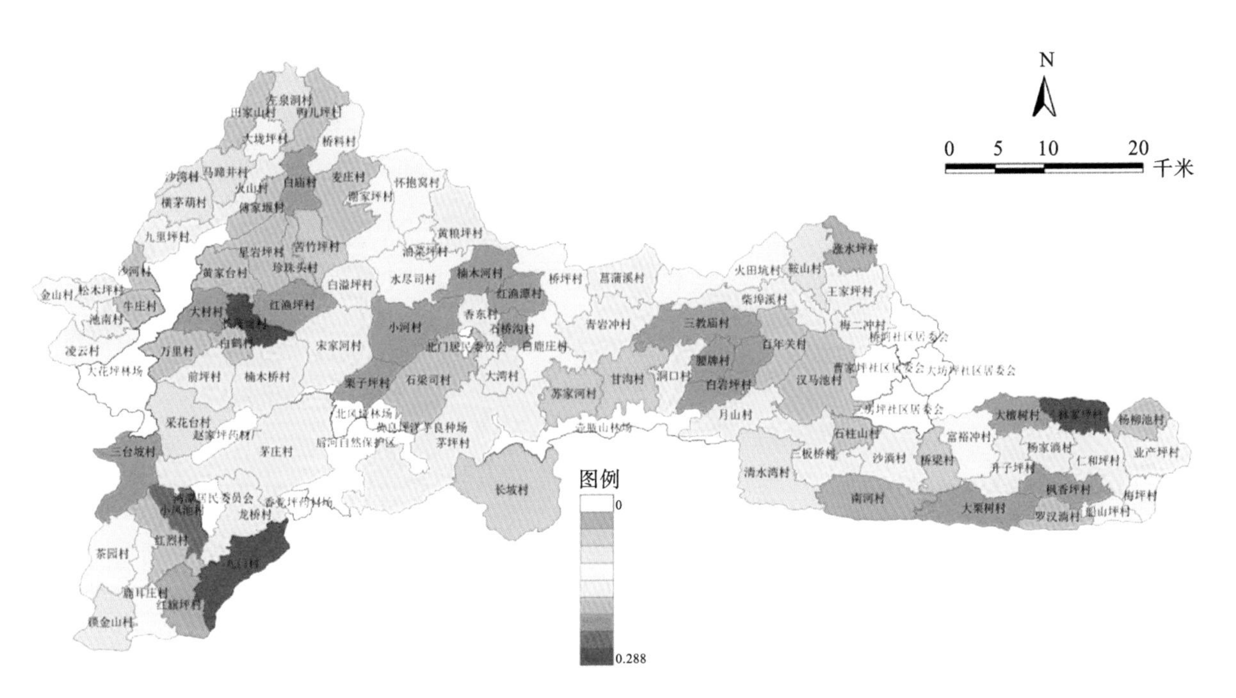

图 4-31　五峰土家族自治县 96 个行政村居住与城镇系统评价

（资料来源：研究团队自绘，丁博禹）

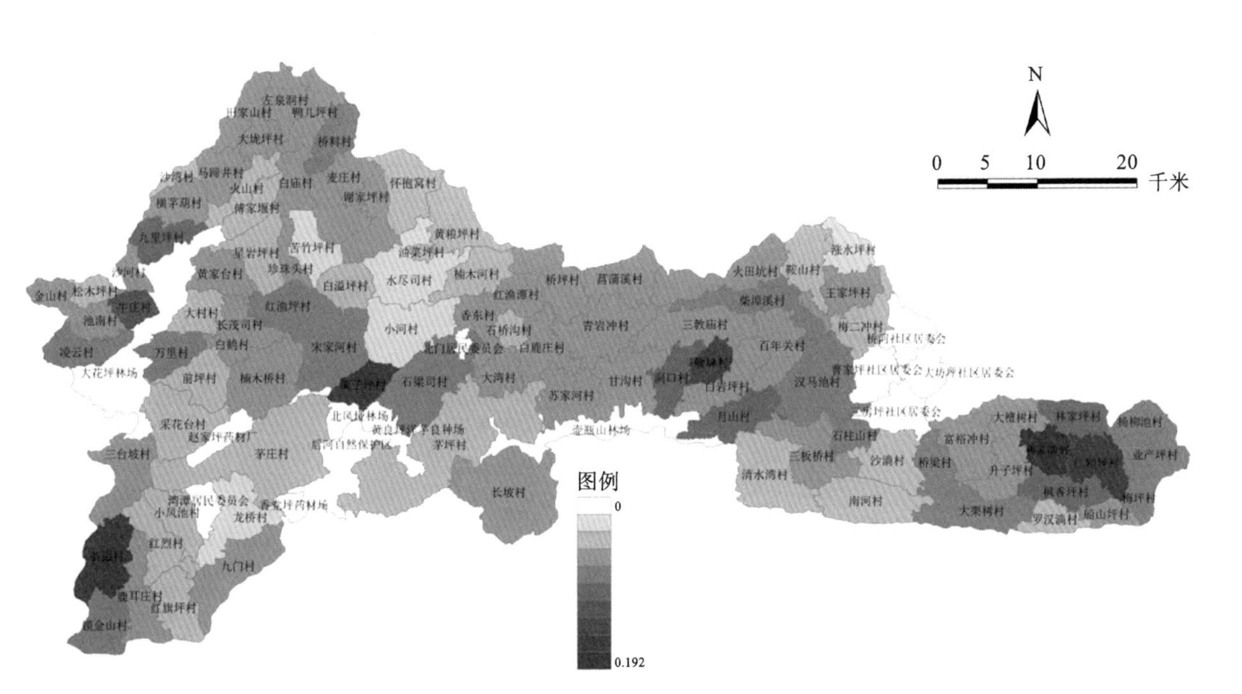

图 4-32　五峰土家族自治县 96 个行政村经济社会系统评价

（资料来源：研究团队自绘，丁博禹）

在支撑系统方面，五峰土家族自治县 96 个行政村 1 级、2 级、3 级和 4 级评分村庄数量统计依次为 12 个、14 个、29 个和 41 个，评分由低到高的村庄数量依次递减，统计结果呈“正金字塔”状结构。通过空间分布关系可以发现，交通与区位条件对评价结果的影响效应更为显著（图 4-33）。评分最高的长茂司村和仁和坪村分别位于采花乡及仁和坪镇辐射范围内，相比其他村庄，这两个村庄具有较好的资源优势和基础设施配套建设条件，具有一定的城镇化基础。评分较低的沙河村和九里坪村位于五峰土家族自治县牛庄乡西北边界，当地地形崎岖、交通不便、乡镇经济基础薄弱，各项建设活动的实施成本较高，导致村庄支撑系统长期落后并且形成恶性循环。

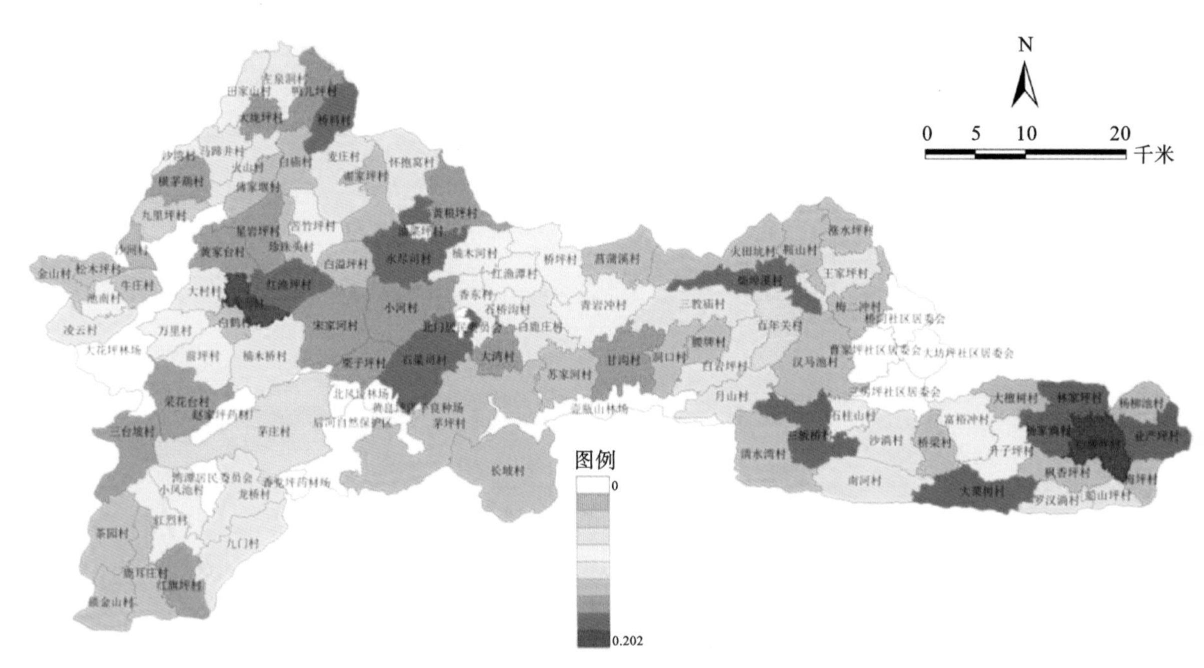

图 4-33　五峰土家族自治县 96 个行政村支撑系统评价
（资料来源：研究团队自绘，丁博禹）

本研究通过对五峰土家族自治县的乡村产业发展能力及各影响系统评分结果分类及数量统计，依据各类村庄自身发展优势提出对应的乡村发展模式，并对各乡村的优势系统评分在总评分中的占比进行分析，进一步明确五峰土家族自治县各类乡村产业发展的整体情况。通过总结，五峰土家族自治县 96 个行政村的乡村产业发展路径主要划分为“农业 + 电商”“农业 + 文旅”“农业 + 资本”和“农业 + 交通”四大类。本章立足于农业产业多元融合发展，对每一种产业发展路径进行解析，结合各个行政村“总指标—次级指标”的构成特点，通过样本案例进行特点分析，并对处于不同发展阶段的乡村提出合理的产业发展路径。

4.3.1　路径一：“数字赋能”产业发展路径

“数字赋能”是指将农业生产、加工、销售等各个产业链环节与互联网技术相结合，实现科技化、智能化、信息化的农业发展方式。对于鄂西武陵山区和五峰土家族自治县来说，采用“数字赋能”的乡村产业发展路径，辅助以“农业＋物流”“农业＋服务”等产业发展模式，依托农业产业与互联网建立起“农业生产—流通—服务”于一体的农业现代化模式，能够将交通基础十分薄弱的山区通过网络与外界进行连接，增强内外信息沟通能力，通过信息高速公路的建设将独特的物产和文化向外输送，扩大经济效益。

石桥沟村位于长乐坪镇西部，距县城 60 千米，距长乐坪镇政府 30 千米，距五峰镇 5 千米。全村平均海拔 800 米，村内有 6 家茶叶加工企业，其中五峰千丈白毫茶业有限公司属规上企业。村内“一湾三亭”（九岭十八湾、七仙女亭、女儿绿亭、虎头岭亭）可游览五峰山、白溢寨、狮子脑、独岭风光，是省级生态文明示范村，茶马古道遗址等生态旅游资源亟待开发。作者团队入驻以后首先摸清村级地理信息，以 GIS 卫星图像为依据，上线村级旅游手绘地图，据实绘制村级道路，注明村级景点、民宿、企业位置，方便外来游客旅游导览（图 4-34）。村内茶企负责人多次反馈，许多游客游览完景点，又上门来购买茶叶。

乡村产业发展能力水平较高的村庄的各项基础设施配套相对完善，村民的生产生活方式能够更加适应互联网模式，应该广泛普及“数字赋能”的乡村产业发展路径。以采花乡栗子坪村为例，其乡村产业发展能力总值为 0.818，综合评分在五峰土家族自治县位列第二，支撑系统的评价结果为 0.182，位于第二等级，具有较好的经济基础、资源条件和完善的基础设施，乡村发展适合采用“数字赋能”的产业发展路径。基于对村庄自身条件的认识，从 2011 年起栗子坪村就已经开始打造“数字赋能”的产业发展路径。村基层组织带领农户通过自制乡村旅游专题宣传片、创建栗子坪村电商综合服务站、开展网络营销和微信营销等方式，积极创新产业发展模式（图 4-35），具体采用了以下几点措施。①吸纳本地村民的自有资金和闲散资本，凝聚力量同谋发展。②结合自身旅游业发展基础，实行“后备厢工程”，开发旅游商品，延长产业链。③以“电商”方式对土特产品、特色文化产品进行集中销售。

(a)

(b)

图 4-34　五峰土家族自治县长乐坪镇石桥沟村
（资料来源：五峰土家族自治县石桥沟村村委会）

图 4-35 五峰土家族自治县采花乡栗子坪村电商综合服务站
（资料来源：五峰土家族自治县栗子坪村村委会）

针对诸如栗子坪村此类乡村产业发展能力较好、支撑系统评价较高的村庄，实施“数字赋能”的产业发展路径能够充分发挥自身优势，通过以下几个方面具体实现农业产业快速发展。①依托互联网的数据可视化与市场可视化监测特点，使生产产量可控，实现农业精准发展。②通过信息化管理，实现工厂化的流程式运作；③借助网络拓展农资产品销售空间，纵向拉长产业结构。

4.3.2 路径二：农旅结合产业发展路径

农旅结合模式是指以旅游资源和配套基础设施与服务设施为导向，结合农业与文化、休闲与康养等多功能、全覆盖的新型农业产业发展路径，具体包括农家乐、农业观光园、古村落、旅游景区以及新农村建设五种开发建设类型。鄂西武陵山区作为湖北地区的生态保护区，具有为周边城市居民提供生态观光需求的地域功能。目前实施较为广泛的休闲农业、特色民俗与乡村旅游结合的农旅产业发展路径是创新农业的重要表现形式，将农业发展与文化、旅游结合也是优化农业产业的重要方式之一。在种植、养殖等传统农业产业的基础上，合理开发利用乡村特有资源，尤其是旅游资源，能够最大限度地激发乡村发展活力。

“农业 + 文旅”的产业发展路径需要注重差异化、高品质的服务和项目。以沙淌村为例，村庄位于渔洋关镇西南，由原对岩垴、白岩圈、沙埫、长岭四个自然村合并而成。农户收入来源以种植业、养殖业、务工和旅游合作社收益为主。农产品种植主要包括茶叶、蔬菜、水稻、玉米等作物，形成了茶园翠绿、稻浪千重的田园风光。村庄内有清朝乾隆时期建设的东岳庙、观赏价值较高的古墓群、造型典雅的古民居，文化底蕴深厚。村中几棵百年树龄以上的古树老枝叶翠、浓荫遮天、挺拔多姿。富有神话色彩的白岩圈山壁环绕，一股清泉穿山而出，欢快地奔流穿村而过，与峰林映衬，相得益彰，大圈、小圈如日月静卧白岩圈山顶，见证了村庄的发展，成为村庄一景（图 4-36）。2017 年，沙淌村被评为“宜昌市休闲农业与乡村旅游示范点”。

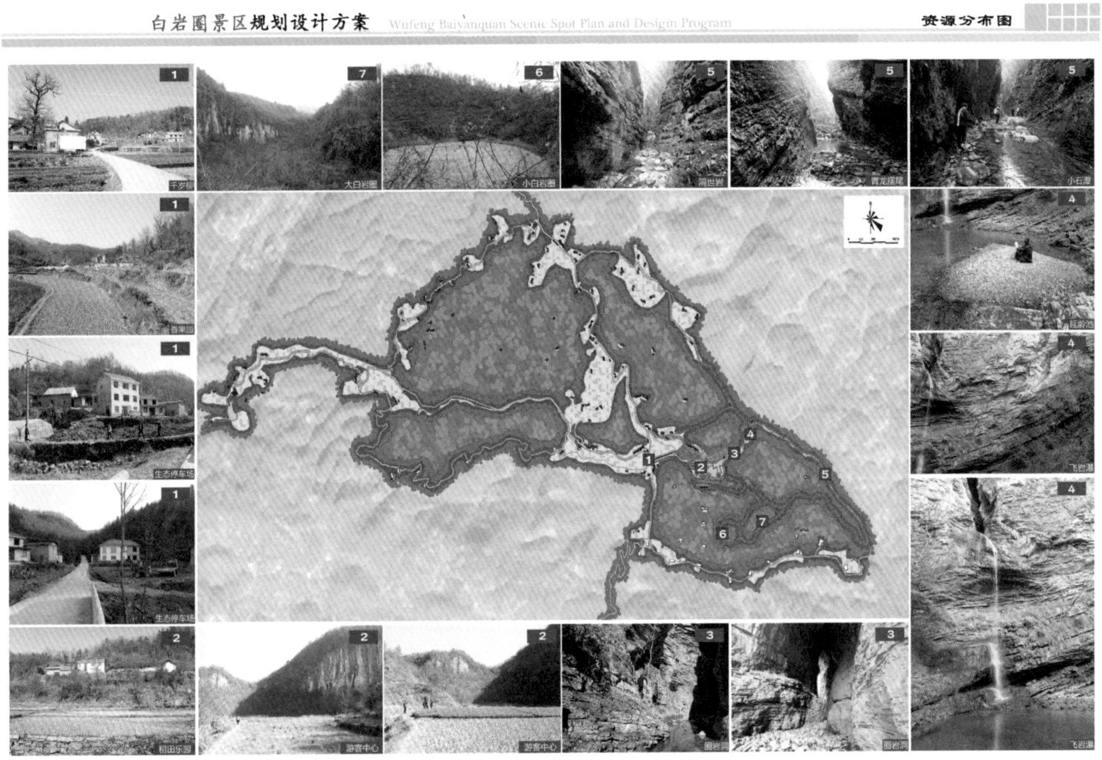

图 4-36 五峰土家族自治县渔洋关镇沙淌村旅游资源分布
（资料来源：五峰土家族自治县栗子坪村村委会）

在渔洋关镇域范围内，沙淌村的自然旅游资源最为丰富。从乡村产业发展能力评价结果来看，其乡村产业发展能力总值为 0.658，位于二级乡村产业发展能力行列，其中自然生态系统评分为 0.605，在五峰土家族自治县 96 个行政村中评分最高，这得益于其高品质的旅游资源和丰富的耕地、牧草地、林地等农业生产生态空间。

针对一定范围内旅游资源较丰富、服务设施配套较完善、特色文化保存完好的村庄，适合采用“农业 + 文旅”的乡村产业发展路径。此类村庄的乡村产业发展能力评分一般或较高、自然生态系统评分以及人文系统评分较高。“农业 + 文旅”的乡村产业发展路径要注重以下几点策略。①要坚持以绿色生态为基，以乡土风情为魂，以乡村康养为旗，以运动休闲为要，用全域景区化的理念谋划村庄旅游产业的发展。②不断完善配套服务设施建设，丰富产业业态，将村庄打造成集风景观光、乡村康养、民俗体验、休闲度假于一体的富有文化特色的休闲旅游目的地。③加强民居建设改造，使民居成为村寨特色，通过民居改造完善村貌建设。

4.3.3 路径三：资本驱动产业发展路径

“农业 + 资本”的乡村产业发展路径适用于自然生态资源较丰富但是缺乏足够的劳动力、技术人才及开发资金的村庄，五峰土家族自治县此类村庄较多，乡村产业单一，缺乏统一管理，需要通过资本介入来充分发掘村庄潜力。

以五峰土家族自治县湾潭镇茶园村为例，村庄在近十年经历了“落后—改善—领先”的曲折历程。在其乡村产业发展过程中，资本投入的影响作用较为显著。曾经，拥有两千多亩茶园、292 栋独具民族特色的土家族吊脚楼的茶园村，贫困人口却占全村总人口的 50% 以上。村庄特色农业产业资源与旅游服务发展潜力巨大，但是缺乏充足的资金投入和优秀的技术及管理人才来盘活资源，是该村长期贫困的重要原因。2014 年，创业能人龙西洲融资 200 万元建设古茶厂，逐步建设了茶叶种植、收购、加工、销售的一整套完整产业链，拓宽了农户的收入渠道。随着茶产业的规模扩大，茶园村的知名度逐渐提高，旅游业开始迅速发展。2017 年，茶园村获得了海山集团亿元以上投资，推进茶园村“茶旅融合”。

适合选择“农业 + 资本”产业发展路径的村庄，其乡村产业发展能力总体评分较低或者一般，自然生态系统和人文系统评分较高，乡村产业发展要注重以下几点。①通过制定合理的政策支持返乡创业与社会资本投入，营造良好的投资环境。②依托国家政策，整合村庄资源，通过农业旅游合作社的方式推动村庄产业发展。③提倡创新发展，积极引入新技术，不断拓展乡村产业链，促进产业融合发展。

4.3.4 路径四：交通带动产业发展路径

对于整体交通条件较差的鄂西武陵山区而言，该地区交通便捷度较高的村庄相对较少，应该充分发挥区位优势，发挥路网支撑区域发展的基础性、先导性作用，依托村庄交通基础设施打通产业发展的高速公路。

以长乐坪镇腰牌村为例，在 2014 年，村庄人均年收入不足 3700 元，到 2018 年，村庄人均年收入达到了 9781 元，收入水平增幅显著，这离不开优越的交通条件带来的正面效应。腰牌村位于长乐坪镇腹地，351 国道贯穿东西，连接着五峰土家族自治县东西两大区域。近年来腰牌村借助便利的交通、优越的区位、快捷的物流，通过民宿、农家乐以及其他相关旅游服务配套的开发建设，烟叶、药材等特色农产品的规模化种植和生产加工经营，配合建立农业旅游合作社等方式，丰富了村庄的产业类型，使村庄的区位交通优势与产业发展相辅相成，极大地提高了农户的生活水平。

“农业 + 交通”的产业发展路径适用于乡村产业发展能力评价总值一般或者较高、支撑系统评分较高的村庄。此类村庄需要在特定范围内具有相对明显的交通区位优势，能够作为周边村庄进行产品交换和能量流通的枢纽。采用“农业 + 交通”的产业发展路径需要注意以下几点。①以农业为基础，积极拓展产业类型，促进产业融合。②控制服务业建设规模，避免出现服务设施配置过饱和现象。③鼓励创新创业，积极发展农村物流，增强外部效应对乡村发展的影响力。

5 引入小流域人居生态单元[1]

——面向山区连片发展的乡村空间治理

- 山区人居生态空间治理困境
- 基于小流域连片发展需求的乡村空间治理层次
- 面向乡村产业振兴的小流域空间治理对策

5

1 本章节基于团队研究成果（乔杰，洪亮平 等，2021；Qiao jie, Crang Mike et al., 2021）“乡村小流域空间治理：理论逻辑、实践基础和实现路径”和“Exploring the Benefits of Small Catchments on Rural Spatial Governance in Wuling Mountain Area, China”改写而成.

有关人居生态单元的理论思想最早可以追溯到吴传钧院士的“人地关系地域系统”。吴传钧先生提出了“人类活动和地理环境的关系随着人类社会的进化而不断变化”的论断（吴传钧，1991）。人居生态单元的概念萌芽于人居环境科学体系的土壤，反映了自然生态环境与人居环境两大系统在土地、空间、尺度、规模、结构、功能等要素方面统一的过程（刘晖，2005）。早期有关人居生态单元的研究主要集中在概念、内涵、典型类型及生态意义等方面。其中，贺勇将“基本人居生态单元”定义为由相对明确的地理界面所限定的“自然地理单元”与“人居单元”相互作用而构成的复杂系统（贺勇，2004）；刘晖运用系统论将“人居生态单元”概括为具有一定的规模、尺度和功能，具有系统的空间结构和格局以及相对完整的生态过程，体现一定地域单元的“自然—生物”综合体中各要素相互关系的基本土地空间单元（刘晖，2005）。

流域（catchment）是以水文自然生态实体为基础，在乡村生产和生活过程逐步形成的生态、社会、文化的系统性结构整体。小流域是山区人与环境最密切的地域生活单元，具有多尺度和自然随机性特征，反映了山区自然地理、地方社会和空间治理的综合关系。本研究中乡村小流域特指县域范围内地理空间相对完整、具有地方认同和治理可能性的空间范围，一般包括多个连续的行政村（自然村）或建制镇。小流域人居生态单元的形成基础是人居活动与生态环境的某种耦合，具有区别于自然地理单元的结构本质。小流域乡村人居生态单元正是在生产和生活过程中逐步与地方社会、生态、文化环境系统形成了结构性的适应和耦合关系。在适应乡村产业振兴和空间要素重组过程中，人居生态单元演变表现出明显的目的性和适应性特征。

武陵山区是中国典型的跨省少数民族聚居区和长江中游地区重要的生态屏障，也是区域重要河流的发源地和流经地。区域面积 2.99 万平方千米，总人口 484.7 万。涉及民族县（市）10 个，不同尺度乡村小流域 680 多条，小流域人居生态空间格局特征明显（图 5-1）。我国流域存在省、市、县、乡、村多种尺度，乡村小流域是一种次级流域的概念，从水利部门一般规定来看，通常是指二、三级支流以下以分水岭和下游河道出口断面为界的相对独立和封闭的自然汇水区域，主要指集水区范围在 30 ～ 150 平方千米之间的流域。从鄂西地区的调查情况来看，一般包括多个连续的行政村（自然村）或建制镇。

研究团队在为地方政府编制小流域旅游扶贫发展规划的过程中开展了田野调查。在其后的几年时间里，随着规划的颁布和项目实施，研究团队后续也展开了三次补充调查，重点关注了小流域人居环境的改善、乡村产业项目的落地和公共事务的公众参与等实施效果。由于乡村规划的编制过程得到各层级行政部门的统筹和协调，田野调查得到了五峰土家族自治县人民政府、国土资源局、水文局、财政局、文化和旅游局、交通局等部门的数据支持和技术帮助。同时，有力的政治支持在贫困地区能够尽快获取乡村行动主体的信任，帮助团队推进小流域人居生态单元产业振兴中的敏感问题和重要资源配置逻辑。

综合国内外已有研究，流域涉及地理学、人居环境科学、社会管理学等多学科理论，为推进山区乡村产业空间布局提供了多学科理论基础和多维空间组织效益。作为山区典型的经济地理形态，以流域为载体的山区要素布局和空间耦合关系对山区产业转型发展意义重大（张义丰，2009）。在山区，流域经济为山

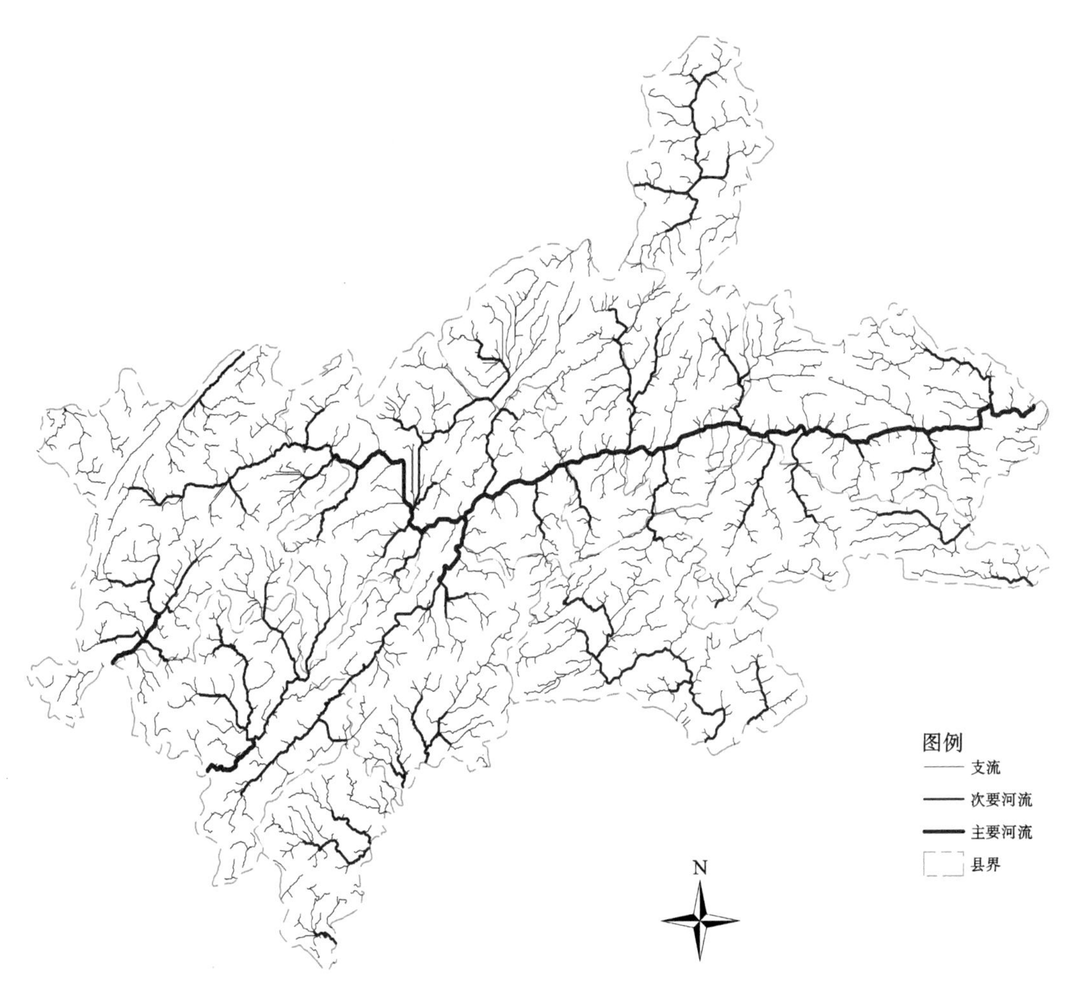

图 5-1 鄂西武陵山区 10 个县市区小流域人居生态空间格局
（资料来源：研究团队自绘，李启宣）

地生态文化产业资源保护提供物质载体（刘沛林，刘春腊，2010）；生态清洁小流域可以建设促进产业发展（祁生林，2006）。流域竖向的“立体生态经济”资源系统为优化产业空间布局体系提供支撑（赵永祥，郭淑敏，2008）。流域横向的“通道经济”优势，有利于链接孤立地理单元形成乡村产业带，促进产业要素流动组合，带动区域经济发展（余河琼，2019）。

山区人居环境与流域分布紧密相关，我国山区多为重要河流及其干流、支流的发源地和流经地（李俊杰，2005）。作为山区生态、社会、经济的复合管理单元，流域往往会被不同的行政区域所分割。小流域是“自然地理单元”和“人居单元”相互作用形成的复杂系统（贺勇，2004），反映了土地、空间、尺度、规模、结构、功能等要素统一的过程（刘晖，2005）。山区民族村镇建设、产业发展、生态保护与小流域人居环境建设息息相关。探索不同尺度人居单元发展规律有助于把握山区资源整体效应，克服产业经济发展对弱势群体的“挤出”效应（吴锋，2018；熊正贤，2018）。

流域是涵盖山区复杂资源系统和人居环境系统的典型结构单元，受多层次空间系统特征影响。我国流域存在省、市、县、乡、村多种尺度特征（任敏，2015）。小流域与土地管理、公共服务提供和地方治理组织创新方式相关，有助于保障地方经济发展和社会治理，并推进整体资源环境保护（De Groot，2010；Fenemor，2011）。小流域治理主要通过耕作技术改进、产业结构调整、投资分配和土地利用优化等途径来协调人与生态系统的关系（李中魁，1994）。跨区域是流域治理的本质（王佃利，史越，2013）。但山区小流域产权多为碎片化的地方集体产权和国有产权（陈晓景，2011），村集体拥有支配资源的绝对权力而忽视了相邻权；流域内自上而下的资源配置逻辑，弱化了村集体在跨界公共事务中合作的积极性。流域整体资源在共有产权缺失下沦为“公地”（张振华，2014）。

5.1 山区人居生态空间治理困境

5.1.1 人居空间重组与生态管控约束

山区多为资源富集和生态敏感的地区。针对这些特征，如何避免走“先发展、后治理”的老路，迫切需要在明确乡村振兴格局的过程中，把握区域生态结构特征，推进生态资源禀赋结构的提升。目前武陵山区的乡村振兴策略多从乡村旅游对产业经济结构的调整出发，对山区乡村人居生态环境的资源系统特征重视不够。

以长阳土家族自治县为例，全县的森林覆盖率达到 70.1%，县域生态资源主要以东西向清江为轴呈线状分布，多尺度的流域生态空间结构对县域乡村人居生态空间格局产生明显影响（图 5-2、图 5-3）。2018 年，通过县域居民点与水系的相关性分析发现，长阳土家族自治县 56% 的农村居民点分布在县域范围内 85 条大小流域两侧 500 m 范围内（图 5-4、图 5-5）；同时，县域农村居民点密度与流域紧密相关，流域（清江及其支流）两侧的村庄人口密度明显高于其他地区，清江两侧的村庄人口密度大于 200 人 / 平方千米；此外，以流域为载体的产业要素集聚和旅游资源开发是县域乡村人居空间集聚的主要原因。

综合分析发现，受区域城镇化的影响和山区交通条件的限制，乡村产业要素（如土地、住房、山林等）交易成本大，为了降低交易成本，市场和政府主导的资源开发往往呈现点状集聚特征，如呈现以流域分布的口子村、口子镇或水路和陆路的交通节点集聚，导致乡村人居生态空间重组的结构性失衡。

此外，虽然武陵山区区域交通格局自 2014 年以来得到重大改善，但受山区梯度经济影响，乡村基础设施和公共服务等仍分布不均衡，局部空间极化效应明显，如大型旅游景点周边、东西向国道沿线人居生态矛盾突出。综合来看，由于长期受到地理贫困和生态保护的约束，山区县域经济仍以传统农业为主，第一产业比重较大，农村居民占农业人口比例很高（截至 2018 年，县域人口城镇化率仅为 37%）。面对国务院提出产业振兴战略的要求，鄂西山区县后发优势明显，尤其是旅游发展带动下的农业产业经济

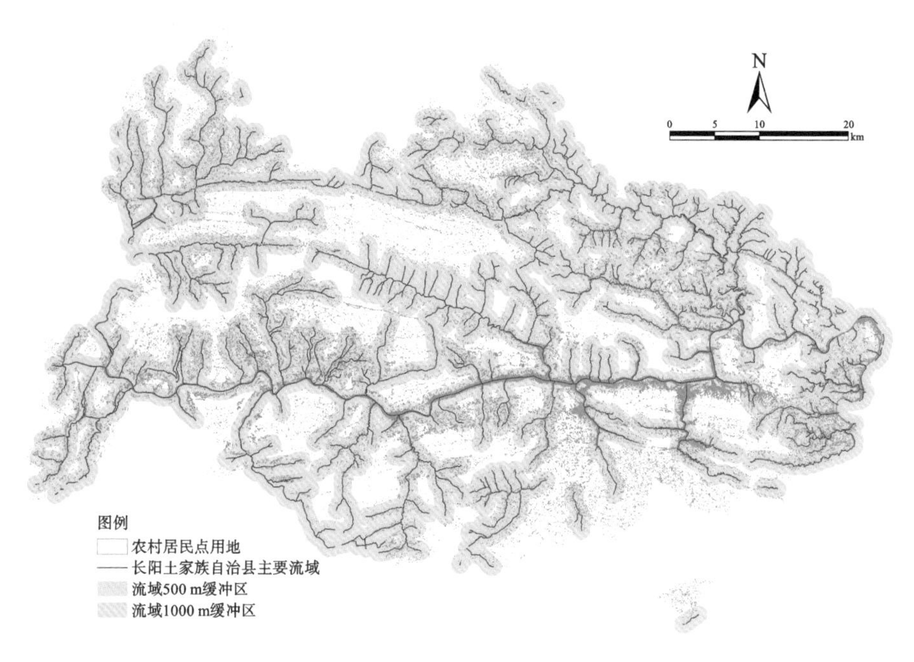

图 5-2 长阳土家族自治县小流域人居生态空间格局
（资料来源：研究团队自绘，周晓然）

图 5-3 县域小流域两侧人居生态空间格局
（资料来源：研究团队自摄）

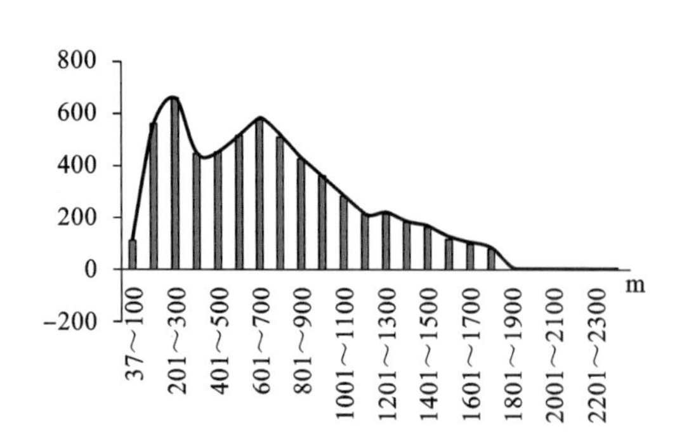

图 5-4 长阳土家族自治县农村居民点高程分布
（资料来源：研究团队自绘，侯杰）

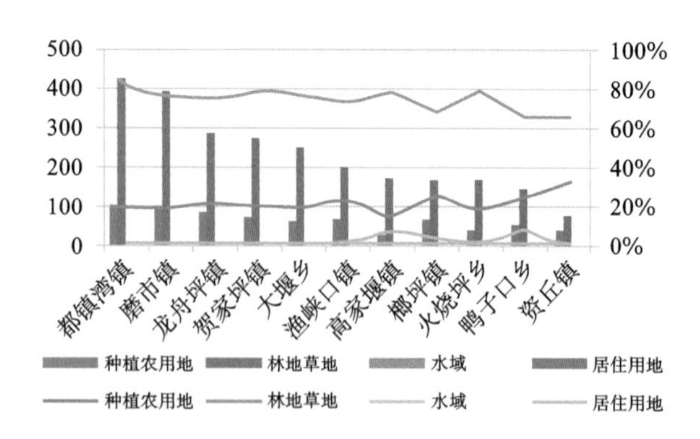

图 5-5 长阳土家族自治县各乡镇生态用地类型面积统计
（资料来源：研究团队自绘，周晓然）

转型需求强烈；但由于乡村旅游经济投资回报周期长，市场对接成本高，而山区县域金融基础差，大多数乡村旅游项目容易成为市场资本在乡村土地上的寻租手段，同时，旅游开发失败或市场资本退出等风险也会迅速导致乡村人地关系的恶化，对山区产业转型发展和人居生态功能提升产生不可逆的影响。长阳土家族自治县沿头溪流域乡村旅游项目带动的基础设施建设如图 5-6 所示。

图 5-6 长阳土家族自治县沿头溪流域乡村旅游项目带动的基础设施建设
（资料来源：研究团队自摄）

5.1.2 交通约束与市场社会分离

从本质上看，山区发展缓慢的原因是交通不便制约了山区发展所需的市场和社会条件，阻碍了山区“资源—资产—资金”有效转化。在工业化初期，通过牺牲生态环境来弥补农村公共物品供给能力弱的缺陷是山区发展的普遍选择。2014 年以前，长阳土家族自治县尚未融入区域交通网络，县域交通格局也尚未形成，以重型工矿资产投入为主的第二产业发展模式主导了乡村资源开发的基础设施建设，工矿企业发展带动了乡村交通基础设施建设和农村劳动力就业水平的改善，但也加重了小流域生态治理的负担和扶贫治理的难度（图 5-7）。

目前，武陵山区交通基础设施条件整体滞后于工业化和农业现代化发展需求，交通瓶颈下市场和社会分离是影响山区流域整体开发的重要因素。具体表现为以下两点。

（1）小流域的资源向资产价值的转化受交通条件限制明显，交通成为影响家庭收入的重要因素。通过

图 5-7 工矿企业对乡村小流域资源开发的影响

（资料来源：作者自绘）

GIS 分析贫困人口空间分布与小流域范围道路缓冲区关系发现（图 5-8），小流域范围内的 410 个贫困户主要集聚在乡村通组道路的 150 m 缓冲区范围外或通村道路 200 m 缓冲区范围外，占总贫困户数的 52.9%（表 5-1）。究其原因，交通条件通过影响小流域土地资源开发、房屋质量、饮水条件以及家庭结构变迁速率，来影响致贫户的生计选择和流动。

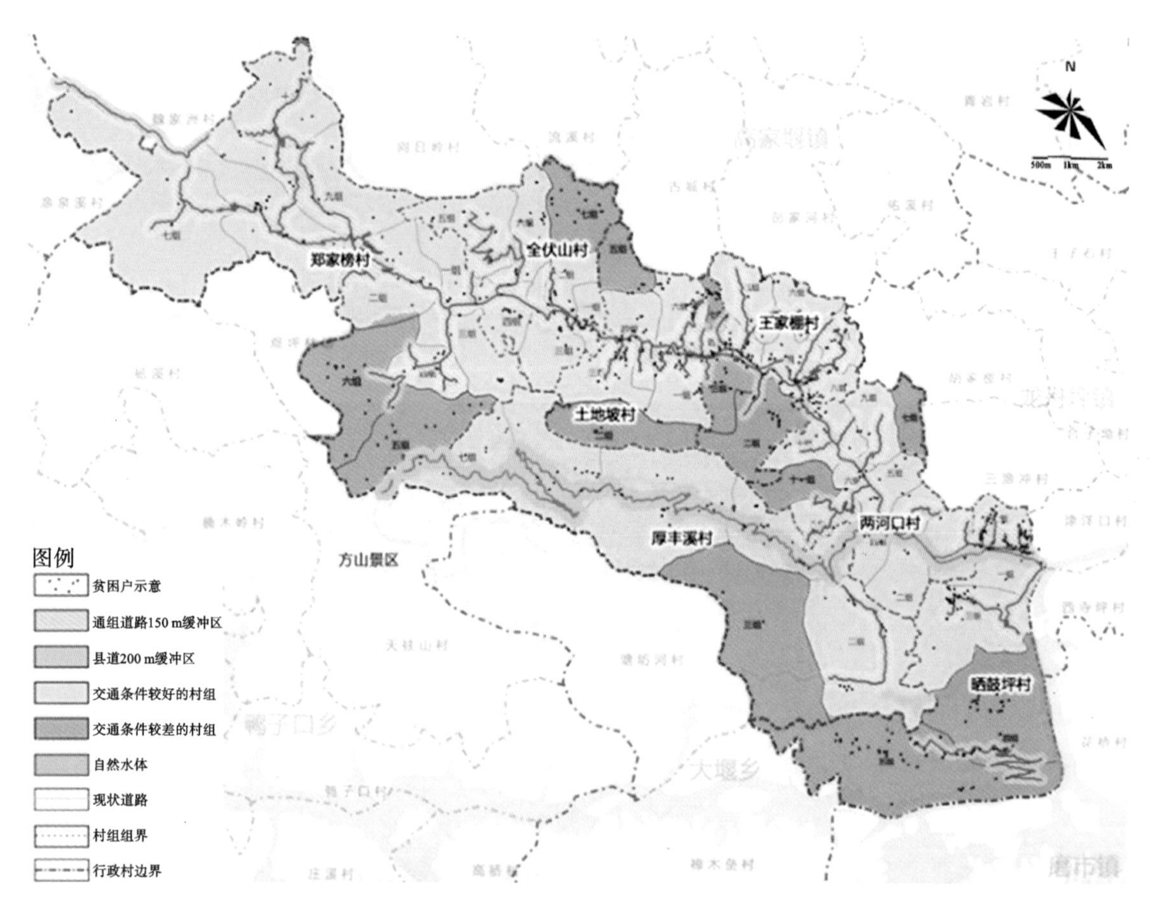

图 5-8　贫困人口空间分布及与小流域道路缓冲区关系
（资料来源：研究团队绘制）

表 5-1　沿头溪小流域不同地理空间类型的贫困发生率

地理类型	村组数	贫困户数	贫困户发生率	贫困人口	村组户数	村组人口
河谷平原区	26	468	15.3%	1290	3056	10085
中山区	19	296	21.6%	936	1368	4637
高山区	10	184	25.8%	596	714	2253
总计	55	948	18.5%	2822	5138	16975

（2）小流域乡村空间组织和空间治理重点受交通结构影响，如交通可达性直接影响村庄土地经营规模、资本可进入条件、地方社会组织基础等。调查发现，在微观尺度上，致贫因素与自然地理因素（高程、坡度、地形等）更多呈现偶然相关，但与耕地的有效利用程度高度相关。对贫困户的地理高程、地形坡度等进行空间叠加分析，研究结果显示贫困发生率呈现“高山区—中山区—河谷区”依次降低的空间特征；而且，聚居规模低于 20 户的居民点的贫困发生率会更高。总结来看，聚居规模越小，交通可达性越低，公共物品供给和社会资本进入的交易成本越高，地方市场和社会分离趋势越明显。交通越闭塞的地方，农户土地抛荒概率越高，土地资源的有效利用率越低，贫困发生率越高。

5.1.3 碎片化与单中心治理

土地“碎片化”（land fragmentation）是乡村发展面临的共性问题（Tan，2006； Demetriou，2013）。农地的细碎、生活区分布的分散反映了我国山区乡村空间“碎片化”的事实，也加剧了乡村产业振兴在人力、资源和资本方面的组织困境（尹怡诚，2019；大泽启志，李京生，2018；席建超，2016），导致乡村地域功能受损。而多中心治理是学术界提出的“反碎片化”的重要思路。已有研究指出，土地的资源属性、空间属性和利用属性等方面的多样性共同决定了山区空间治理的复杂性。其中，资源属性会极大地影响治理效力。

在武陵山区，地形、地貌、地质、水文、土壤质量、气候等自然条件决定了农作物类型及其资源价值属性（图 5-9），土地的所有权形式、基础设施条件、交通可达性等影响资源的利用属性。差异化资源属性更决定了“项目制”治理逻辑下乡村空间的治理效果。由于产权体制原因，流域产权多为碎片化的国有产权和集体产权。部分镇政府或行政村由于拥有支配资源的绝对权力而忽视了相邻权，导致流域空间资源常常在缺失共同治理能力的情况下疏于管理。因此，推进小流域治理需要综合考虑乡村空间资源属性特征及其跨界治理模式。

在沿头溪小流域，“碎片化”的集体产权支撑了不同类型旅游项目的开发过程，包括国家级景区建设、省市级景区建设和一般社会资本和村集体主导的乡村旅游项目。大量以旅游用地为由的碎片化开发方式，造成了旅游功能的低效和重复设置、旅游生态空间破碎等问题。同时，自上而下的“项目制”治理加剧了某些地方政府追求各自目标的竞争。面对当前贫困山区乡村金融资本普遍缺失的现实，部分地方政府不具备统一规划、开发、管理和运营的能力，导致一些开发项目被资本牵着鼻子走，而开发商往往选择区域内的优势资源区域开发，对投资回报周期短、土地增值前景好的旅游项目趋之若鹜，进一步加剧了流域整体治理困境。

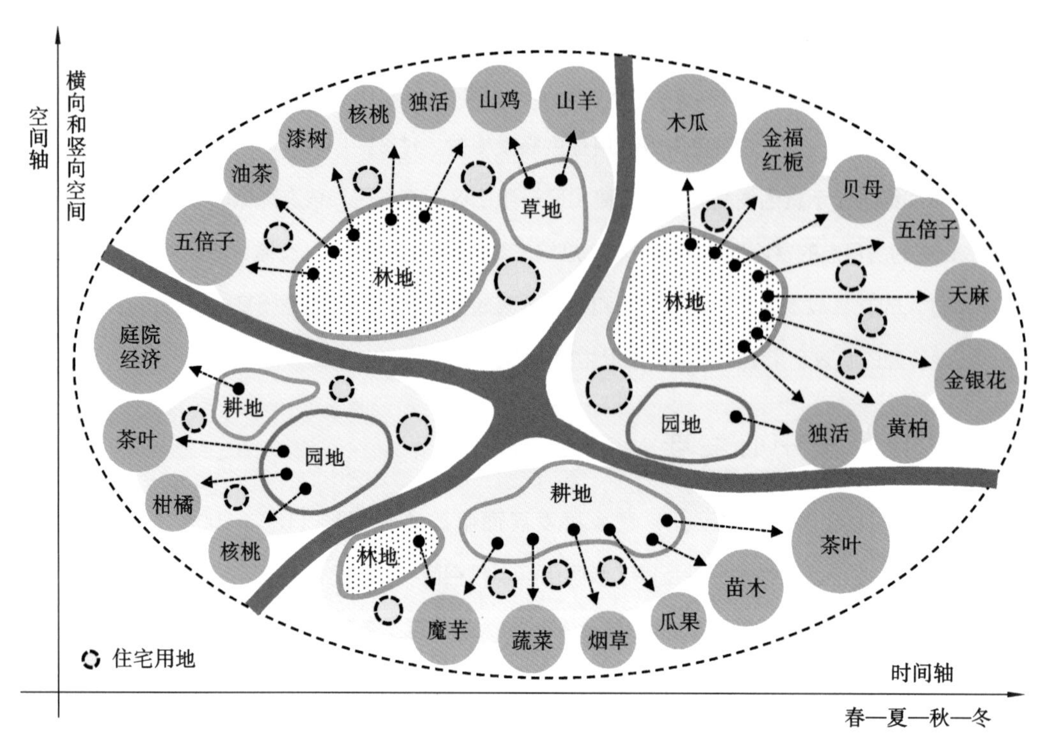

图 5-9 山区不同土地类型的资源属性特征

（资料来源：作者自绘）

5.2 基于小流域连片发展需求的乡村空间治理层次

5.2.1 人居空间治理

乡村人居空间的集聚和重组是“城乡中国”背景下乡村转型发展的必然结果（刘守英，2016）。从实施乡村振兴战略的根本逻辑来看，产业兴旺是乡村生态宜居的基础和本质要求。乡村小流域是山区典型的人居生态单元，也是区域产业发展和人居空间活动的载体。小流域人居生态空间的演变与村庄土地利用、劳动力就业、村落基础设施建设等多重生产生活因素密切相关（图 5-10）。乡村小流域治理对于发展区域性农业生产，改善农村生态环境，提高农田生产力和农业多功能活力至关重要。它有助于重组和利用地方资源，为制定有效的农村发展规划提供实施单元载体。随着武陵山区建设全域旅游示范区工作的推进和旅游基础设施的改善，乡村产业已由过去单一的粮食生产拓展为涵盖了健康产业、特色农业、生态农业、休闲农业等强调农业多功能性的复合型产业。作为区域支柱产业，乡村旅游兼具区域经济发展和公共投资项目的双重角色，为推动跨行政区合作和公共性构建提供了关键连接点（郭松，2020）。

小流域调查发现，乡村旅游发展带动了地方农业种养功能的转型和农作制度的演变，并重构了乡村生

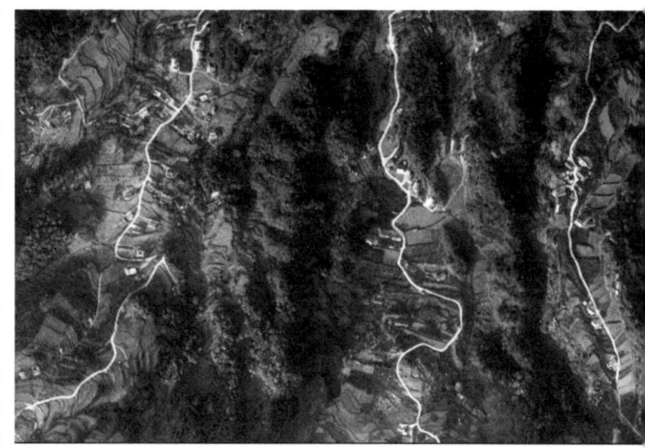

图 5-10 小流域两侧的多层级交通网路以及人居空间的重组形态
（资料来源：长阳土家族自治县自然资源和规划局提供）

活网络。目前，一些以增加指标为目标的国土空间整治项目，缺乏对山区多样化人居生态空间的特征识别，忽视了山区乡村产业功能提升与人居空间组织的系统联系。面向小流域单元的人居生态空间治理有助于协调小流域单元内乡村产业兴旺和生态宜居的关系，主要体现在以下 3 点。

（1）随着武陵山区地理区位条件的不断改善，“绿水青山就是金山银山”的生态文明建设理念日渐深入人心。发挥全域旅游示范建设背景下的流域生态环境的公共效益，为克服传统乡村空间治理的“公地”困境提供了利益链接网络，推进产业要素的系统性开发与流域生态治理相结合。传统行政村单元下产业发展过分追求土地经济产出和规模集聚效益，常常忽视流域上下游村庄的生态承载力差异和山区立体农业发展价值，导致农地生产力下降，流域生态、景观效益受损，加剧了流域污染和治理成本。产业发展应立足小流域资源禀赋和旅游市场需求，活化住房、农地、劳动力等空间要素，创新产业形态，通过产业新模式将农村资源进行跨界的、交叉式的集约化配置，促进小流域乡村产业转型和人居功能提升。

（2）小流域产业规划推进流域沿线村庄多尺度空间重组（目前自然资源和规划部已经鼓励两个以上行政村共同编制村庄规划），通过组织模式创新活化村庄产业要素（劳动力、土地、建筑），平衡各个村庄之间在土地资源、人力资本、社会资本等因素上的禀赋差异。基于三产类型划分的小流域居民点分类现状图如图 5-11 所示。已有研究证明，在人多地少的地区，较为均等的地权分配有助于提高农业经营效率与缓解贫困（田传浩，方丽，2014）。

（3）充分利用小流域资源禀赋优势，充分组合时间、空间、结构、环境、效益、公益、发展、规划、管理和服务等要素，实现“种—养—殖—畜—渔—农—林—科—工—贸—城乡服务”一体化发展的生态循环模式。通过小流域产业空间布局，合理活化乡村产业要素，推进小流域“人、地、业”组织形态创新，提升人居空间重组的产业功能效益。基于小流域人居生态空间要素重组的产业功能布局规划过程如图 5-12 所示。

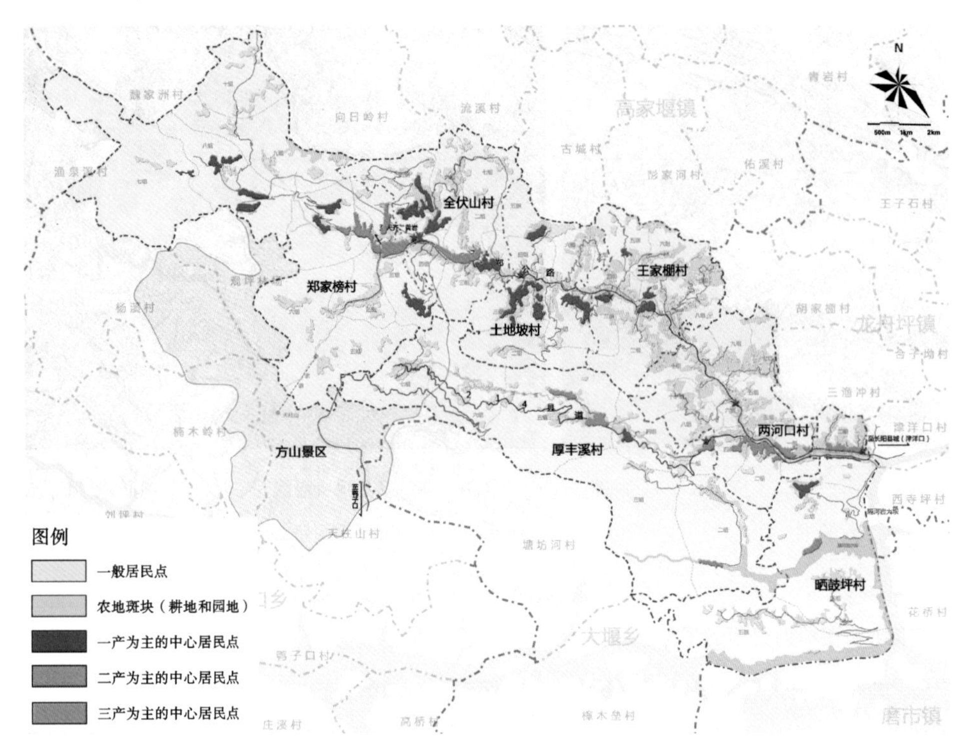

图 5-11　基于三产类型划分的小流域居民点分类现状图

（资料来源：研究团队自绘，侯杰）

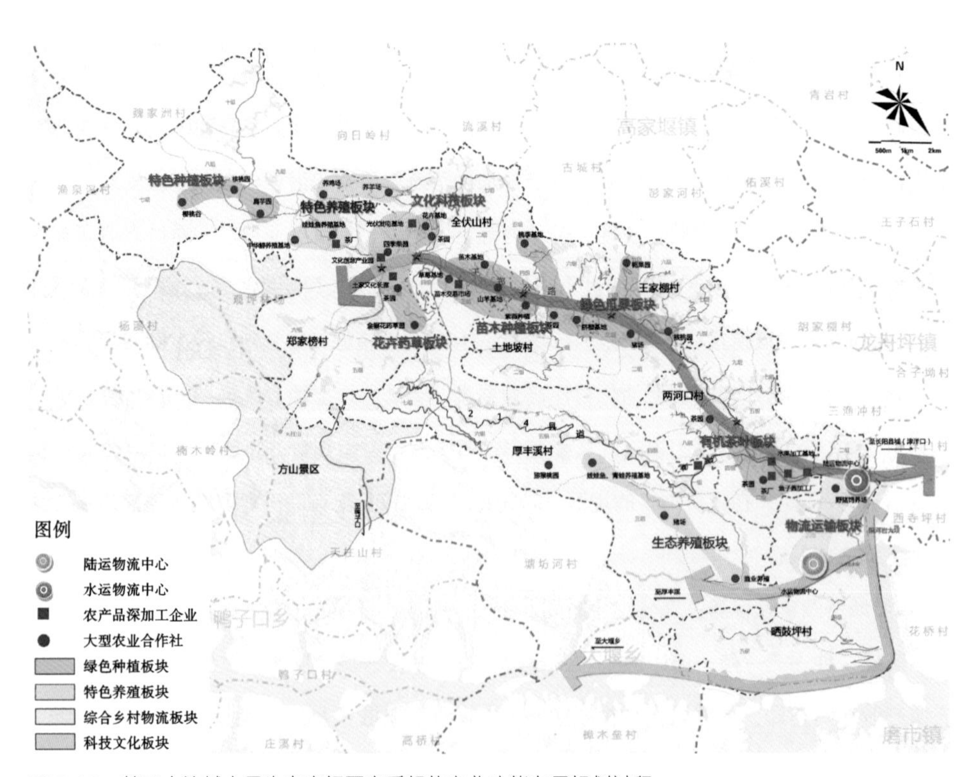

图 5-12　基于小流域人居生态空间要素重组的产业功能布局规划过程

（资料来源：研究团队绘制）

5.2.2 贫困空间治理

贫困空间治理本质是解决贫困群体与市场和社会分离的问题。全面理解和重视地方实际，赋权当地居民，协调不同利益团体，利用地方社会文化资源和优势，构建切合实际、关联性强、公平的政策和制度实践是贫困空间治理的本质要求（高嘉遥，高晓红，2019）。我国精准扶贫战略就是以乡村贫困地区的本源差异为基础的地理空间重构过程（陈全功，程蹊，2011）。武陵山区乡村发展首先面临的是山区脆弱的生态环境和居民严峻的生存压力问题，其对乡村人居空间形态和农户生计选择产生重要影响。同时，山区在地理和经济上的边缘性决定了贫困并非一个简单的经济地理问题，而是一个复杂的政治经济过程（李小云，2016）。“赋权”是主动打破贫困空间的再生产过程，是破解山区“地理贫困陷阱”的有效途径（Jyotsna and Martin，2002）。因为山区一旦落入这种陷阱，单纯依靠宏观扶贫政策支持是不够的，需要重视区域自身优势并将宏观政策本土化。长阳土家族自治县近 54% 的农户居住在小流域两侧 500 m 范围内，近 30%的农户居住在高海拔（800 m 以上）地区，其中 32% 为深度贫困户。从环境特征看，贫困户处于极其不利的地理条件中（如土壤、地形、气候、区位等）；从社会特征看，山区农户生计资本水平低，农户搬迁意愿基础不强，实现贫困户完全搬迁可行性极低；从经济特征看，高山区基础设施落后，资源资产交易成本高，对土地的依赖性较强。本研究从山区小流域贫困人口空间分布特征和竖向空间生产力价值出发，利用山区资源禀赋结构差异和立体农业价值，提升贫困空间治理效益。

（1）通过小流域公共制度建设重新构建山上和山下的利益分配关系，注重发展高山区农业。如以流域生态系统保护和生态服务功能的可持续利用为目的，构建以经济手段为主的小流域生态补偿机制，通过整体开发机制调整相关利益关系，推进旅游基础设施、乡村旅游活动标准、公共服务体系、矛盾调解机制等公共制度，实现小流域资源禀赋结构优化和“社会—经济”系统开发，融合山区物质与非物质资源，克服资源禀赋不均衡等经济地理现实问题。

（2）利用流域经济系统优势，改变山区传统资源要素单中心集聚的空间现象，最大限度缓解地理条件对贫困户生产要素活化的制约，提升乡村公共物品行政单元供给的正外部效应。如从贫困人口聚居特征出发，弱化行政区划，发挥已有国有项目设施建设的外溢效应。利用山区竖向生态梯度特征，如高海拔、土壤条件、温度和光照条件与农作物类型的经济价值关系，增强农业产业发展活力和地方特色，提升乡村的生产力和生态价值。

（3）对高山贫困户进行农地、宅基地政策赋权，帮扶深度贫困户就地形成收入来源。如通过高山区光伏扶贫带动深度贫困户就地脱贫（图 5-13、图 5-14），其核心目标是通过革新贫困人口生活方式和经济发展模式，实现脆弱区的可持续发展。

小流域竖向空间梯度差异及其影响因素见图 5-15。

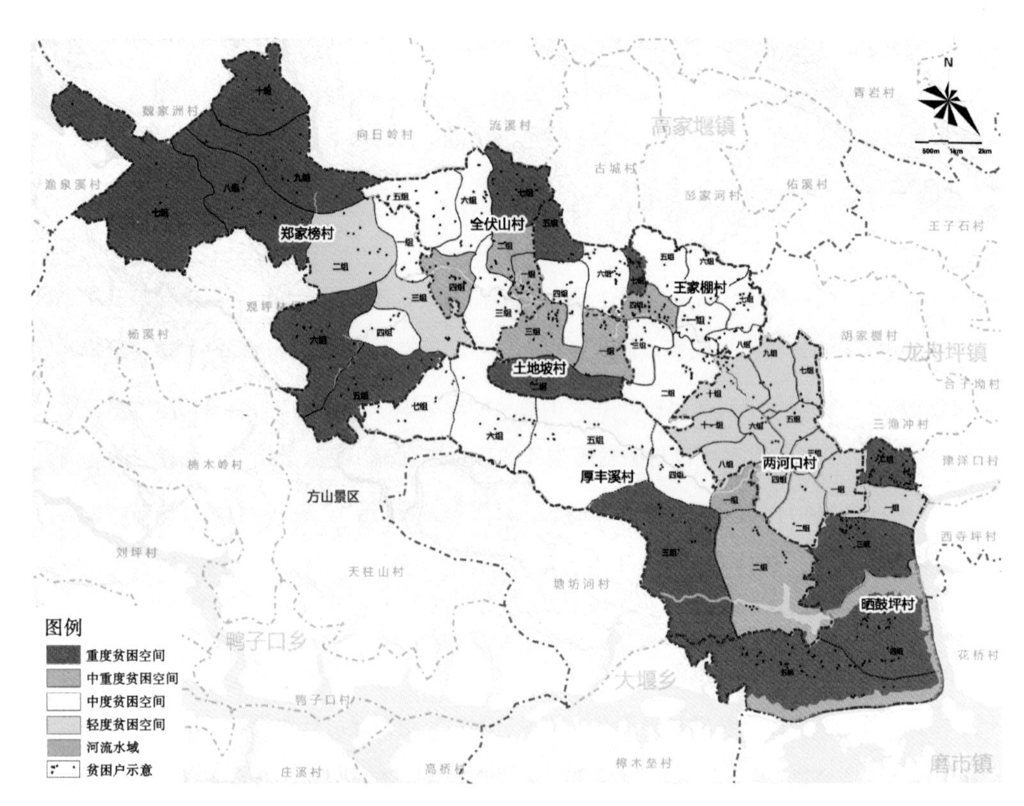

图 5-13　沿头溪小流域贫困人口的空间分布特征

（资料来源：研究团队自绘，张丽红）

图 5-14　沿头溪小流域光伏扶贫项目带动高山区贫困空间治理

（资料来源：长阳土家族自治县龙舟坪镇土地坡村提供）

图 5-15　小流域竖向空间梯度差异及其影响因素

（资料来源：作者自绘）

贫困空间治理的维度、构成与特征如表 5-2 所示。

表 5-2　贫困空间治理的维度、构成与特征

维度	构成	指标	特征
环境	自然禀赋	土地质量和可利用性	偏远与隔离、生态恶劣
	地理性基础设施	与市场的连通性（交易成本）	
社会	营养健康和家庭计划	基本卫生保障、儿童的年龄体重	比较优势低、交易成本高
	教育	入学率	
	机会的获得	土地、信息的获得，决策的参与	
	卫生和水	传染病感染率、饮用水指标	
	能源	电力和薪材获得	
经济	消费、收入	生产性资产、房屋、贫困人口	资源、资产、资金转化难

5.2.3　空间组织治理

山区产业要素和人居空间组织的碎片化问题加剧了乡村产业振兴在人力、资源和资本方面的组织困境。明确有效空间组织边界对于提升山区资源利用效益，破解山区零散化、空心化的治理困境提供了重要抓手。

当前，武陵山区乡村发展面临旅游资源开发和生态保护的双重压力。乡村空间组织的单中心富集以及环境治理主体的缺失加剧了山区碎片化的治理困境，严重影响了山区生态安全格局和乡村产业振兴的综合效益（乔杰，洪亮平，2017）。典型小流域调查研究发现，碎片化的集体产权支撑了不同类型旅游项目的开发过程，大量以旅游用地为由的点状开发方式，造成了旅游功能的低效和重复、旅游生态空间的破碎。明确有效的空间治理边界对于实现山区自然资源管理和引导理性的产业经济行为至关重要，可以从以下几个方面入手。

（1）利用小流域影响区域资源分配的“政治杠杆”的能力，让涉及小流域的村庄无论强弱都能参与政策咨询和基层决策，使参与者、公共部门和地方政府通过社会资本联系起来，构建一种跨越传统乡村社区治理边界的、有价值关系的“链接社会资本”（linkage social capital），形成“政府协作 + 村民参与”的空间组织治理新格局。如沿头溪流域成立大方山旅游文化管理局，通过大方山文化认同增强地方居民对区域旅游文化资源开发的认同感和社会凝聚力，提升“自下而上”参与式的治理效益（图 5-16）。

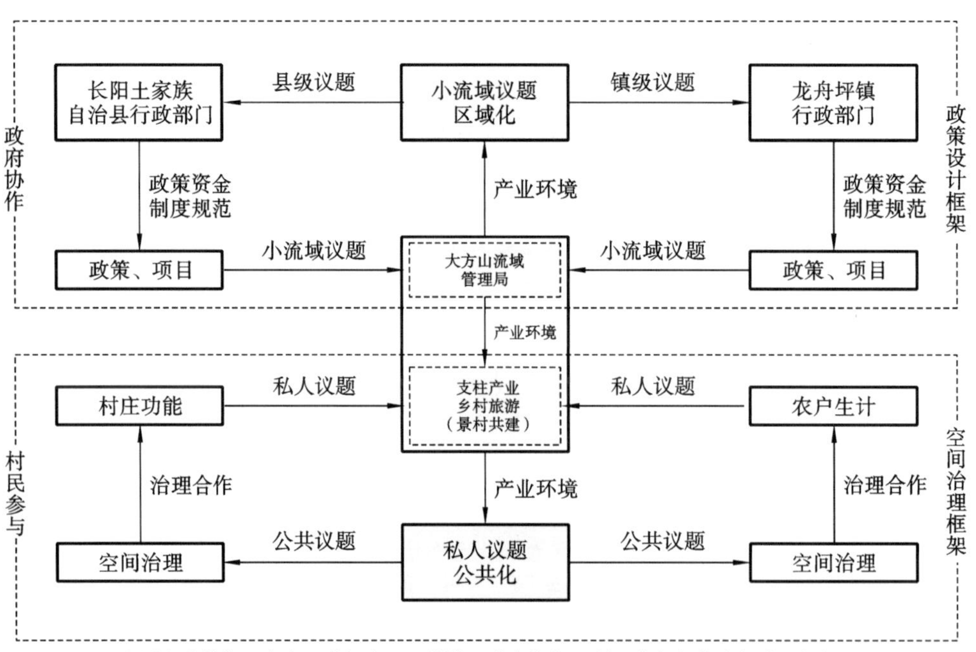

图 5-16 沿头溪在公共议题上实现毗邻治理，推进“政府协作 + 村民参与”的空间治理框架

（资料来源：作者自绘）

（2）构建以小流域生态单元为基础的社区功能服务系统和基础设施支撑系统，利用小流域单元在县域单元下的“融合多部门”的农村公共物品的供给能力，改善山区农村在资源系统开发和管理要求下以行政村为单位的低效片面的发展模式，通过区域联动构建“主体—环境”协调互动的可持续治理框架。如促进小流域横向“社区片”空间组织（由两个及以上的行政村或自然村构成）和竖向立体农业板块发展，推进山区生态服务功能与流域社会功能的互动提升。目前沿头溪一些相邻的村庄在创意农业、采摘观光、休闲

运动和文化民宿等产业发展支撑下形成了小流域内多尺度的毗邻治理。长阳土家族自治县沿头溪大方山流域规划研讨会如图 5-17 所示。

图 5-17 长阳土家族自治县沿头溪大方山流域规划研讨会

（资料来源：研究团队自摄）

（3）小流域的跨界治理特征和生态环境的公共性不仅有助于克服碎片化的资源分布格局带来的治理难题，也为乡村空间转型发展提供了社会组织再造基础。目前，山区扶贫工作多在“县—镇—村”三级治理逻辑中展开，其中资源分配的“强者逻辑”（betting the strong）在不同层级的空间治理中作用明显。推进小流域空间组织的建立，有助于弱化以行政边界划分下的村庄间的无序竞争以及行政村内部的中心村资源集聚现象。在“项目制”治理逻辑下，村庄之间的发展差异多取决于地方资源禀赋和基层治理能力的差异。而地方政府在公共政策和资源分配方面倾向于更强大的地方治理主体和更明显的验收效果。需要明确推进小流域单元的跨边界社会管理和资源互通，提升土地利用活力和公共物品供给的正外部效益，改善公共物品供给和地方社会融入问题，如建立流域河长制保障和落实流域保护与发展规划（图 5-18）。

图 5-18 建立流域河长制保障和落实流域保护与发展规划
（资料来源：作者自摄）

5.3 面向乡村产业振兴的小流域空间治理对策

5.3.1 绿色赋能效益：资源禀赋提取与人居生态功能提升

武陵山区农户的生计方式与山区人文资源和生态环境（水资源、植被、产业结构等）具有高度适应性。不同区域乡村经济发展水平的差异反映了人文资源对自然资源的作用效率差异。相关研究指出，只有通过革新现有贫困人口的生活方式和社会经济发展模式，才能打破民族山区长期均衡和封闭的社会经济系统，实现脆弱农业区的可持续发展（佟玉权，龙花楼，2003；叶文虎，邓文碧，2001）。从小流域的资源整体特征来看，流域人居生态功能的提升是村庄土地利用、劳动力就业、村落基础设施建设等因素共同作用的结果。如何认识和利用区域资源禀赋优势，是推进流域生态保护和优化乡村人居生态空间格局的基础。

杨家垱小流域位于五峰土家族自治县仁和坪镇，涉及 7 个行政村。受喀斯特地貌和“石漠化”地质条件影响，当地人居生态空间特征和农业种养产业结构与地质、水文、气候、山林、交通条件密切相关。调查发现，近年来，以自上而下扶贫政策主导的乡村产业项目多受行政单元的项目验收逻辑影响，过分追求土地经济产出和规模经济效应，而忽视山区资源禀赋结构。应基于山区生态种养资源禀赋的优势，通过改善传统种养模式和种养关系，推进人居生态空间重组和产业功能提升。如小流域村庄差异化的种植环境类型及其土地承载力决定了生猪养殖产业的布局和规模水平。主要治理经验包括以下 3 点。

（1）随着农村生态环境保护标准日益严峻，山区乡村产业发展要以流域可持续生态治理为基础，如在小流域单元内实现生猪养殖的“防疫管理单元”和“生态环境监测单元”融合（图 5-19），可以科学控制生猪养殖规模，降低养殖农产品病害风险和保证食品安全。

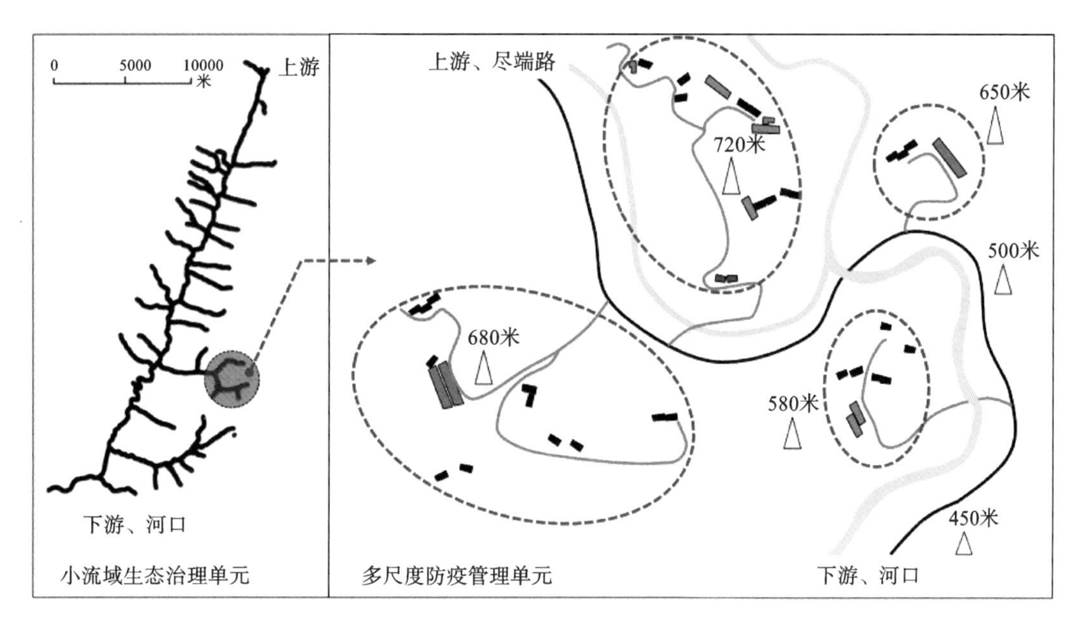

图 5-19　五峰土家族自治县小流域生态治理单元内的养殖防疫管理单元

（资料来源：作者自绘）

（2）根据区域资源禀赋特征和市场供给关系，活化空间要素（人力、资本和技术）、拓展产业空间形态（如生态种养单元、特色深加工片、绿色庭院经济），促进产业交叉融合。如在推进小流域生态种养一体化发展方面，杨家垴小流域已经形成“构树喂猪—猪养构树”的生态循环养殖模式，构建了“构树种植—饲料加工—生态养殖—生猪销售”的扶贫产业链（图 5-20）。

（3）通过对小流域山、水、林、田、路的综合整治，推进流域规划，在保障农业作为支柱产业稳定性的基础上，提高土地利用效率和劳动生产率，提升小流域人居环境质量和服务功能。如通过种植红豆杉、茶花、茶梅、甜心李等改善传统种养单元微环境，提升当地农业产业的韧性和抗风险能力。综合来看，贫困地区资源结构的特征是资本的严重缺失。只有通过比较优势战略，才能增加资本在资源禀赋结构中的丰富程度，促进资源禀赋结构提升，带动周边村庄联动发展，并形成小流域单元内产业功能耦合和人居生态空间的协同发展关系（图 5-21）。

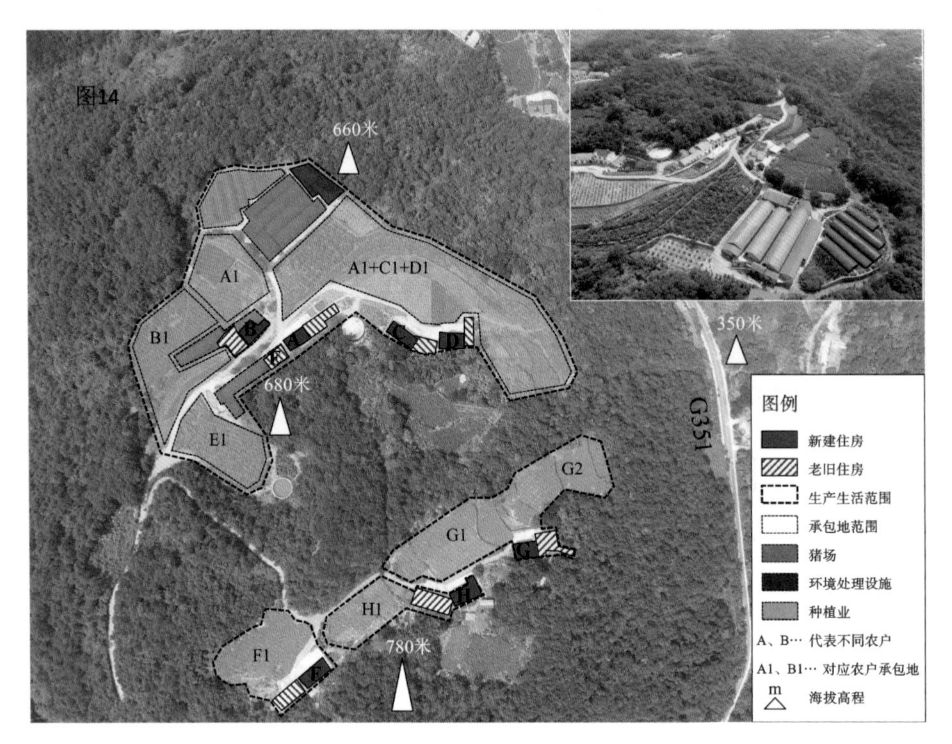

图 5-20 五峰土家族自治县杨家垱小流域典型“生态种养单元”的空间分布特征
（资料来源：作者自绘）

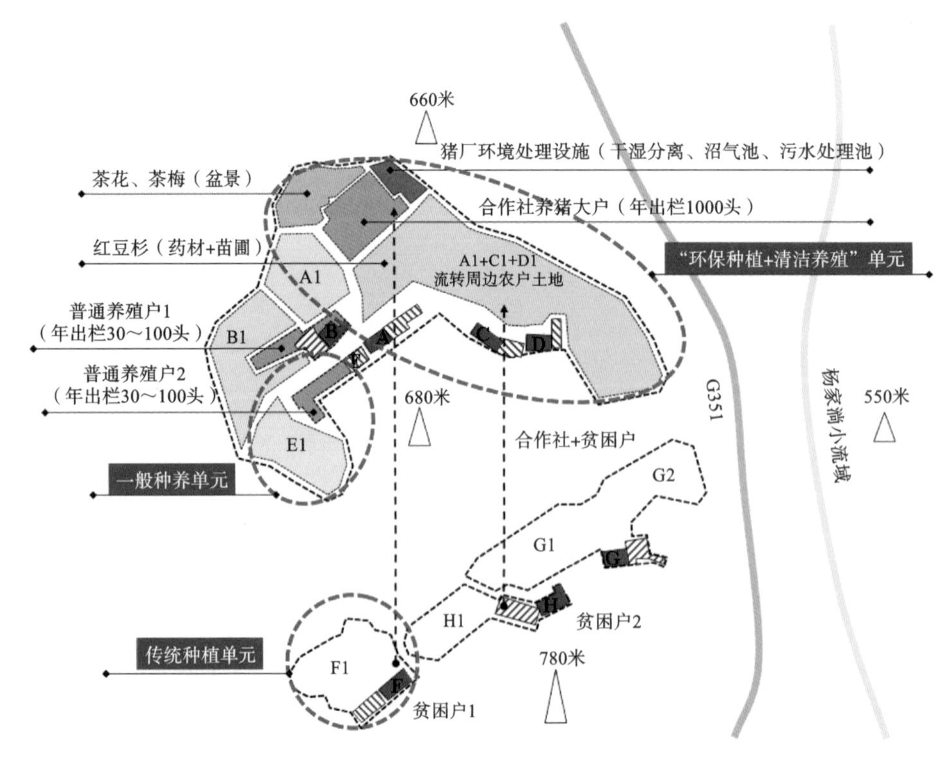

图 5-21 五峰土家族自治县杨家垱小流域“绿色种植 + 生态养殖”与“合作社 + 贫困户”的互动关系
（资料来源：作者自绘）

5.3.2 空间集聚效益：空间生产力提升与贫困群体赋权

在大多数发展中国家，贫困往往具有空间集聚性。贫困发生的本质是贫困群体与市场和社会的分离。一些极度贫困区域往往处于极其不利的地理条件中，如土壤、地形、气候、区位等（MINOT，2006）。相关研究将发展中国家的部分地区持续低生活水平状态总结为“地理贫困陷阱”（JALAN & M. 2002）。一旦落入这种陷阱，依靠宏观扶贫政策支持是不够的，需要重视区域自身优势并将宏观政策本土化到当地自然环境、人文环境中（GE，2017）。

沿头溪小流域所在的长阳土家族自治县龙舟坪镇是全域旅游示范乡镇，涉及 7 个行政村，海拔 90 ~ 1680 m，毗邻国家 5A 级景区清江画廊，包含 1 个国家 4A 级景区和多个地方景点。受“全域旅游发展”和“精准扶贫”政策的影响，近年来沿头溪小流域人居生态空间重组特征明显。1996 年沿头溪小流域居民点空间分布格局及基础设施现状如图 5-22 所示。2019 年国土空间第三次调查数据显示，全县 56%（2013 年二调数据为 48%）的农村居民点分布在流域两侧 500 m 范围内。受山区竖向空间生产力差异影响，人口聚居呈现“穷奔高山、富奔口湾”的空间行为分布特征。

研究结果显示，山区农户新一轮聚居点倾向于向中心村社区和重要交通沿线集聚；同时，面对政府主导的生态移民（ecomigration）反贫困政策，农户实际搬迁意愿不强，虽然高山区基础设施条件落后，但全域旅游发展改变了山上、山下的人地关系，降低了高山区资源交易成本。因此，在沿头溪小流域仍有近 30%的农户愿意居住在高海拔（900 m 以上）地区。沿头溪小流域居民点分布如图 5-23 所示。如何利用流域经济地理特征和资源禀赋结构优势提升竖向空间价值，扩充边缘区村庄生态位及如何通过土地制度设计赋权高山贫困群体，提升空间生产力，推进流域连片扶贫效益是推动小流域发展的核心问题。

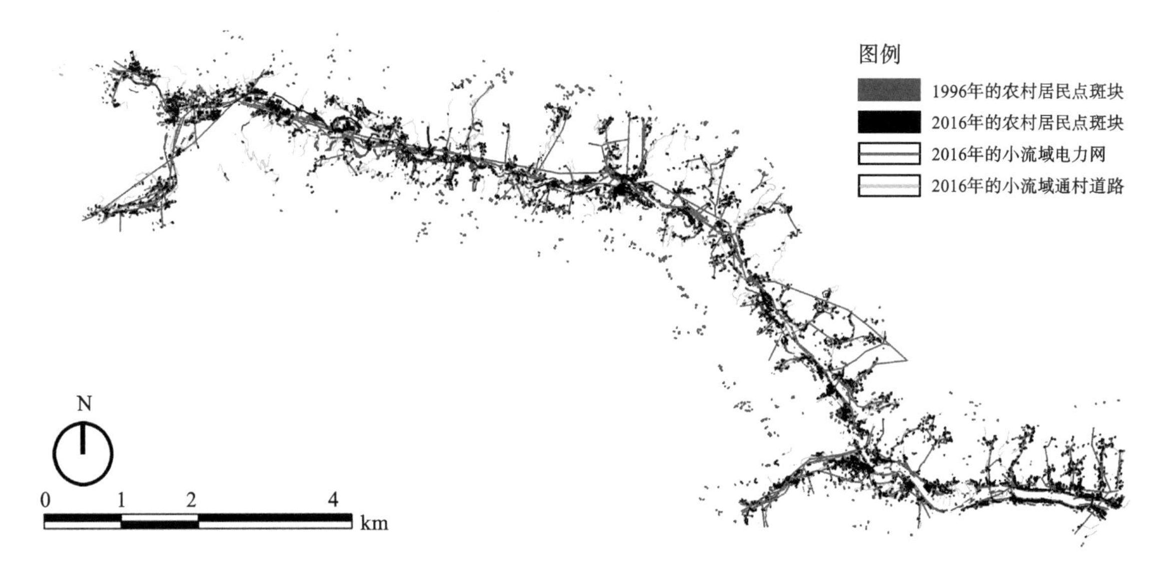

图 5-22 1996 年沿头溪小流域居民点空间分布格局及基础设施现状

（资料来源：作者自绘）

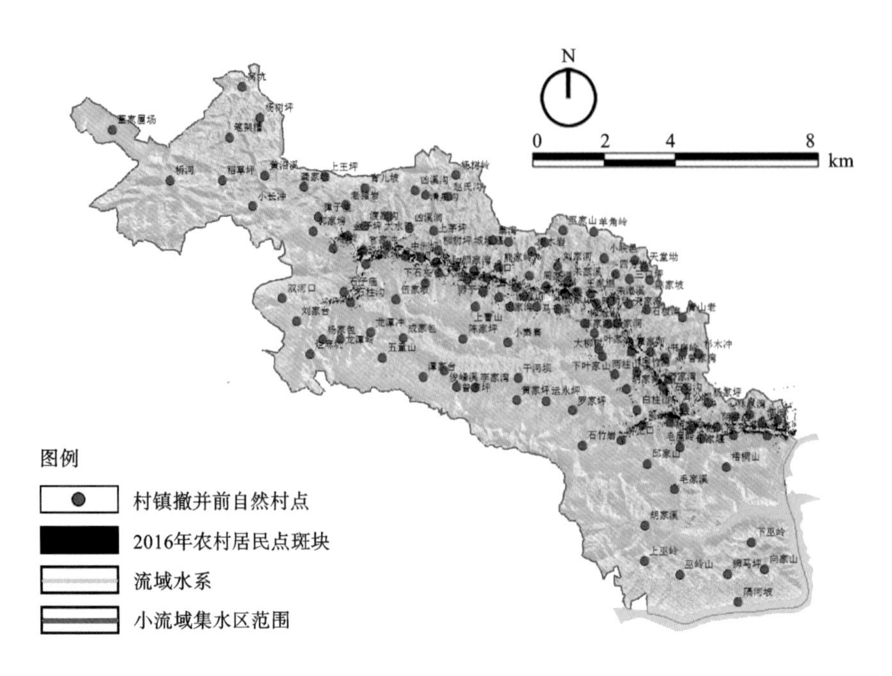

图 5-23　沿头溪小流域居民点分布
（资料来源：作者自绘）

地方治理经验主要包括以下几点。

（1）小流域整体开发有助于提升山区资源系统价值和功能特色，让边缘区农户参与利益共享机制框架设计。如从公共制度设计上重新构建高山区和低山区的利益分配关系，构建“合作社＋贫困户”的帮扶模式，既让高山区的山林土地不疏于照料，也为贫困户提供了就业机会。

（2）利用流域生态梯度特征，优化乡村资源空间布局，提升山区空间生产力。如通过上游优质生态条件和地质景观吸引流域整体开发和景观基础设施投入，借助“景村共建”战略带动景中村和景边村协同发展。

（3）利用海拔、土壤酸碱度、温度和光照环境等生态环境差异，提升农作物经济价值，帮扶高山区深度贫困户就地形成收入来源。例如，结合先进光伏技术和农业生产技术，打造“光伏＋农业”的复合农业系统。同时，采用户用分布式、村集体以及联村大型光伏扶贫等多种运营模式，通过协调政府、市场、村集体和贫困户之间关系，利用高山区贫困户屋顶、荒山等闲置空间发展光伏产业，因地施策，赋权贫困户，增加经济收益。

5.3.3　片区联动效益：弹性尺度重组与多中心治理

在山区，普遍存在的规模不经济问题增加了对外交易成本，导致地方市场破碎狭小，产业结构水平低。低质的产业结构会加剧环境污染问题，进一步加剧贫困（佟玉权，龙花楼，2003；叶文虎，邓文碧，2001）。调查发现，山区农业产业的衰败与农地产权碎片化、产权不明晰有着直接的关联。土地规模和产权的碎片化增加交通和农业生产成本，阻碍了农业现代化发展。研究指出，武陵山区土家族自古“喜居山旷、不乐平地”。改革开放以后，以家庭联产承包责任制为基础的土地均分形式进一步加剧了山区农地分散化、碎片化的经营格局，增加了农村环境治理、公共服务供给等交易成本（谭淑豪，2003）。因此，适度的农地规模经营是提升山区空间治理能力的现实要求。

具体治理经验有以下几点。

（1）乡村小流域单元构建了县域层面下农村公共物品供给的多部门“融合系统”，有助于协同国土资源局、水利局、交通运输局、住房和城乡建设局等部门，提升“项目制”治理下多个部委的资金使用效益。特别是在村集体经济基础薄弱的背景下，流域单元打破行政边界限制，避免村庄之间的无序竞争或村庄资源过度集聚形成的治理内卷化，应弱化碎片化资源发展格局和行政主导的单中心治理模式。

（2）山区小流域受当地历史地理条件影响，在非政府层面形成了“内嵌于”地方治理结构的毗邻治理效应。在小流域范围内涉及的村庄，无论经济能力强弱都应参与政策咨询和基层决策，使参与者、公共部门和地方政府通过社会资本联系起来，并获取影响资源分配和“政治杠杆”的能力（Skidmore，2006）。目前我国小流域空间治理推进虽然存在诸多困境，但这种跨越传统社区治理边界的、有价值关系的 “链接社会资本”，有助于增强地方理解和社会凝聚力（Blake，2008）。

（3）基础小流域单元的多尺度空间重组，有助于平衡村庄在土地资源、人力资本、社会资本之间的禀赋差异，确定更为有效的乡村公共物品类型和消费规模。小流域单元内社会关联紧密和资源互通频繁的特点，有利于提升村庄资源利用的综合效益。构建响应小流域多尺度治理需求的联动发展模式，如“合作社＋农户”“公司＋合作社＋村委”“城投公司＋景区＋村委”等发展模式，将农村乃至城镇地区的资源进行集约化配置，有助于克服地方政府利益驱动、各自为政的现状。相关调研情况如图 5-24、图 5-25 所示。

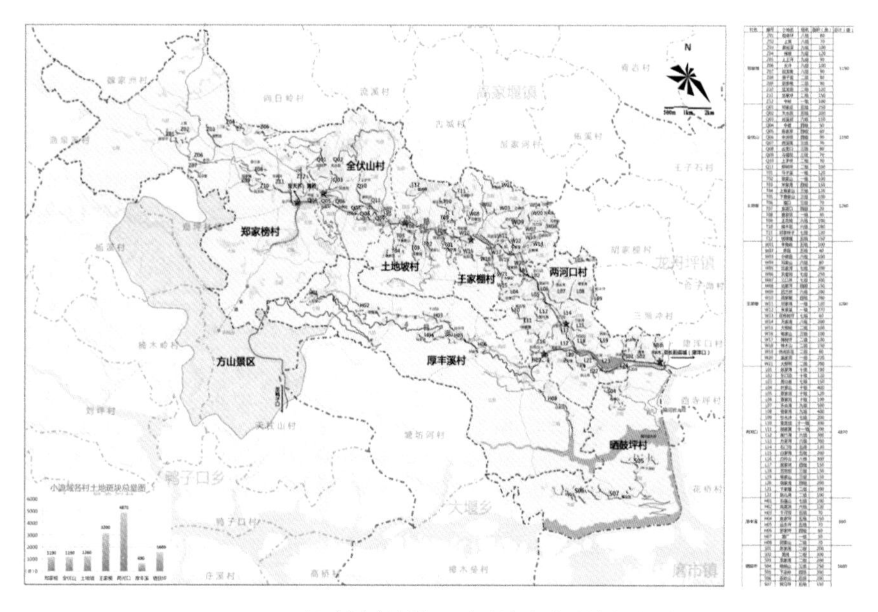

图 5-24　沿头溪小流域 50 亩以上规模农地斑块空间分布及其属性编号

（资料来源：作者自绘）

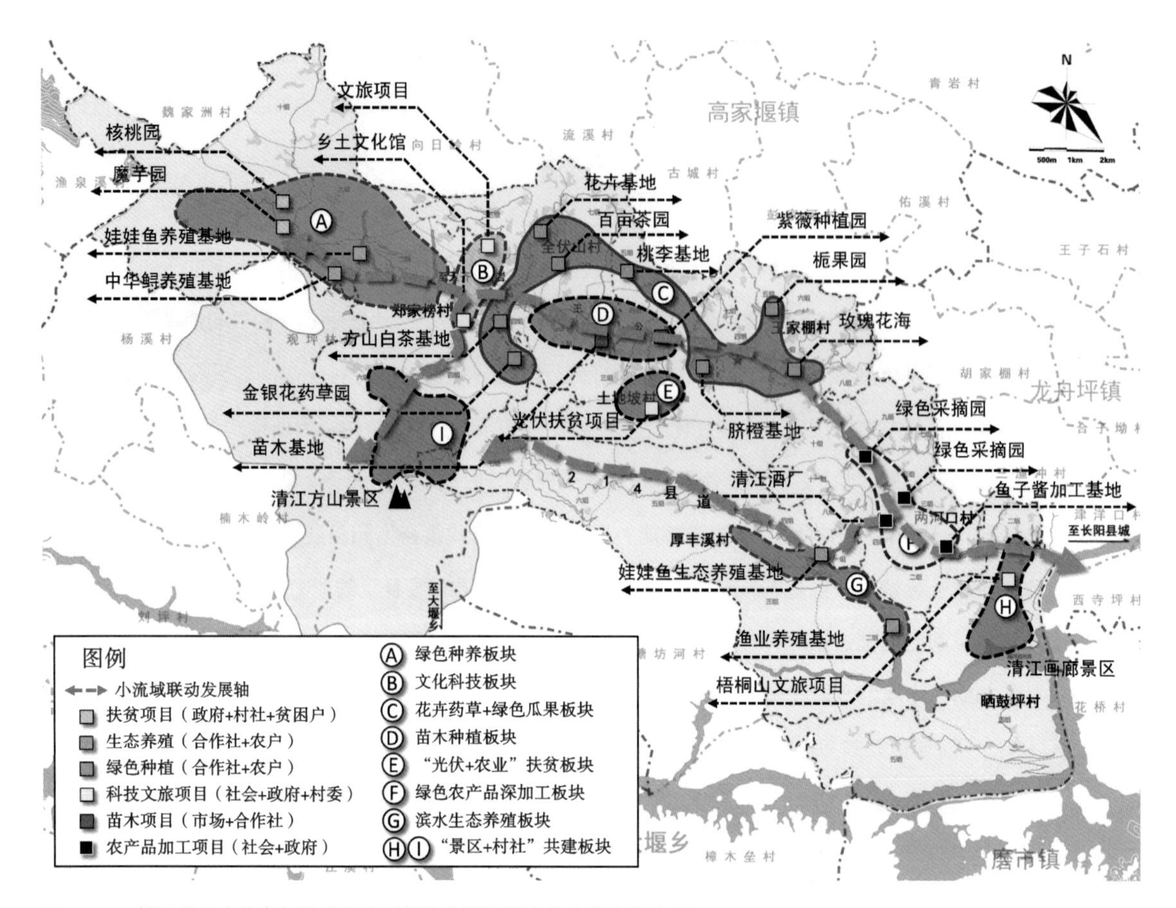

图 5-25　基于多元主体参与和多尺度重组地方资源要素的产业空间布局

（资料来源：作者自绘）

6　导向更高效的乡村治理

——基于乡村社会资本提升的茶村空间治理

- 支撑产业振兴的村落社会内生机制
- 乡村社会资本培育与乡村产业振兴
- 茶园村社会资本培育与茶产业发展
- 基于社会资本提升的茶村空间治理

6

武陵山区是长江中游地区的重要生态屏障，茶产业的发展是区域人居环境和生态文化变迁的重要体现，承载了多民族交往交流交融的过程。茶产业是应对民族山区人地关系特征和推进区域人居生态环境可持续性治理的“福利性”产业。本章基于国内外相关文献的研究与乡村的田野调查，总结了民族山区支撑乡村产业发展的社会内生机制，归纳出了乡村社会资本与乡村产业振兴的关系，提出了提升乡村社会资本是激发山区乡村产业发展内生动力的重要路径，阐述了提升社会资本对乡村产业振兴的促进机制。以典型民族村寨——五峰土家族自治县湾潭镇茶园村作为实证案例，通过对该村社会资本与特色产业的分析，结合大量实地调研资料，从产业发展整体环境、乡村社会资本的要素和问题、产业振兴的社会资本分析和产业发展社会资本运作机制四个维度，阐述了社会资本促进乡村产业发展的具体运作机制。最后，从密接、桥接、链接三个方面提出基于提升社会资本的茶村空间治理路径，构建基于提升社会资本角度的茶村空间治理框架。

村落是时间和空间上均符合农事特点的空间场域，能提供一种耗费人力最少和农作效率最高的空间单元[1]。从空间的意义上讲，村寨社会关系的转变也是个体农户的社会化转变，呈现了农户空间活动范围的扩张和行为逻辑的转变。个体农户空间的扩张包括交换空间的扩张、就业空间的扩张、生活空间的扩张以及意义空间的扩张。空间的扩展和延伸体现了个体农户的行为逻辑不再以宗族圈、祭祀圈、婚姻圈、农村市场圈为约束，而是走进区域社会，融入市场（邓大才，2009）。从提升乡村社会资本的角度分析茶村空间治理，是传统圈层结构体系下山区村寨内生发展动力的缺失及对市场网络力量的呼唤。同时，社会资本的运作逻辑也表征着山区茶产业发展下民族村寨人居空间与生态空间的矛盾和突破路径。本研究主要探究社会资本促进乡村产业振兴的运作机制，不仅有助于深化对乡村社会结构与运行逻辑的认识，也有利于指导乡村治理与规划建设更好地服务于乡村振兴战略。

6.1 支撑产业振兴的村落社会内生机制[2]

6.1.1 村落产业发展的生产生活支撑

（1）自给、半自给的生产模式。

山区乡村的生产模式不同于城市或发达地区的乡村，仍然具有自给、半自给的生产特征。相对于沿海或平原地区的乡村，中国山区的乡村受到山脉、山系等自然屏障影响，很多山区乡村都处于相对封闭的经济结构中，在生产、交换、分配等方面，都基本被封闭在乡村聚落环境内。不同于平原地区，山区乡村由

---

1 引自：复旦大学戴星翼教授2015年在同济大学建筑与城市规划学院成立乡村规划与建设学术委员会大会上的主旨报告《乡村人居环境治理的五个关键词》.

2 本章节基于团队研究成果（许璇，2020）“基于社会资本提升的山区民族乡村产业振兴策略研究”改写而成，该成果受中国博士后科学基金面上资助项目（2019M662628）资助.

于地缘性特点，其发展易受交通条件、土地边际性、市场边缘化等因素限制，因此自给、半自给的经济与生产模式成为其必然选择。

在传统的自然农业社会中，农业是农户的唯一生计来源，耕地是农户最重要的生产资料。农村居民点周围必须有一定数量的耕地，以维系农户生计。山区乡村的居住生产模式可以认为是这种传统自然农业社会模式的延续。除了选择外出打工的以外，在村庄内生活生产的村民仍然以农业为主要生计来源，收获农作物一部分作为自己的口粮，一部分用于出售作为经济来源。在这种生产模式下，多数村民与村外的区域的交互频率不高，半个月到一个月去一次集镇就可以满足日常生活的需求。

这种自给、半自给的生产模式体现在山区乡村的建筑空间布局中。以山区土家族吊脚楼的布局模式为例，吊脚楼一般依山就势而建，中间为堂屋，以中柱为界分为两部分，前面作火炕，后面作卧室；左右两边为绕间，为居住、做饭之用，部分吊脚楼会搭建附属的农具房；下层则设置为牲畜棚；建筑前方则为宅前菜园或种植茶树、花草，基本满足自家生活与农业生产的需求。山区乡村居住生产模式见图 6-1（a），山区乡村建筑与生产用地布局形式见图 6-1（b）。

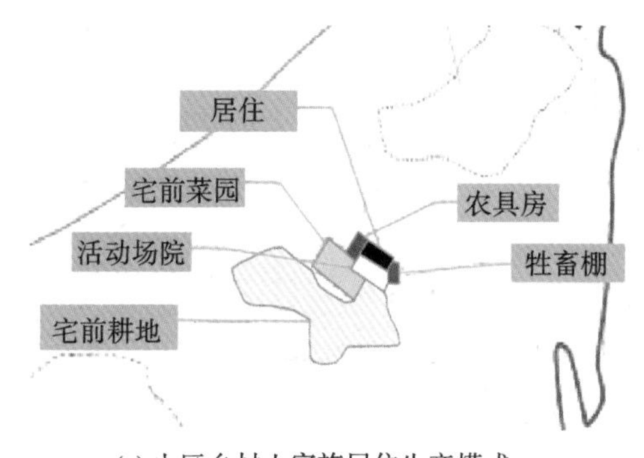

(a) 山区乡村土家族居住生产模式

(b) 山区乡村建筑与生产用地布局形式

图 6-1　五峰土家族自治县湾潭镇茶园村生产生活空间模式图

（资料来源：研究团队自绘，许璇）

（2）自然资源依托型的经济体制。

山区乡村的产业发展具有明显的资源依赖和地域限制特征，属于自然资源依托型的经济体制。山区乡村由于受耕地、道路交通、信息获取等要素的限制，其获取外部资源的能力有限，只能依托当地的自然资源发展。一方面，山区对于农产品的选择由于受耕地破碎和山地立体气候的影响，一般种植玉米、小麦、青稞、荞麦或各种山地蔬菜，在满足基本生活需要的同时出售部分农产品，这样的生产模式高度依赖自然资源。另一方面，山区乡村森林产品丰富、种类繁多，其自给率和商品率都较高，这类山区非农产品种植的经营方式也依托于山区自然资源。此外，近年来山区乡村依托环境资源和民俗文化形成的旅游经济，也是对山区自然资源的利用。当前山区乡村的产业经济体制基本建立在对自然资源的利用上。

山区乡村的自然资源依托型经济体制决定了其是以传统资源配置为主、人口增长带动初级资源扩张的发展模式。农业生产要素和经济要素的配置决定了山区乡村经济是一种特殊的生产方式和人地关系的反映，其特点是通过挖掘以土地为代表的自然资源和劳动力资源作为乡村生存和发展的基础，借助土地生产扩大农产品产出规模并扩张土地生产范围以养活更多人口。而土地面积的扩张导致了林地面积的减少，大量边际坡耕地乃至陡坡耕地成为新的开垦对象。由于山区垦殖指数较平原地区低，增大产量难以通过提高亩产而只有依靠增大耕地面积来实现。同时，山区乡村的人口相对城市而言更稳定，少数民族又有多生多育的习俗，因此人口增长较快。虽然近年来外出务工人员较多，但多数务工人员最终会选择回乡养老。为养活不断增加的人口就需要更多的耕地，而开垦新的荒地是唯一的途径。所以，山区乡村的耕地坡度越来越陡，产量却越来越低，而为了提高产量又必须继续扩大耕地面积。这也就带动了耕地面积的扩张，促进了乡村聚落向外拓展和延伸，体现出人口增长带动初级资源扩张的发展模式。

（3）弱稳定性的产业发展机制。

基于山区乡村自给、半自给的生产模式和自然资源依托型的经济体制，村民需要通过长期的农业经营维持日常生活需求，因此第一产业仍然是山区乡村的基础产业，但第一产业主导下的产业结构也促使山区乡村呈现出了产业发展稳定性较弱的特征。山区民族地区与山区非民族地区乡村产业结构对比如图 6-2 所示。

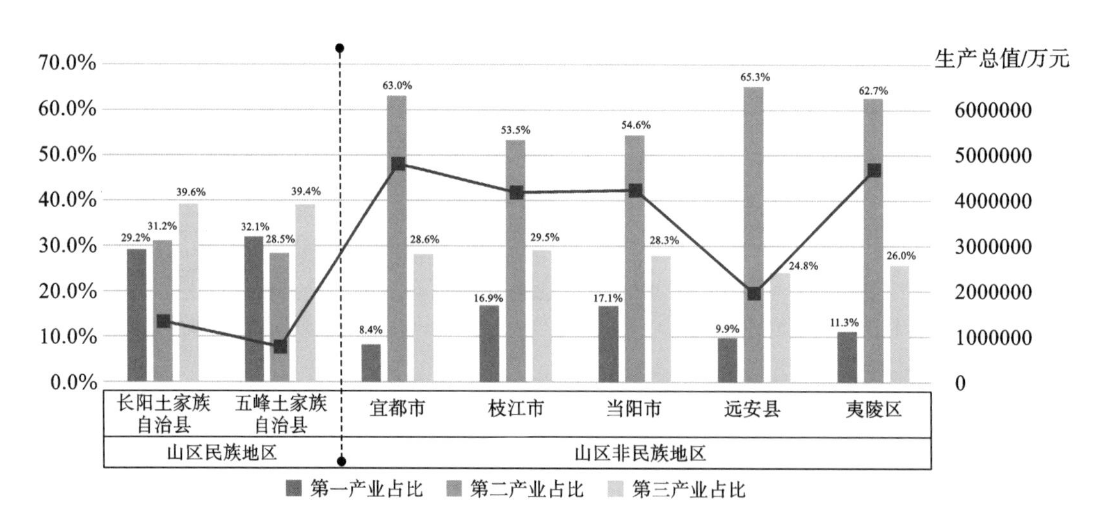

图 6-2 鄂西山区民族地区与非山区民族地区乡村产业结构对比
（资料来源：研究团队自绘，许璇）

以宜昌市长阳土家族自治县和五峰土家族自治县为例，这两个少数民族自治县是典型的武陵山区少数民族乡村聚集区域。长阳土家族自治县的第一、二、三产业占比是 29%、31%、40%，五峰土家族自治县的第一、二、三产业占比是 32%、29%、39%，两个少数民族自治县经济总量相对较低。同时，第一产业和第二产业占比均在 30% 左右。而另外 5 个山区非民族地区的第二产业占比皆超过 50%，最高的远安县达到 65.3%，最低的枝江市也有 54.6%，而第一产业占比均未超过 20%，当阳市为 17.1%，宜都市为 8.4%。由此可以看出山区民族地区存在第一产业占比过高，第二、三产业发展不均衡的产业结构特征。这样不均衡的产业结构就导致了山区乡村产业稳定性差、抗风险能力弱的情况。相比工业和服务业，农业存在先天的不稳定性，产品数量与品质不完全取决于人员、技术和投入资金，还与天气、环境变化等自然因素息息相关。2008—2014 年山区乡村第一产业增长情况如表 6-1 所示。

表 6-1 2008—2014 年山区乡村第一产业增长情况

	山区乡村						
	2008 年	2009 年	2010 年	2011 年	2012 年	2013 年	2014 年
第一产业增加值 / 亿元	7382	7870	8995	10409	11790	12833	13789
农业 / 亿元	3993	4291	5061	5783	6599	7323	8049
林业 / 亿元	693	739	788	894	1020	1132	1211
牧业 / 亿元	2269	2238	2427	2962	3287	3542	3738
渔业 / 亿元	410	435	502	550	648	729	791

（数据来源：根据《中国农村统计年鉴》整理）

从表 6-1 可以看出山区乡村的第一产业中农业产值占比最高，且增长最为迅速，农业可谓是山区乡村的支柱产业。2008—2014 年，中国山区乡村的第一产业增加值从 7382 亿元增长至 13789 亿元，增幅达 86.8%。其中农业增长最快，从 2008 年的 3993 亿元增长至 8049 亿元，增幅达 101.6%。但农业发展的迅猛态势却无法掩盖这样的产业构成与发展模式下的隐患。中国农产品供求关系曾出现重大变革，各类农产品在阶段性、结构性、区域性等方面都有供大于求的现象，导致农产品价格不够稳定。因此山区乡村的经济发展受到市场化的农产品价格波动影响，难以实现农产品的溢价销售，也无法带来稳定的经济增长。

此外，在这种农业为先的发展内涵的支配下，乡村除农业以外的其他产业发展也受到了很大限制。由于山区村民在内部聚落中生产生活，与外界的物质、信息交换频率较低，因此在很长的历史时期内，山区乡村第二产业和第三产业的发展空间有限，只有农产品种植或牲畜养殖因为生活需要尚有发展的可能性，但由于交通不便、产品运输困难，山区的农产品向外辐射的效应始终处于较低水平。

6.1.2 村落产业发展的社会组织现状

农业是乡村产业发展的底色，但由于农业的先天的产业劣势也会带来一系列问题。受限于山区的地理条件、市场化水平、政策传导程度等因素，山区乡村的产业发展问题可总结为四个方面——产业性缺陷、地缘性劣势、结构性困局和体制性障碍。

（1）产业性缺陷农业产业效益低。

农业生产受自然因素的影响、风险大且效益形成的周期较长，其生产要素的投入与经营时间的长期性导致农业生产效益远低于工业生产。同时，工业生产经过规模化和机械化革命，所形成的快速增长的生产力在农业生产上难以达到同样的效果，山区乡村由于其地缘特性难以形成规模化农业生产，加剧了农业生产效益低的困境。我国农业生产率与工业生产率对比如图 6-3 所示，农业技术扩散与生产率赶超的传导机制如图 6-4 所示。

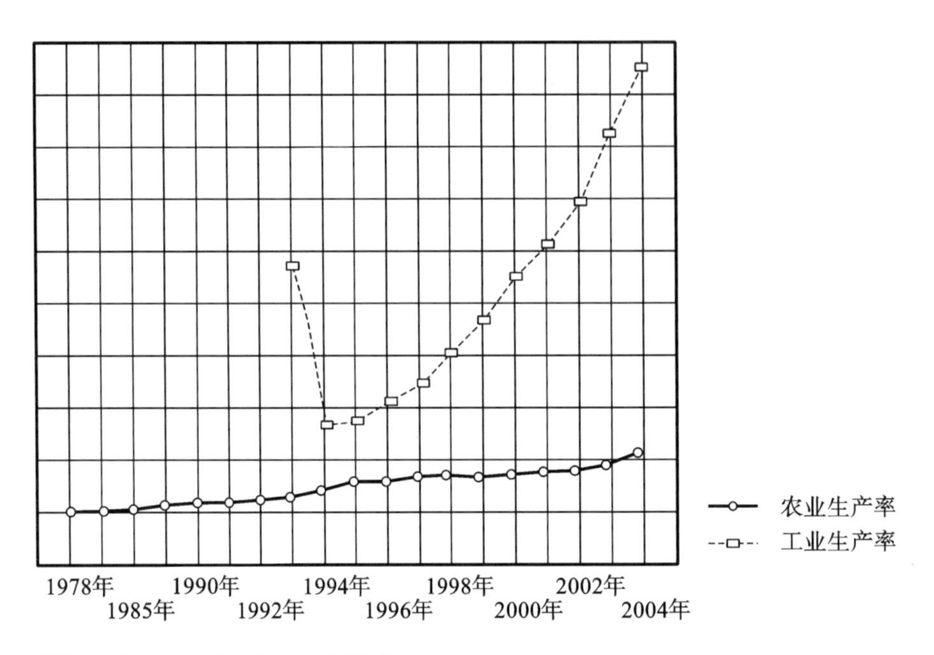

图 6-3　我国农业生产率与工业生产率对比
（资料来源：李金华 . 经济增长背景下中国产业生产效率的测度与分析——改革开放近 30 年中国经济增长的实证 [J]. 财贸经济 ,2007(09):3-8+128.）

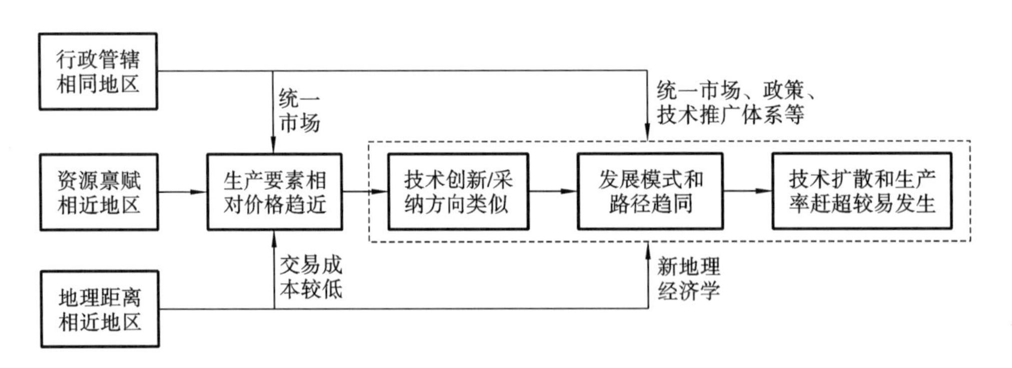

图 6-4　农业技术扩散与生产率赶超的传导机制
（资料来源：龚斌磊 . 中国农业技术扩散与生产率区域差距 [J]. 经济研究 ,2022,57(11):102-120.）

一方面，山区乡村交通可达性较低，农产品流通渠道不畅，导致运输成本上升、交易成本提高，促使农产品生产效益下降。由于山区经济社会发展水平与平原地区相比较低，山区基础设施及产业设施短缺、落后的状况制约了山区的招商引资及产业发展。山区乡村道路交通不便、断头路多，道路硬化水平低、坡度大，大型运输车辆难以进村。同时，乡村停车设施、能源设施、污水处理设施以及基本的环卫设施也较为缺乏，当前，加快基础设施及配套设施建设是山区乡村产业发展面临的最紧迫的问题。山区乡村与平原地区乡村交通条件对比见图 6-5。

(a) 平原地区乡村交通条件

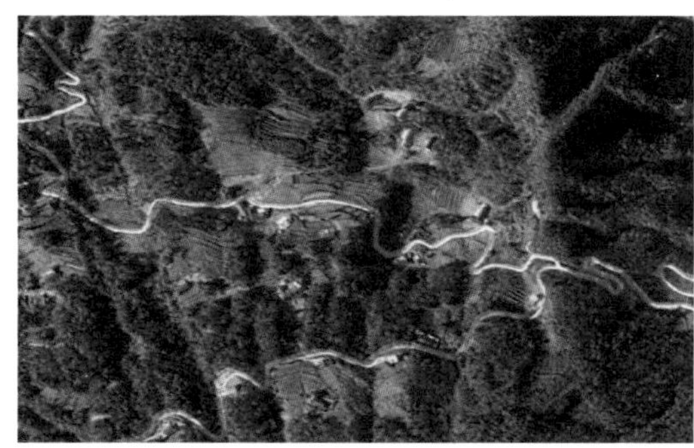
(b) 山区乡村交通条件

(c) 山区乡村道路损坏

(d) 村路狭窄、陡且未硬化

图 6-5　山区乡村与平原地区乡村交通条件对比

（资料来源：研究团队自摄 +google 截图）

由于山区乡村个体商户运输规模小且产品产量不稳定，区域市场发育不全，山区道路条件差，大型车辆难以到达村内进行货物收取，因此大宗农副产品从山区运至市场往往需要经过三个阶段：首先由山货散商靠人力或三轮车等工具从山区各农户家将产品运至村级集中点，然后经汽车统一运至集镇再通过物流商运至城市市场。这就导致大宗农副产品的出村销售渠道受到物理空间的限制，难以实现农产品的基本流通要求。五峰土家族自治县乡村产品交易过程如图 6-6 所示。

（2）地缘性劣势：资源要素匮乏。

一方面，人口劳动力结构不平衡。山区乡村从事农业生产的劳动力相对匮乏，存在劳动力总量低、素质低的问题。农村与城镇生活质量差距进一步拉大，特别是在教育、医疗等资源方面存在明显不均衡现象。很多青壮年劳动力长期不在农村，农村剩余人口中多以女性、老人、儿童为主，男性劳动力老龄化现象非常明显，而劳动力成本的持续增加，山区乡村从事农业生产的人口严重不足，使得抛荒问题时常发生。以五峰土家族自治县为例，乡村聚集区域外出从业人口比例达 35% ～ 40%，且外出务工人员的年龄以 21 ～ 49 岁的青壮年最多，青壮年占外出人口的比例超过 90%，留守村内的人口以老年人和儿童为主，村内从事农业生产的劳动力人口存在缺口。五峰土家族自治县外出从业人员统计如图 6-7 所示。

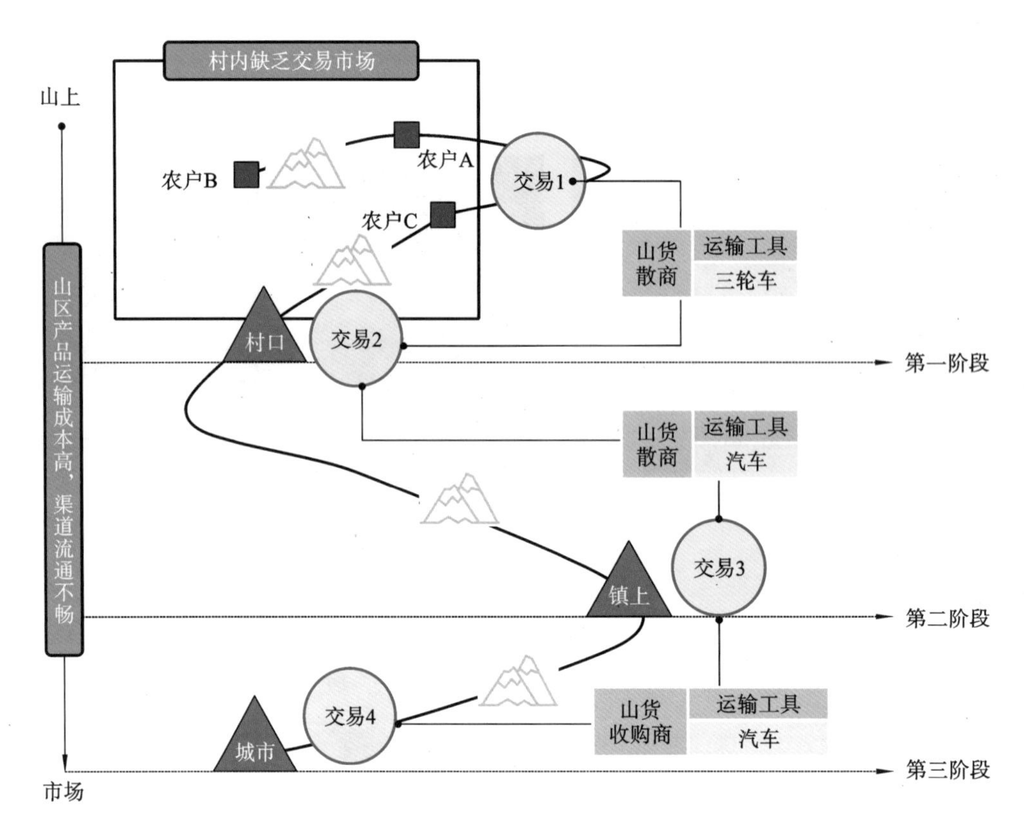

图 6-6 五峰土家族自治县乡村产品交易过程

（资料来源：研究团队自绘，许璇）

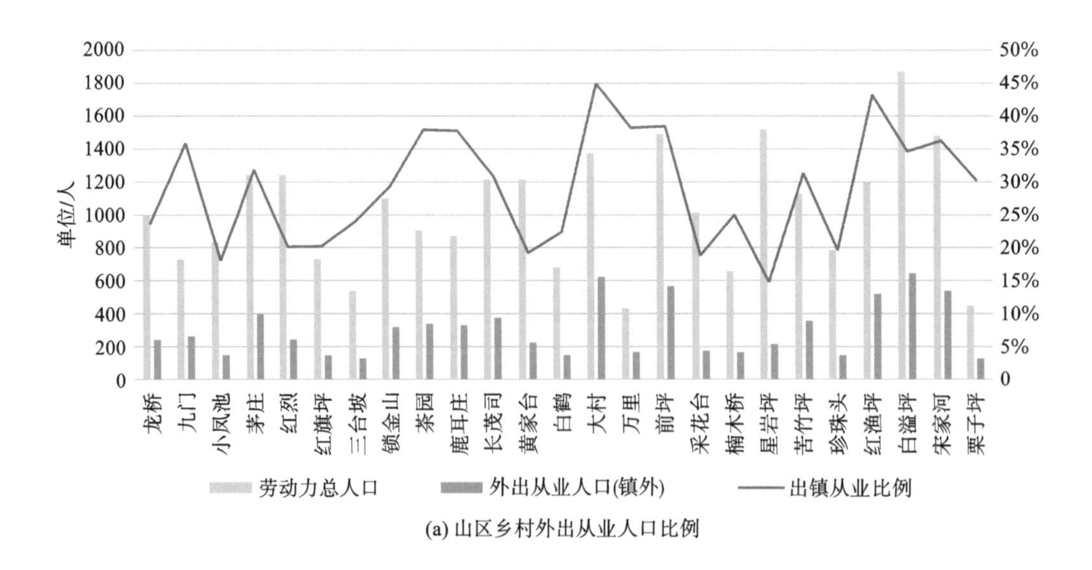

图 6-7 五峰土家族自治县外出从业人员统计

（资料来源：根据 2017 年五峰土家族自治县农业统计局数据绘制）

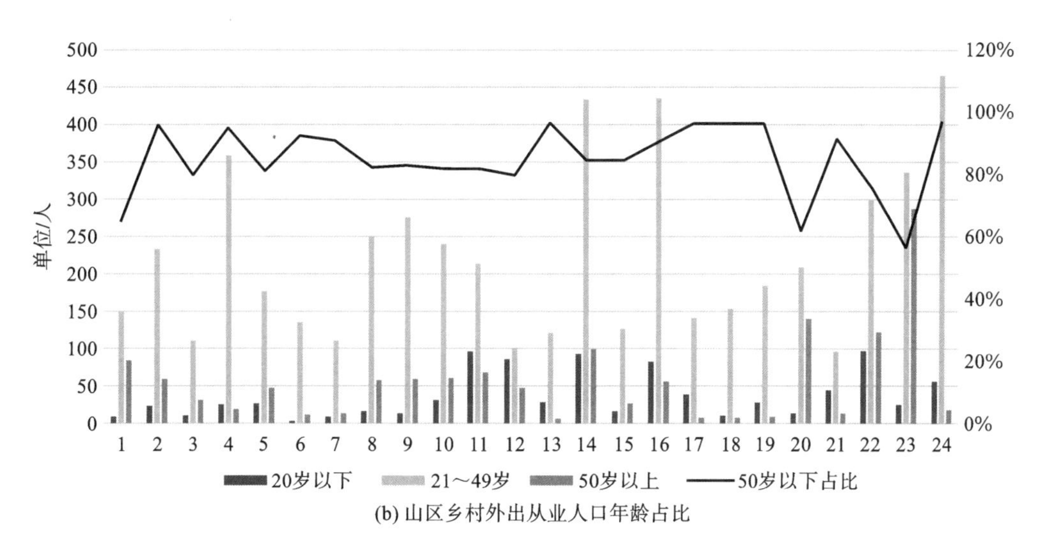

(b) 山区乡村外出从业人口年龄占比

续图 6-7

同时，留守村内的人以中老年人居多，他们对当前特色产业的认可度、先进生产工具与技术的应用能力和网络化销售方式的接受度相对较低。以五峰土家族自治县为例，该县长乐坪镇苏家河村、月山村留守农户中 50 岁以上中老年人占比达 68%，其中 60 岁以上的达 34%，且 86% 的留守人员为初中及以下学历，留守人员呈现年龄大、学历低的群体特征（图 6-8）。因此留守农户的农业经营技术与能力难以提高，进而影响了山区乡村农业的生产效率，加深了农业的产业性缺陷。

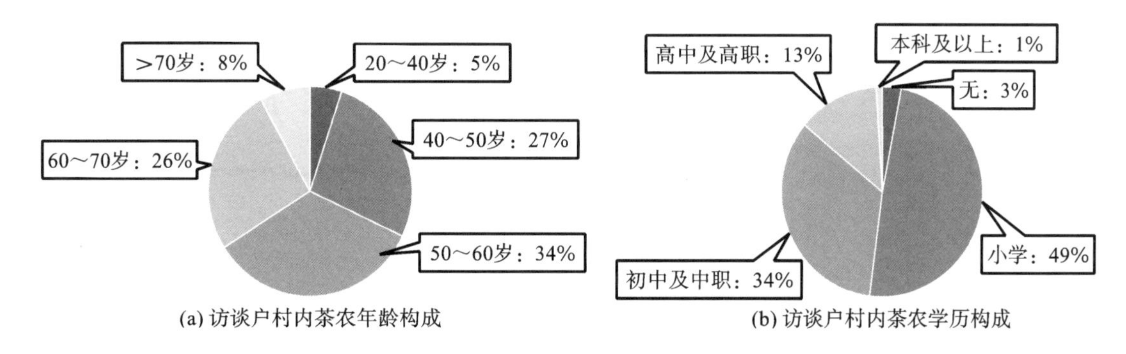

(a) 访谈户村内茶农年龄构成　(b) 访谈户村内茶农学历构成

图 6-8　五峰土家族自治县长乐坪镇苏家河村、月山村留守农户年龄、学历构成
（资料来源：研究团队自绘，许璇）

山区乡村（五峰土家族自治县苏家河村、月山村）访谈户 a1、a2 基本信息见表 6-2。

表 6-2 山区乡村（五峰土家族自治县苏家河村、月山村）访谈户 a1、a2 基本信息

<table>
<tr><td rowspan="5">访谈户 a1</td><td>地理</td><td>人口</td><td>生产生活</td></tr>
<tr><td>苏家河村 2 组</td><td>户主 91 岁（土家族）</td><td rowspan="3">房前菜园种植粮食
原耕地 2 亩（无法打理，抛荒）</td></tr>
<tr><td>海拔 1450</td><td>小学文化</td></tr>
<tr><td>高山山地</td><td>家庭 3 人</td></tr>
<tr><td colspan="3">访谈记录：年纪大了只能在门前种点平时吃的菜，没什么收入，儿子和儿媳在镇上工作，周末回来，平时就一个人在家</td></tr>
<tr><td rowspan="5">访谈户 a2</td><td>地理</td><td>人口</td><td>生产生活</td></tr>
<tr><td>月山村 2 组</td><td>户主 67 岁（土家族）</td><td rowspan="3">原耕地 2.1 亩（1.5 亩用来种植茶叶，其他种粮食），种茶年收入 3000 元</td></tr>
<tr><td>海拔 3450 米</td><td>小学文化</td></tr>
<tr><td>高山山地</td><td>家庭 4 人</td></tr>
<tr><td colspan="3">访谈记录：以前在外省打工，年纪大了回来在家种田，儿子和女儿都出去打工了，平时靠种点茶叶增加收入，因为没有技术，年纪大，收入少</td></tr>
</table>

另一方面，山区乡村土地承载力低，产业空间分散，土地环境容量小，土地资源禀赋较差。从传统农业社会发展来看，农民习惯性从土地获得生活生产资料，这也是农民极为重视土地资源的重要原因。农民首先通过开垦平原的肥沃土地维持生产生活，当平原地区耕地产出不足或受外部影响需要迁徙时，农民才会选择开垦生产率相对较低的丘陵、山区的土地。山区农业的出现与发展，可以归因于平原地区农民向山区迁移垦荒。假定土地的投入强度不变，但山区与平原的土地产出差异较大，因此，农民只能通过增加耕地面积的方式实现增产增收，导致山区林地逐渐被开垦为农田，而过度垦殖又进一步加剧了山区土地资源贫瘠的困境。五峰土家族自治县生产、生活、生态空间划分格局见图 6-9。

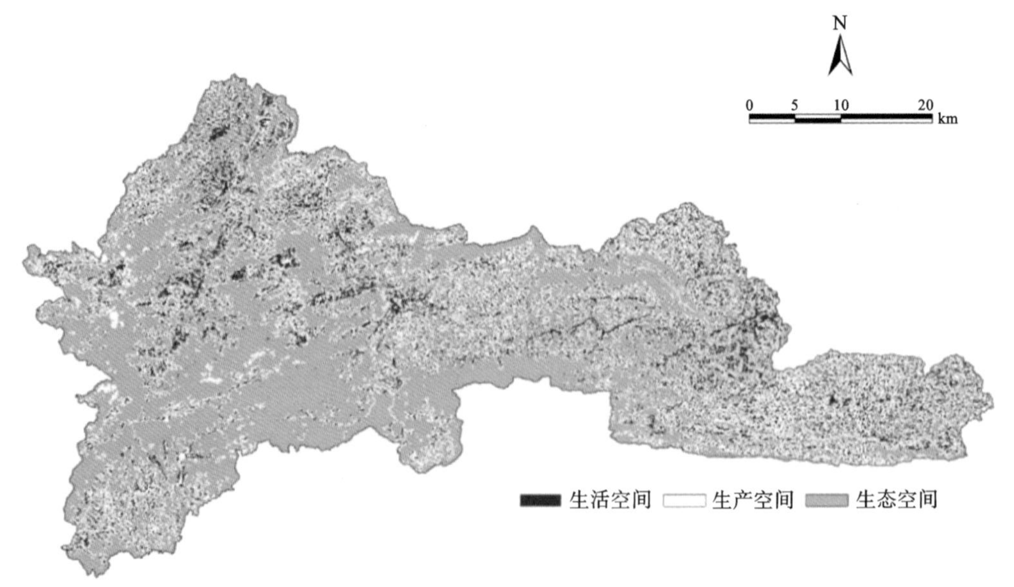

图 6-9 五峰土家族自治县生产、生活、生态空间划分格局

（资料来源：研究团队自绘，许璇）

五峰土家族自治县生产空间、生态空间、生活空间面积及比例见表 6-3。

表 6-3 五峰土家族自治县生产空间、生态空间、生活空间面积及比例 [1]

名称	合计 / 公顷	生产空间		生态空间		生活空间	
		面积 / 公顷	比例	面积 / 公顷	比例	面积 / 公顷	比例
五峰土家族自治县	236876.94	39986.8	16.88%	192672.39	81.34%	4217.75	1.78%
五峰镇	43914.27	6337.43	14.43%	36901.38	84.03%	675.46	1.54%
湾潭镇	33888.63	3749.87	11.07%	29869.56	88.14%	269.2	0.79%
长乐坪镇	37504.37	5199.99	13.87%	3184.41	84.91%	460.97	1.23%
渔洋关镇	35576.58	7790.8	21.90%	26713.83	75.52%	1071.95	3.01%
仁和坪镇	24341.8	6267.22	25.75%	17408.98	71.52%	665.6	2.73%
付家堰乡	13536.49	3032.46	22.40%	10117.96	74.75%	386.07	2.85%
采花乡	29997.77	5350.47	17.84%	24131.28	80.44%	516.02	1.72%
牛庄乡	18117.03	2258.56	12.47%	15685.99	86.58%	172.48	0.95%

此外，山区乡村的耕地以坡耕地为主，地块畸零狭小、耕作不便，导致产业空间布局分散，难以形成规模化生产。五峰土家族自治县地势西高东低，东部区域地势低且路网密度高，西部区域地势高且路网密度低。五峰土家族自治县东部为县城所在区域，区域内耕地分布较为集中，而中、西部区域则为乡村集中区域，耕地分布零碎，农业生产空间分散，较难发展规模化农业生产（图 6-10）。

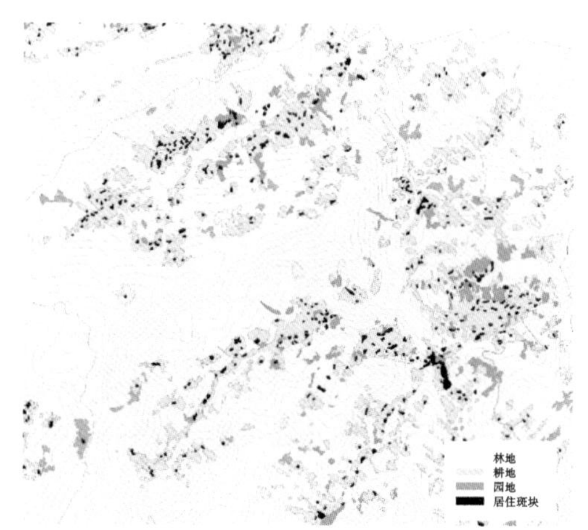

图 6-10 五峰土家族自治县湾潭镇茶园村生产空间示意图

（资料来源：研究团队自绘，许璇）

1 作者注：表中数据均依照团队成员获得的原始数据，未做修改。

五峰土家族自治县高程与交通网络布局关系如图 6-11 所示，乡村耕地与交通网络布局关系如图 6-12 所示。

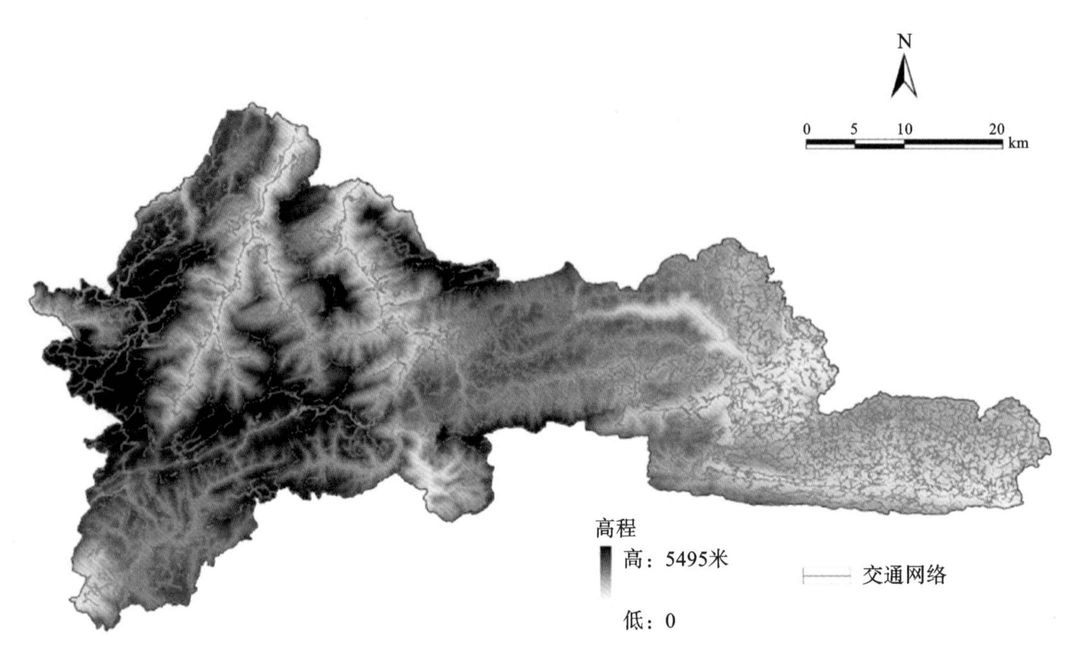

图 6-11　五峰土家族自治县高程与交通网络布局关系
（资料来源：研究团队自绘，许璇）

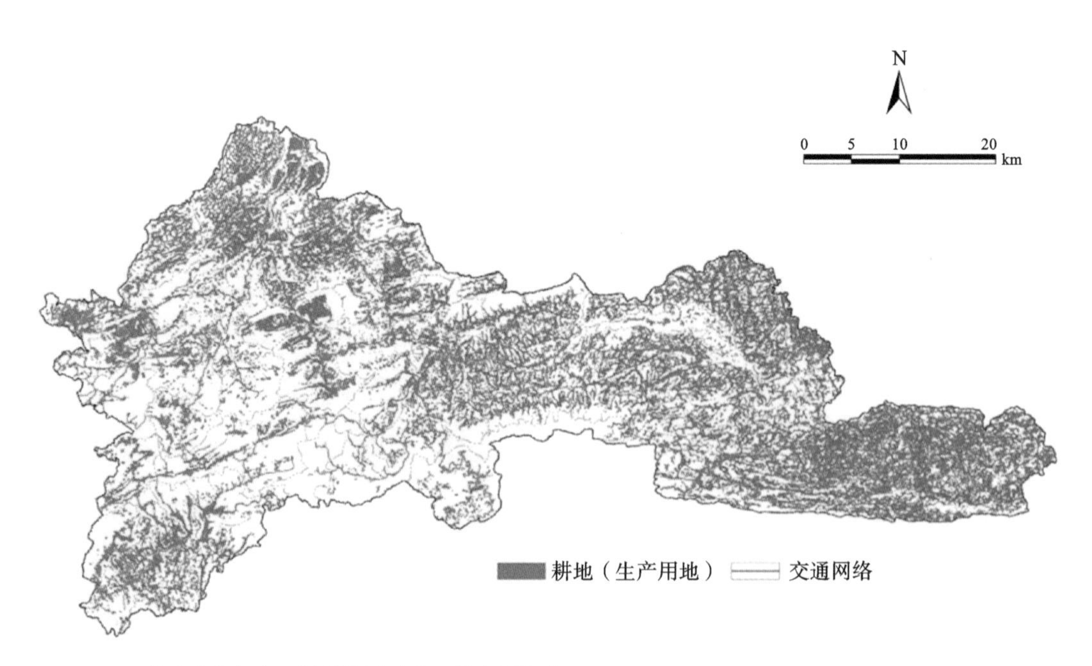

图 6-12　五峰土家族自治县乡村耕地与交通网络布局关系
（资料来源：研究团队自绘，许璇）

（3）结构性困局：农业产业结构固化。

山区乡村经济发展水平低，各区域经济发展极不均衡。我国山区乡村农民的人均收入水平与平原地区、丘陵地区也存在较大差距。

统计相关资料发现，2010 年，丘陵地区乡村与山区乡村的人均第一产值增加值的差值为 660.4 元，平原地区乡村与山区乡村的人均第一产业增加值的差值为 1000.37 元。2014 年，两者差值分别增加为 735.6 元和 1577.9 元，山区乡村的第一产业增加值与丘陵地区、平原地区的差距不断扩大。

在人均公共财政收入方面，丘陵地区乡村与山区乡村的差值从 2010 年的 257.66 元扩大到 2014 年的 586.84 元。平原地区农村与山区农村的差值从 2010 年的 543.47 元扩大到 2014 年的 965.48 元，差距不断拉大。

在人均粮食作物产量方面，丘陵地区乡村与山区乡村的差值从 2010 年的 202.24 千克 / 人减少为 2014 年的 155.01 千克 / 人，平原地区乡村与山区乡村的差值从 2010 年的 346.06 千克 / 人减少为 237.74 千克 / 人。

在人均经济作物总产量方面，丘陵地区乡村与山区乡村的差值从 2010 年的 82.3 千克 / 人增加为 2014 年的 83.09 千克 / 人，平原地区乡村与山区乡村的差值从 2010 年的－10.83 千克 / 人增加为 24.48 千克 / 人。这也从侧面印证了山区乡村在农业产值（特别是粮食和经济作物产量）方面增长迅速，农产品的种植在很长的一段时间内仍是山区乡村的主要经济来源。

2010 年与 2014 年我国山区乡村、丘陵乡村、平原乡村指标对比见表 6-4。

表 6-4 2010 年与 2014 年我国山区乡村、丘陵乡村、平原乡村指标对比

	2010 年			2014 年		
	丘陵乡村、山区乡村	平原乡村、丘陵乡村	平原乡村、山区乡村	丘陵乡村、山区乡村	平原乡村、丘陵乡村	平原乡村、山区乡村
人均农业机械总动力差 /（千瓦 / 人）	0.13	0.31	0.44	0.13	0.32	0.45
人均第一产业增加值差 /（元 / 人）	660.40	339.97	1000.37	735.60	272.17	1577.90
人均农业增加值差 /（元 / 人）	281.43	404.36	685.79	312.27	409.28	721.54
人均林业增加值差 /（元 / 人）	－110.27	－49.64	－159.91	－156.76	－90.93	－247.70
人均牧业增加值差 /（元 / 人）	240.35	－4.22	236.13	268.79	6.56	275.36

续表

	2010年			2014年		
	丘陵乡村、山区乡村	平原乡村、丘陵乡村	平原乡村、山区乡村	丘陵乡村、山区乡村	平原乡村、丘陵乡村	平原乡村、山区乡村
人均渔业增加值差/(元/人)	196.21	－31.75	178.85	311.64	－52.82	258.82
人均粮食作物总产量差/(千克/人)	202.24	143.83	346.06	155.01	82.73	237.74
人均经济作物总产量差/(千克/人)	82.30	－93.12	－10.83	83.09	－107.57	－24.48
人均公共财政收入差/(元/人)	257.66	285.81	543.47	586.84	378.64	965.48

山区乡村的农业结构性矛盾日益凸显，究其原因主要是产品质量低，专用品种少，初级产品多，产业链短，精加工产品少。同时，生产的区域化分工给山区乡村带来了更大的压力，由于产业结构调整的滞后性，农产品的供给与需求结构有明显的脱节问题，导致农产品销售难度大，对农民收入有负面影响。

（4）体制性障碍农业产业政策不健全。

①惠农政策传导效果差。

近年来，中央政府通过惠农政策支持农村经济发展，但政策背后的制度障碍现象愈发明显，对农村经济发展存在一定的制约。国家惠农政策密集出台，涉农投入稳步增加，而山区乡村与城市的差距仍在逐年扩大。作者认为新时期的“三农”问题不是因为投入不足，而是部分地区的涉农工作体制、机制存在短板，导致惠农政策传导效果差，主要体现在两个方面：一是惠农政策未发挥农民的主体作用，未能满足农民真实需求，政策传导不力的问题加剧了困境。农民缺位，政府越位，喧宾夺主，导致许多政策出力不讨好甚至好心办坏事。以农村合作社为例，在部分地区，政府下达政治任务，层层检查验收，可操作性不强，农民不买账，导致多数合作社成为“空壳社”。二是部分地区的惠农政策的行政管理体制僵化，涉农政策出台后，经过省、市、县、乡、村五级层层传导，政策变形走样。对于政策实施效果的反馈信息也很难传递到上层。这导致了信息单向流动，上传受阻，影响了惠农政策的落地效果。

②市场化机制不健全。

山区乡村资产资源盘活力度不够，在农村产权抵押担保、流转交易过程中，交易风险和社会纠纷较多。山区乡村的村民普遍认为农村宅基地等用地的土地使用权和特色传统建筑等固定资产较难转变为流动资金，而农村的金融体制无法满足农村地区经济发展需求，部分地区难以保证支农资金按期发放到位，村民无法扩大农业生产或从事旅游、民宿等新兴产业。受访对象对阻碍自身产业发展的原因认同占比如图 6-13 所示，访谈户 a3 的基本信息及宅基地位置如表 6-5、图 6-14 所示。

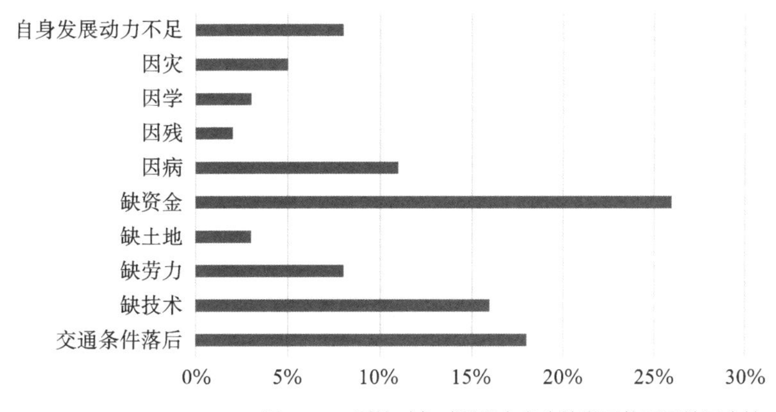

图 6-13 受访对象对阻碍自身生计发展的原因认同占比

（资料来源：研究团队自绘，许璇）

表 6-5 访谈户 a3 基本信息

地理	人口	人居	生产生活
茶园村 1 组	户主 43 岁（土家族）	传统吊脚楼	原耕地 1.9 亩（1 亩用来种植茶叶，其他种粮食），种茶年收入 2000 元
海拔 2030 米	高中文化	建房时间 1980 年	
高山山地	家庭 5 人	宅基地面积 145 平方米	

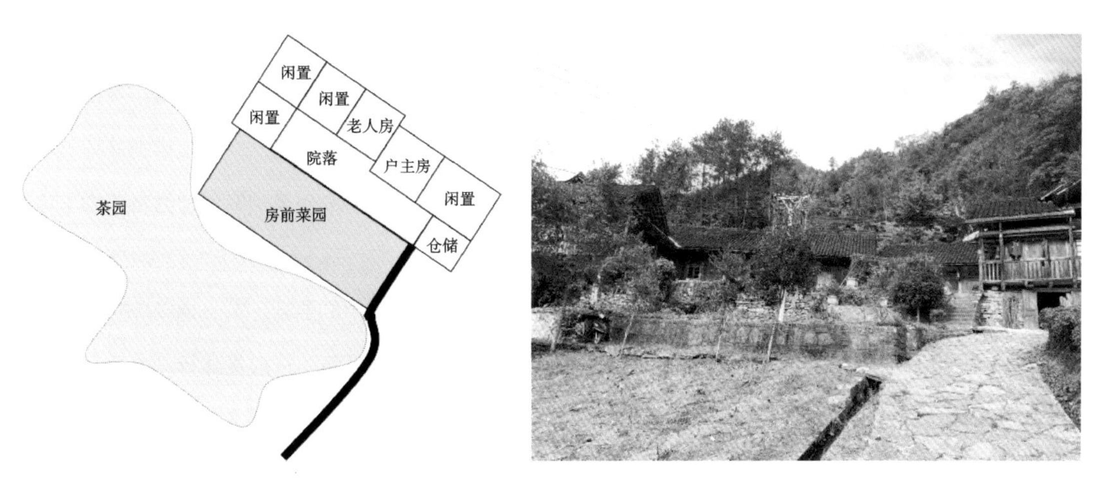

图 6-14 茶园村访谈户 a3 宅基地位置

（资料来源：研究团队自绘，许璇）

农户a3访谈记录:“我之前和老公一起在外省打工,后来儿子要上学就回来了。目前儿子已经上高中(在镇上寄宿),我就闲下来在家种田,种了点茶叶。但是家里老人年纪大了,我一个人种不了多少,收入微乎其微。但孩子以后上学开销会越来越大。起初是想把自家的地租给别人搞承包，自己再出去打工，但考虑到孩子还小需要人照看，以及这几年村里土地承包闹出不少纠纷，最后也就没这么干。最近看到村里推广搞旅游，有些亲戚和邻居开始搞农家乐收入不错，我家正好闲置了好多房间，也想腾出一些房间做民宿，搞农家乐，但是家里没有多余的钱来改造自家的吊脚楼，之前去村里也询问过如何申请农村贷款，但流程复杂一直没批下来。而我自己也不是建档立卡贫困户，无法享受到贫困户低息贷款的特殊优惠政策，因此资金一直没法到位，就把这件事一直搁置了。”

从农产品销售过程来看，山区乡村很少建立农民合作组织，全民社保制度未实现全面覆盖，农业新技术也缺乏有效的推广和激励机制。

6.1.3 村落产业发展的乡村治理内涵

（1）内生发展价值。

在贫困地区，实现乡村产业振兴和脱贫本质上是同一个问题，产业振兴也是乡村振兴的必然要求。由于山区乡村基础薄弱，外部资源要素难以进入，探索内生发展动力是促进山区乡村产业发展的必由之路。1975年，瑞典财团Dag Hammarskjuld在联合国召开的“关于世界未来发展”主题会议上做报告时，认为人类全面发展的时间已经到来。从这个视角来看，要实现个人真正解放，就要从社会内部探索推动点的方式来实现。这次会议上提出了“内生发展”这一新概念。在长期的发展过程中，内生发展理论聚焦区域发展不平衡的问题，学者用内生发展理论解释城乡之间发展不平衡的问题，提出在城乡统筹发展过程中，农村地区需要激发内生动力，实现乡村振兴。

“内生发展”与“外生发展”特征并不相同，二者间的转换是从“由上到下”向“由下到上”进行的。山区乡村产业的内生发展模式更注重地方性作用与社区个体和内部组织网络的作用，强调应该坚持地方在乡村发展中的角色和作用，同时通过增能赋权激发内部力量从而获取外部资源，形成内生带动外力的增长机制。内生发展的关键是重视地方力量，发挥内部关系网络对资源配置的作用，开发地方特色本土资源，激发地方活力，实现山区乡村振兴。

社会资本作为一种聚焦人与人之间的关系网络和凝结于关系网络中的要素，其长期以非正式制度的形式存在于社会运行的各个环节。社会资本在引导组织发展、凝结群体关系、形成集体行动方面具有天然的优势，可以理解为嵌入于社会关系中的社会资源的总和。而乡村产业发展的本质就是乡村资源配置的优化，因此社会资本的发展机制与山区乡村产业振兴的需求具有天然的契合性。

乡村社会资本从最本质的血缘宗族关系开始发展，依靠乡贤、民风民俗、村规民约等传统关系发展为现代化的社会信任、合作等非正式制度。社会资本对内部资源和关系的整合，将个体力量最大化，弥补了乡村先天不足的缺点，依托内生力量的发展与提升，进而寻求外部资源与力量的关注和投入。在资源先天不足的情况下首先应向内探求，优化发展环境，提升资源利用效率，协调内部组织关系，夯实基础，而后再向外拓展，做大资源的基本盘，寻求发展空间。社会资本这种由内向外、自下而上的发展机制，与山区乡村产业的内生发展需求是不谋而合的。山区乡村要实现产业发展，需要在拓宽资源本底、推广技术普及、提高组织管理水平、强化集聚效应等方面下功夫，而社会资本在这个过程中具有正向作用（图 6-15）。

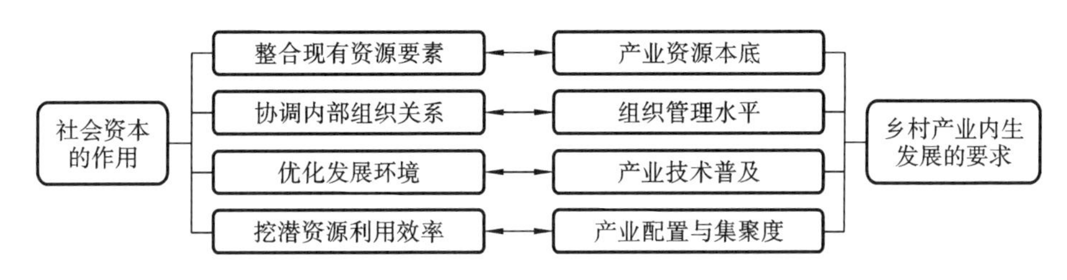

图 6-15 社会资本作用于乡村产业发展的内生机制和互动关系
（资料来源：研究团队自绘，许璇）

（2）可持续发展价值。

山区乡村产业振兴的基础是乡村的可持续发展，可持续发展关系到产业振兴的长远未来。对于山区乡村地区而言，技术落后是难以实现经济发展与生态保护相平衡的重要原因。传统粗放式的产业发展模式易导致自然资源的过度消耗，进而对资源的可持续利用构成威胁。因此，山区乡村的可持续发展问题需从两方面解决，一是确保可持续的发展资源，二是保障可持续的发展技术。这不仅需要山区乡村坚持绿色发展理念，保障自然资源的长效存续，也需要发挥可持续发展的内在激励机制，加强技术转移、环境优化等制度性调整，促进社会自发向可持续发展模式演进。

社会资本通过影响集体行为选择与经济体系内的信息分布和合作水平，加快可持续发展技术在区域内的流动与转移，进而促进山区乡村产业的可持续发展。一方面，社会资本可以强化个体与组织间的联系，通过群众组织、乡贤精英等重要节点影响网络内其他个体的行为选择，扩大产业技术转移与扩散的影响范围。另一方面，社会关系网络会影响区域经济系统的信息分布，社会资本对个体间的合作水平会产生作用，进而影响产业的集聚发展与技术流转。前者指的是社会资本影响信息流的数量及质量，与技术和知识的溢出程度具有强相关性；后者则强调社会资本影响经济个体行为的协调与一致化。这种对信息分布、合作程度、行为选择的重塑，与山区乡村产业的可持续发展内涵相契合（图 6-16）。

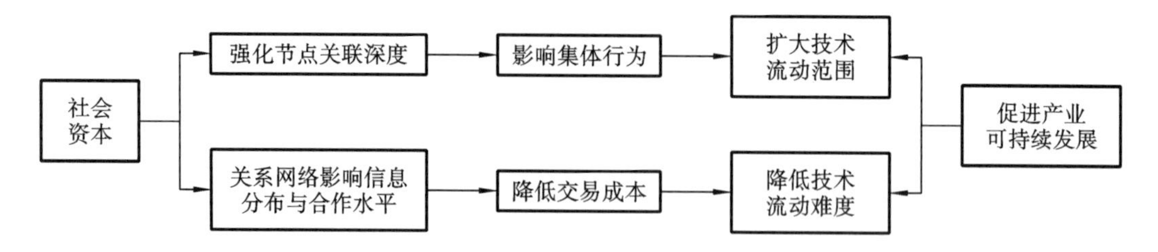

图 6-16　社会资本对乡村产业可持续发展的影响示意图
（资料来源：研究团队自绘，许璇）

6.2　乡村社会资本培育与乡村产业振兴

6.2.1　乡村社会资本培育的内生基础

（1）村落自然共同体下的宗族化资源。

从中国传统农村社会形态来说，以家庭单位为核心的小农经济模式长期存在于乡村中，依托农业生产聚居到一起的乡村居民，会在聚居过程中形成相对封闭且紧密的村落模式。在这个时期，山区乡村形成的是一种以血缘、亲缘、地缘为基础的自然共同体，这种传统关系纽带非常牢固，建立在原始社会资本基础上，也可以理解为宗族化社会资本。宗族化社会资本的构建基础是熟人社会体系中凝聚的高度信任和认同。长期封闭且稳定的生活状态，促进了村庄共同体内部产生了一定程度的同质性。在生活生产方式、社会关系结构和社会价值观方面，共同体内部存在着一套共有的、全民认可的利益协调机制和规范体系。这些原始的社会资本在相对封闭的社会体系内发挥着重要的作用，可利用宗族权威来分配社会资源，维护社会秩序。

山区乡村的宗族化社会资本的核心是宗族。宗族即是家族联合关系，就是在血缘关系基础上形成的家庭房派亲缘集团。著名人类学家林耀华认为，家庭属于最小组织单位，以家长负责制为主；若干家庭可集结为户，以户长为管理者；若干户形成支，由支长负责；若干支集聚又形成房，由房长来管理；若干房组成族，这就是族长诞生的过程。这是一种由下向上层层推进、有条不紊建立起来的宗族关系（图 6-17）。同宗同族集结后形成的宗族，其本质是一种家族关系的扩大，宗族的影响力较大，在部分地区甚至取代了村落行政组织。宗族化社会资本的主要特征体现在家族或宗族非正式制度结构影响村落社会稳定性的重要功能上，具体表现为村民对于宗族宗法关系十分重视，形成了较固定的组织，表现出很强的凝聚性、服从性。

这类宗族化社会资本在山区乡村广泛存在，主要有以下几个方面的原因。

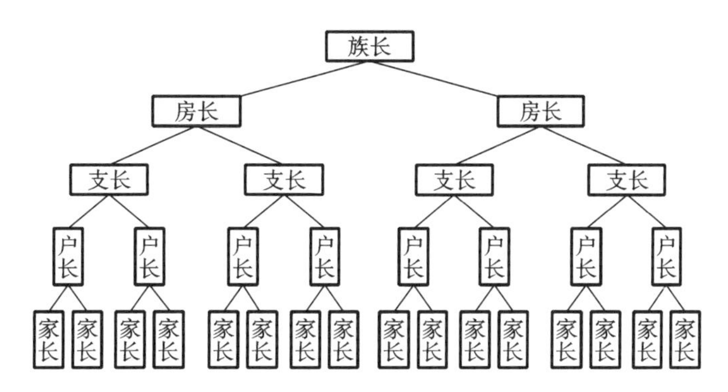

图 6-17 茶园村宗族组织结构示意图
（资料来源：研究团队自绘，许璇）

①山区村落相对封闭，山脊山丘形成的物理障碍是文化扩散的天然屏障。山区乡村内的生产、生活和各类民俗文化活动都会被限制在一定的场域空间内，村民的生活更依赖宗族所凝聚的认同感。

②山区的自然环境较为复杂，在传统的农业社会，村民对于各类自然现象的科学认知不足，在自然灾害面前，村民需要依赖集体的力量寻求互助，也会逐渐诞生出具有地域特色的宗教思想。

③山地的耕地情况差，坡耕地占比高，土地承载力较低，同时山区的生产技术水平较为落后，且难以运用规模化的生产工具，农业生产需要宗族关系形成的稳定的合作，在农产品产量不稳定的时期，可以借助宗族力量协调资源配置，稳定社会秩序。

④山区人口密度低、流动性小，在长期发展中村庄共同体逐渐形成，这是一种依靠亲缘、地缘、血缘关系维系的聚居形式，社会结构较为稳定。

⑤山区乡村的民族文化和社会运行规则具有一定的独立性和封闭性，而村民在长期生活中形成的经验会固化这种生存模式，对村庄社会的规则和文化表现出较强的认同（图 6-18 ～图 6-21）。

（2）乡村政治共同体下的行政化资源。

随着国家行政体系的变化和乡村社会意识形态体系的完善，山区乡村传统自然共同体下的宗族化社会资本也受到相应的影响，继而向行政化方向变迁。在这个时期，宗族体制、宗族组织不再能形成广泛的社会认同。为了长期的社会安定与民族团结，国家重视乡村的社会稳定，通过行政手段促使乡村社会基层和

图 6-18 茶园村山脊山丘
（资料来源：研究团队自绘，许璇）

图 6-19 茶园村聚族而居的空间现状
（资料来源：研究团队自绘，许璇）

图 6-20 茶园村祭拜的树神
（资料来源：研究团队自绘，许璇）

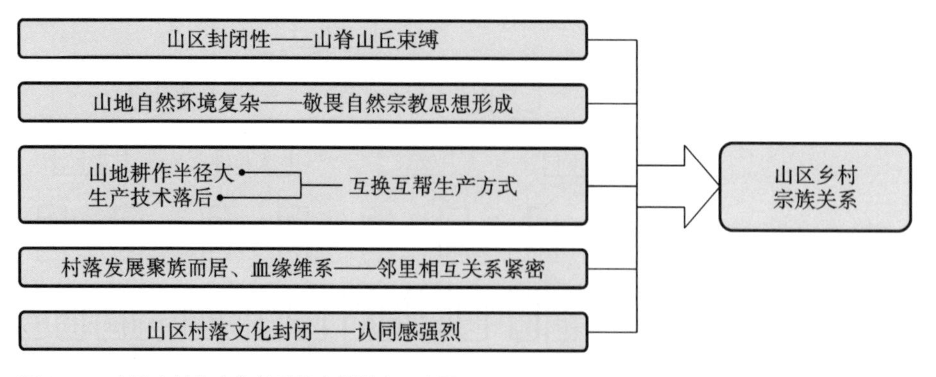

图 6-21 山区乡村的宗族关系稳定性影响示意图
（资料来源：研究团队自绘，许璇）

谐发展。在国家政治制度的影响下，山区乡村进入了乡村政治共同体时期。借助于乡村基层自治制度，通过村委会的形式，山区乡村逐渐形成了以行政关系为纽带的行政化社会资本（图 6-22）。

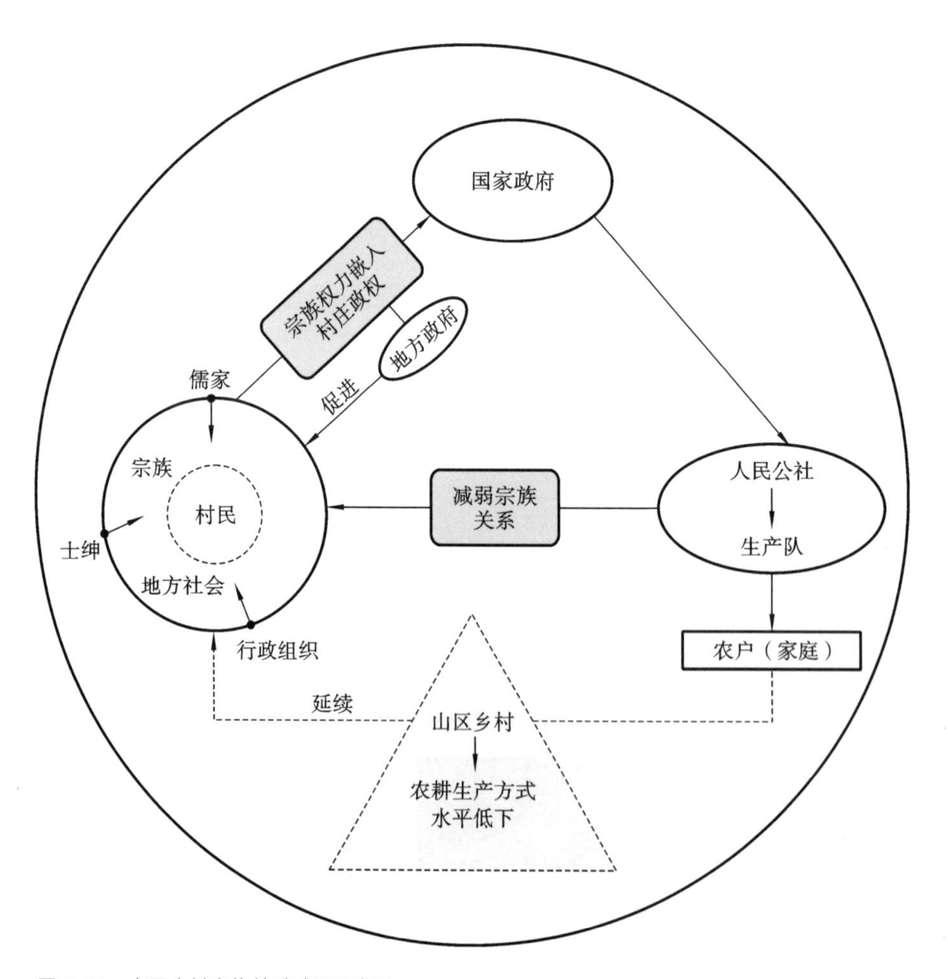

图 6-22 山区乡村宗族关系减弱示意图
（资料来源：根据文献（乔杰，洪亮平，2017）改绘）

在这样的乡村政治共同体中，行政化社会资本既是一定时期“中央—边陲”关系的象征，也是传统农村社会向现代社会过渡的必然产物。山区乡村政治共同体下的行政化社会资本主要呈现以下两个特点。

①宗族关系减弱，行政体制强化。在人民公社时期，长期稳定的政策干预强化了内部成员间的关系与密切程度，但公社以外的各个社会阶层，特别是城市与乡村之间的隔阂仍然存在。同时，公共空间由以前的宗族祠堂等民间场所转变为公社，非正式制度文化逐渐淡化，原有的行政组织、宗族、宗教等带有少数民族地方特色的制度关系逐渐减弱，而行政体制逐渐强化。

②宗族关系未完全瓦解，它以新的形式在行政化社会资本中存续。在实行家庭联产承包责任制后，以家庭为单位的劳作方式和山区农业生产力低下的特点决定了山区乡村需要依靠家族力量维系农业生产（图6-23、表6-6）。

图 6-23　访谈户 a4 基本信息与宅基地情况
（资料来源：研究团队自绘，许璇）

表 6-6　访谈户基本信息

地理	人口	人居	生产生活
栗子坪村 2 组	户主 79 岁（土家族）	传统吊脚楼	原耕地 1.8 亩（1 亩用来种植茶叶，其他种粮食）
海拔 2030 米	家庭 4 人	建房时间 1980 年	
高山山地	儿子，女儿，女婿	宅基地面积 105 平方米	

农户 a4 访谈记录：“山路上住的那户人家是我堂兄，我们现在来往很少了，除了红白喜事，过年过节一些大事，平时都各忙各的。记得小时候叔叔、伯伯、堂兄、堂妹等大家没事就会聚在一起，村里也经常有文娱活动，后来村里组织生产队后大家各自都有分配的任务，逐渐忙起来，就不会经常聚了。我当时跟着村里大队去修公路了，后来村里又给每家都分了田地，我现在每天都要忙着自家田地，堂兄除了种田还

在做木工，平时大家都见不到面，来往自然也少了。村里现在的村书记和几个村委的人都是陈家人，咱村上他们家是大姓，还有二组的林家也是，现在村里的几个厂子都是林家人在管，上任村主任也是林家的，他们在村里可厉害着呢。”

在这个发展阶段，山区乡村从宗族化社会资本进化到基于国家行政体制权力的行政化社会资本，而其内核仍保留了一部分宗族化社会资本的本质，这在一定意义上也体现了社会资本变迁与发展的方向和趋势。

（3）乡村利益共同体下的市场化资源。

改革开放后，在市场化、城镇化、现代化浪潮的冲击下，山区乡村社会资本逐渐向市场化方向转型。在市场化的影响下，以经济理性为特点的市场化机制逐渐打破了传统农业型的乡村社会结构，宗族认同、意识形态都不再是村庄凝聚和运行的准则，利益成了乡村社会新的价值规范。与早期的政治共同体时期的行政化社会资本有所不同，市场化社会资本并不受限于国家行政意志，是基于利益趋同的前提的新型社会资本（图 6-24）。

如今，山区乡村利益共同体下的市场化社会资本已经初步形成。一方面，当前的市场化社会资本较之前的行政化社会资本有所提升与发展。市场化影响下，部分乡贤精英掌握了村庄的话语权，外界力量介入

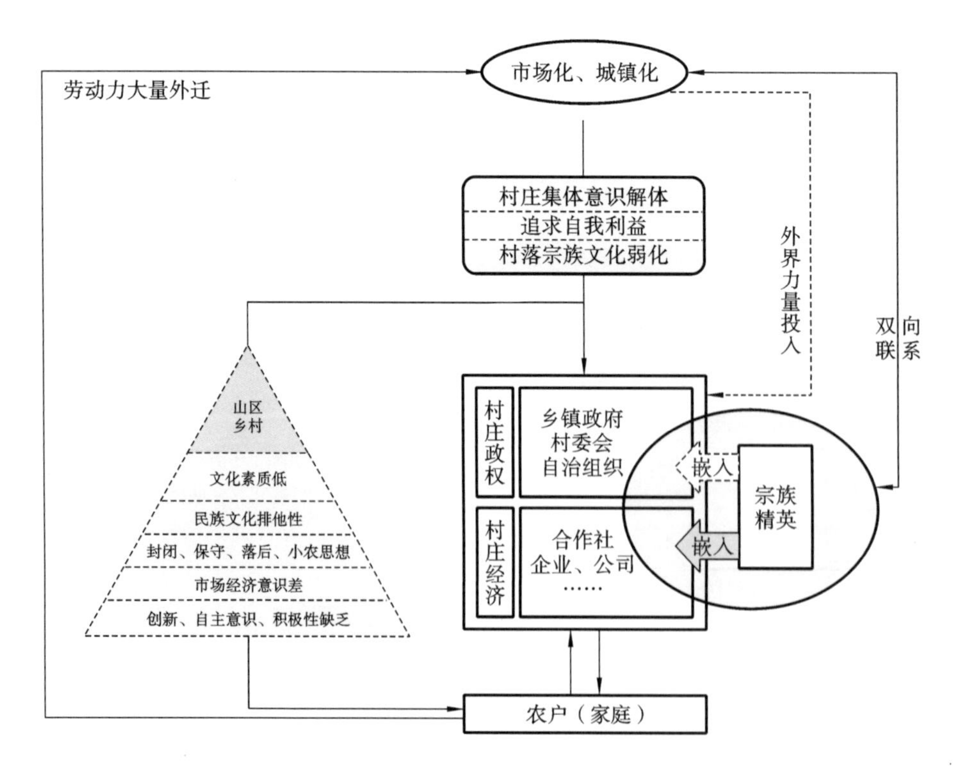

图 6-24 山区乡村社会资本的市场化转型

（资料来源：研究团队自绘，许璇）

乡村发展的过程中也冲击了宗族特征明显的行政化社会资本力量，推动了基层乡村管理水平的提升，优化了村庄发展环境。而村民自治意识的提升也促进了各类自治组织的兴起。同时，合作社、公司等经济组织加入村庄的建设发展中，合作与共赢理念下的协同发展机制在乡村悄然出现。另一方面，市场化社会资本也存在着很多问题，原有的乡村社会基础在市场化冲击下被打破，“熟人社会”逐步走向解体，“以耕为生”的观念也渐渐淡化，更多的村民选择外出务工，导致了山区乡村劳动力的大量外迁，这虽然在一定程度上加强了乡村与外界的信息交互，却也导致了乡村空心化、留守儿童教育等现实问题。

与行政化社会资本和宗族化社会资本相比，新时期山区乡村利益共同体下的市场化社会资本有明显的变迁与提升，其构成更多元，联系更密切。山区乡村的社会资本从最初的固化于血缘、宗族关系，到凝结于国家行政权力体系，再逐渐演变为市场利益主导下的多元社会关系网络。其从单一到多元，从固化到开放，不断地发展与提升，虽然由于市场天然逐利的特性，当前的市场化社会资本仍存在着一些问题，但作者认为山区乡村社会资本提升的方向和趋势是正向的，相应的问题可在社会资本继续发展的过程中得到解决。

6.2.2 山区乡村社会资本培育的现实困境

山区乡村的社会网络是一种特殊的社会组织形式，在社会发展过程中面临着消解的问题。村民组成了不同的乡村共同体，个体间的相互联系形成了社会网络，其中凝聚的信任与合作是社会发展的基础与动力。山区乡村社会网络运行的逻辑受到政府和宗族两套权力体系的渗透与影响，村民作为网络中的节点受到两种权力体系的支配，形成了以小农经济为特征、自给自足的封闭式运行模式。一方面，宗族关系从血缘层面强化了各节点的合作与信任；另一方面，中央从宏观的行政管理层面引导和控制了各个乡村子系统的独立与协同。但是，伴随着经济发展所带来的市场化冲击，乡村社会网络面临了新的挑战，宗族联系逐渐减弱，基于宗族关系的社会信任也受到了影响，乡村社会网络和信任体系逐步消解。

（1）乡村社会网络的消解。

新中国成立以来，中国社会的变革与经济的发展都对乡村社会产生了很大的影响，家庭联产承包责任制、户籍制度改革等一系列政策措施对农村社会结构产生了冲击。改革开放后，社会主义市场化经济体制的确立更是让市场化、城镇化的理念在广大农村普及，原有的宗族关系很快被瓦解，族长的权威性逐渐衰退。山区乡村虽然地处偏远，宗族体制仍有一定的生存空间，但也难以避免地受到了社会变革和市场化体制的辐射影响。山区乡村农民的跨区域流动与市场化冲击，加速了农村社会结构的解体和分化，进而导致了乡村社会网络的消解，主要体现为农民的“原子化”状态（图 6-25）。

人民公社体制解体与变革后，乡村社会逐渐走向市场化，山区乡村的农民个性化发展加快，异质性程度增加，受个体的差异化影响，原有的乡村“圈层式”体系不复存在，农民显示出了“原子化”特征。在“圈层式”体系中，外层各节点以中心节点为核心，形成有组织、有秩序的结构，核心节点一般为宗

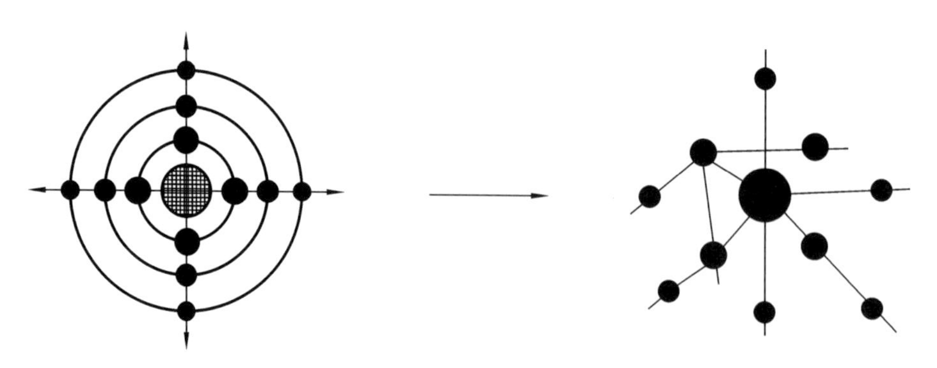

图 6-25 乡村共同体由“圈层式”向“原子化”转变示意图
（资料来源：根据文献（乔杰，洪亮平，2017）改绘）

族内的族老，依靠血缘联系和宗族制度维系群体的稳定。而在市场化冲击下宗族体制渐渐衰弱，作为核心节点的族老失去了“向心作用”后，农民就呈现出无秩序、无组织的“原子化”特征。此外，随着农村的经济、政治和文化精英不断流出村庄，经过社会化熏陶，接受了市场化理念洗礼的新型“乡村精英”返回乡村后，村级“两委”的权威也随之受到挑战，原有的乡村共同体开始瓦解。表 6-7 为访谈户 a5 的基本信息。

表 6-7 访谈户 a5 基本信息

地理	人口	人居	生产生活
栗子坪村 3 组	户主 42 岁（土家族）	传统吊脚楼	原耕地 1.7 亩（0.9 亩用来种植茶叶，其他种粮食），种茶年收入 1500 元
海拔 2450 米	高中文化	建房时间 1980 年	
高山山地	家庭 4 人	宅基地面积 145 平方米	

农户 a5 访谈记录：“我从小家里穷，又是个女的，念书的时候也要干农活，家里还有哥哥和弟弟，所以念完小学就不念了。光靠种地收入太少，我家男人就去广东打工，每年就回来一次，已经 3 年了。我要在家带娃，就平时到镇上做做零活，在家种种地照看孩子，打算等孩子大几岁我也出去打工，多赚一份钱。前两年家里种了一些茶叶，但平时主要靠老人打理，去年收成又不太好，市场行情波动大，收货的价格低了好多。去年合作社组织村里人种新品种茶叶，我家因为地不多，只有 2 亩田，想着种新的品种又要花不少钱，新品种又不一定有销路，所以就没响应。”

“原子化”的松散关系导致山区乡村资源被严重浪费，交易成本剧增，村民之间缺乏合作与沟通。山区乡村受限于地缘条件，信息的不对称和难以形成规模，经济难以发展。农民在这样的竞争中获取市场信息的渠道不足，又受到知识、技能不足的影响，在交易过程中往往无法选择最优的处置方式，较难维护自身利益。在“原子化”状态下的农民，作为单独的个体在市场中力量分散、消息闭塞，不能形成有效的合作，势必会导致抗风险能力弱，无法把握市场方向。最终，无效竞争和信息的不对称让本就处于弱势的农民无法获得应有的利益，进一步加剧了社会网络的消解。

（2）乡村信任体系的消解。

山区乡村的“原子化”不仅加剧了村庄内部的分化，同时也促进了利益至上的经济理性在农村地区的普及，促使原本熟人社会的人情开始趋于理性化，进而导致乡村信任体系逐渐消解。在日常的交往中，经济理性成为村民行为的主导逻辑，村民对权益得失的关注度更高。如贺雪峰认为，中国农村主要问题不在于理性农民欠缺算计能力，其实，正是因为这些农民过于计较个人经济利益，对合作组织信任度很低，导致村民间的相互信任关系难以维系，甚至对人际关系、公共事务都呈现冷漠状态，以村庄共同体来说，这种集体意识的降低，造成村民行为受到道德舆论的约束力逐渐减弱。乡村信任体系的消解主要体现在两方面，一方面，村民间的信任感逐渐降低，由于现代化的生活习惯以及外出务工人口的增多，村民间的交流减少，村民的贫富差距增大，加大了村民间的隔阂，表 6-8 为访谈户 a6 的基本信息。

表 6-8 访谈户 a6 基本信息

地理	人口	人居	生产生活
栗子坪村 3 组	户主 44 岁（土家族）	传统吊脚楼	原耕地 1.8 亩（0.9 亩用来种植茶叶，其他种粮食），种茶年收入 2000 元
海拔 2450 米	高中文化	建房时间 1980 年	
高山山地	家庭 5 人	宅基地面积 125 平方米	

农户 a6 访谈记录：“现在和以前不一样了，以前乡里乡亲的联系多，家家户户过节都串门，不管是红事白事，都要摆三天流水席，热闹得很。现在村里青壮年都出去打工了，留在村里的又都是老人，腿脚本来就不方便，人情来往也比过去少了。以前大家都穷，反而你帮我、我帮你。现在一部分人靠着打工逐渐做起了汽配生意，赚了钱回到村里盖起了 4 层砖房，还接了老人出去。做生意富起来了，回村后心态也变了。我家侄子就是，前两年去外地打工搬去了武汉，听说在武汉买了大房子，现在人家和我们这些穷亲戚的来往变少了，基本没什么走动了。”

另一方面，部分地区村组织及村干部与村民的关系缺失非常明显，村民对其信任度不高。《中华人民共和国村民委员会组织法》规定村干部必须由村民民主选举产生，对村庄公共事务的治理与服务，要由村民依法来进行选择。但是，一些地区的村干部很难真正做好村庄治理。与一般公务员不同，村干部属于村民选举出的岗位人员，很多村级政务的处理只能起到协助作用。村干部作为乡村社会的体制内精英，在乡村治理中既是乡镇的代理人，又是村民的当家人，导致村干部较难在角色转换中保持良好的张力。

同时，在部分地区，由于村干部在村内的人脉关系往往根深蒂固，乡村的媒体监督机制又不完善，村民了解政策信息的渠道较闭塞，基层政府对村干部监管不够严格，村民的当家人有可能会演变成掌握权柄的当权者。村干部在对政策理解和传达上有着很大的自主权，在乡村土地流转、设施改造、项目进村甚至扶贫工作中，由于信息的不对称性和监管的缺位，村干部往往具有较大的政策操作空间。当体制内的报酬无法达到其预期，而权力监管又不足的情况下，就容易滋生腐败。在某些地区的乡村管理与建设中，经常出现由村干部牵头对项目资金进行占取与套用的情况，部分村庄项目都存在以“包装”来骗取项目经费的现象。乡村腐败主要就表现在资金滥用、占用现象。乡村腐败问题会对项目资源造成明显的损失，甚至会消解村民对基层政府和村干部的信任。就极个别地区村庄自身的状况而言，村干部对项目资金挪用的行为，会导致无法真正推进村庄基础建设及经济发展。资金被抽调后，项目不能落到实处，项目承载的支农、惠农意图就难以合理实现，甚至导致村庄发展资金链断裂，反而要全体村民共同承担这种债务。在这些地区，当村民屡次陷入政府管理者的不作为导致的经济损失后，对政策信任就会消解。

（3）山区乡村公共精神的衰退。

山区乡村公共精神的衰退主要体现在村民对于公共活动与事务的参与意愿不强，公共意识水平较低。在传统乡村社会中，由于乡村生活的物质资料相对匮乏，传统乡村活动作为精神替代品反而较为丰富，特别是少数民族地区传承下来的文化活动较多。表 6-9 为五峰土家族自治县山区乡村公共活动的统计结果。

表 6-9　五峰土家族自治县山区乡村公共活动统计

	形式	组织形式	功能状态	内容	调研地区
正规性	集体化的社会共同体运作	自上而下	解体	人民公社解体，实施家庭联产承包责任制后村民呈“原子化”	湖北省五峰土家族自治县
	行政性集会	自上而下	稀疏	党内事务，村委会议占绝大多数	
	乡村文艺活动	自上而下	稀疏	村民参与性不高	
非正规性	村落集市	自组织	缺乏	村内几乎无集市，村民自给自足，每半个月坐村内班车或者搭便车去镇上采购	

续表

	形式	组织形式	功能状态	内容	调研地区
非正规性	红白喜事	自组织	消解	村委限制红白喜事规模，逐步摒弃随份子陋习	湖北省五峰土家族自治县
	民间文化娱乐活动	自组织	消解	村内传承当地民族民俗文化技艺的艺人年纪大了，年轻人都无意去学习，而是选择外出打工。村内近几年来很少举办文化娱乐活动，村民闲暇时间主要就在自己家看电视，玩手机	
	民间互动	自组织	消解	互助主要体现在血亲和近邻	
	市场网络的延伸	自组织	延伸	主要依靠宗族血缘网络	

作者对武陵山区五峰土家族自治县的实地调查研究发现，该少数民族地区的文化活动处于凋零状态，仅存在少量政府组织的自上而下的文艺活动进村，而原本大量存在的村民自发组织的民俗活动日渐式微。无论是正规性还是非正规性的公共活动，包括行政性集会、村代表选举、村文艺活动、集市、红白喜事等，多数村民都表示出参与意愿不强烈的态度。表 6-10 为五峰土家族自治县湾潭镇部分村庄进村文艺活动的统计结果。

表 6-10　五峰土家族自治县湾潭镇部分村庄进村文艺活动统计

湾潭镇 2017 年行政村戏剧和文艺演出服务一览表				
序号	行政村	活动时间	活动内容记录	场次
1	小凤池村	2017 年 11 月 23 日、2017 年 4 月 2 日、2017 年 6 月 28 日、2017 年 12 月 2 日	送戏下乡、越野赛、文化惠民演出、节日庆祝演出	4
2	红烈村	2017 年 3 月 12 日、2017 年 6 月 21 日、2017 年 11 月 15 日、2017 年 11 月 23 日	文化惠民演出、节日庆祝演出、文艺舞蹈汇报演出、送戏下乡活动	4

续表

湾潭镇 2017 年行政村戏剧和文艺演出服务一览表				
序号	行政村	活动时间	活动内容记录	场次
3	龙桥村	2017 年 5 月 28 日、2017 年 6 月 6 日、2017 年 11 月 23 日、2017 年 12 月 28 日	校园演出活动、文化惠民演出、送戏下乡、法治晚会	4
4	茶园村	2017 年 6 月 6 日、2017 年 8 月 23 日、2017 年 11 月 24 日、2017 年 12 月 28 日	采茶活动、文化惠民演出、送戏下乡、唱大戏过大年演出活动	4
5	锁金山村	2017 年 4 月 25 日、2017 年 6 月 4 日、2017 年 10 月 8 日、2017 年 11 月 24 日	哈格砸表演、文化惠民演出、脱贫攻坚，全民致富迎中秋国庆村民演出 、送戏下乡	4
6	鹿耳庄村	2017 年 3 月 26 日、2017 年 9 月 16 日、2017 年 9 月 28 日、2017 年 11 月 24 日	文化惠民演出、哈格砸表演、节日庆祝表演、送戏下乡	4
7	居委会	2017 年 5 月 15 日、2017 年 5 月 28 日、2017 年 9 月 11 日、2017 年 12 月 21 日、2017 年 12 月 28 日	送戏下乡、学校庆演活动、商会周年庆、法治晚会、节日庆祝演出	5
8	九门	2017 年 4 月 12 日、2017 年 6 月 26 日、2017 年 10 月 14 日	哈格砸表演、南曲演出、节日庆祝表演	3
9	红旗坪	2017 年 4 月 11 日、2017 年 6 月 21 日、2017 年 10 月 28 日、2017 年 11 月 21 日	业务团队白事演出、南曲演出、节日庆祝表演、哈格砸表演	4
10	茅庄	2017 年 4 月 13 日、2017 年 9 月 26 日、2017 年 10 月 26 日、2017 年 12 月 21 日	南曲演出、端午节庆祝演出、节日庆祝表演、哈格砸表演	4
11	三台坡	2017 年 3 月 26 日、2017 年 6 月 23 日、2017 年 9 月 26 日、2017 年 11 月 28 日	南曲演出、节日庆祝表演、脱贫攻坚，全民致富演出活动、哈格砸表演	4

村民参与公共活动与事务意愿不强的原因有以下两方面。

①乡村公共舆论缺失。

乡村公共舆论的作用是以道德规范来制约村民行为，维持基本乡村运行秩序。这是因为乡村社会构成以地缘关系为主，乡村信息流通多数通过口头传播来实现，因此乡村舆论对村民的行为具有约束力。但当前山区乡村的青壮年开始向外流动，村庄的舆论主体急剧减少，同时互联网的普及也压缩了乡村舆论的生存空间，人们的交流日益趋向私密性，线上交流替代了线下互动，导致舆论公开传播约束效果被削弱。另外，很多村民对与己无关的事情毫不关心，既有一种不愿干涉他人事务的心理，也有不愿得罪人的心态。这是导致现代乡村舆论约束作用降低的直接原因。因为人口大量流出，民俗文化的传承存在断档，同时互联网的社交方式和娱乐方式减少了村民现实中的聚会和活动，线上的交流替代了原本多元的线下活动。

②物质层面上，公共设施的供给不足。

我国乡村地区公共设施配给不足的现象较常见，且山区乡村公共设施缺失的现象尤为严重。作者将中部欠发达地区的山区乡村（栗子坪村）与苏南发达地区的平原乡村（树山村）进行了对比，对比结果如表 6-11 所示。

树山村面积仅为栗子坪村的 1/4，但树山村在设施配套建设方面远远领先于栗子坪村。在道路设施建设方面二者差距不大，树山村人均道路面积为 115 平方米，略高于栗子坪村的 98 平方米。但在配套设施方面，树山村有 10 个停车场、17 个餐饮点（住宿点），远高于栗子坪村的 1 个停车场、1 个餐饮点（住宿点）。这也从侧面印证了山区乡村在公共设施建设方面的不足。

表 6-11 栗子坪村与树山村设施对比表

县域行政区位	五峰土家族自治县	苏州高新区
类别	中部欠发达山区民族乡	苏南发达平原乡村
村名	栗子坪村	树山村
发展类型	传统农业、旅游	现代农业、度假旅游、生态田园观光
村域面积	10.86 平方千米	2.94 平方千米

续表

县域行政区位	五峰土家族自治县		苏州高新区	
用地构成	用地类型	面积/公顷	用地类型	面积/公顷
	村民住宅用地	10.42	村民住宅用地	21.56
	交通广场用地	10.15	交通广场用地	13.78
	行政管理用地	0.15	商业设施	7.68
	耕地	125.78	行政管理用地	2.16
	园地	2.34	耕地	40.26
	林地	932.99	园地	91.92
	水域	3.94	林地	104.56
			水域	11.78
人口	957人、270户、11个村民小组		1822人、556户、11个自然村	
交通基础设施	人均道路面积/m²	98	人均道路面积/m²	115
	道路硬化率/(%)	90	道路硬化率/(%)	100
	停车场/个	1	停车场/个	10

续表

县域行政区位	五峰土家族自治县		苏州高新区	
公共配套设施				
	餐饮点（住宿点）/ 个	1	餐饮点（住宿点）/ 个	17
	购物点 / 个	1	购物点 / 个	2
	广场 / 个	1	广场 / 个	1

究其原因，不同于传统封建社会时期和计划经济时期农村地区公共物品的配给逻辑，当前乡村公共物品的供给主体与受益主体无法实现统一，因此加大了公共物品的供给难度。1983 年，中国乡镇体制正式落实，农村治理模式以“乡村政治”为主，有限的公共物品资源由于“乡村政治”治理模式的特殊性，较难形成统一的、满足最大化利益的决策，进而在资源获取和配给两端都出现无意义的消耗，而这样的损耗也加剧了本就不富裕的公共配套服务与设施短缺的困境。村民由于缺少配给，就逐渐演化出更强烈的经济理性支配逻辑，而失去了公共精神，最终陷入零和博弈状态。

6.2.3 山区乡村社会资本的类型

基于前文所述，山区乡村社会资本发展与演进，形成了当前的市场化社会资本。作者参照伍考克的划分方式，将乡村社会资本的类型分成三类：紧密型乡村社会资本，桥接型乡村社会资本和链接型乡村社会资本，如图 6-26 所示。

紧密型乡村社会资本	桥接型乡村社会资本	链接型乡村社会资本
自然共同体下的 宗族化社会资本	➡ 政治共同体下的 行政化社会资本	➡ 利益共同体下的 市场化社会资本

图 6-26　山区民族乡村社会资本演进图

（资料来源：研究团队自绘，许璇）

（1）紧密型乡村社会资本。

紧密型乡村社会资本，强调相互间强烈的认同感及共同发展目标，个体间的网络关系比较紧密。比如家庭成员、宗族亲人等，紧密型乡村社会资本联结机制对血缘及情感维系有明显推动作用，个体间的深度联系与互动可以得到推进，也可理解为强联结关系。紧密型乡村社会资本主要包含亲戚、同姓宗亲等。

（2）桥接型乡村社会资本。

桥接型乡村社会资本是网络关系相对生疏的模式，个体间因共同利益、目标等联结在一起，比如经济组织、社会团体、同事关系等。这种社会资本联结关系相对松散，各群体间个体的联系及互动都受到群体及外界资源联结影响，也可理解为弱联结关系。桥接型乡村社会资本主要包含乡贤精英、专业化经济组织（合作社、公司）、村民自治组织等。

（3）链接型乡村社会资本。

链接型乡村社会资本强调个体、群体与不同阶层、等级、团体等的互动与合作。这种结构关系一般是“金字塔结构”模式，通过下层个体及社区等级限制得到突破，将其他层级个体或组织间关联作为资源获取源头。此类社会资本是一种垂直、跨越式的联结机制，可以依靠个体间的联系，从上层或外部推动个体与组织的联系，也可理解为错层联结关系。链接型乡村社会资本主要包含基层政府（村委会）、外界社会力量（规划团队、外来企业、媒体）等。

基于当前对山区乡村社会资本的类型划分，回顾社会资本从行政化到市场化的演进过程，作者认为社会资本的内涵得到了扩充，类型得到了丰富。“政府—宗族”双层体系的行政化社会资本通过外部资源协助、公众意识培育、市场化体系建立等方式，构建了基于市场化和主体意识的中间层网络，即由自治组织、经济组织、乡贤精英等群体构成的桥接型社会资本，进而强化了社会资本的结构，实现了社会资本从单一到多元、从固化到开放的有效提升（图 6-27）。

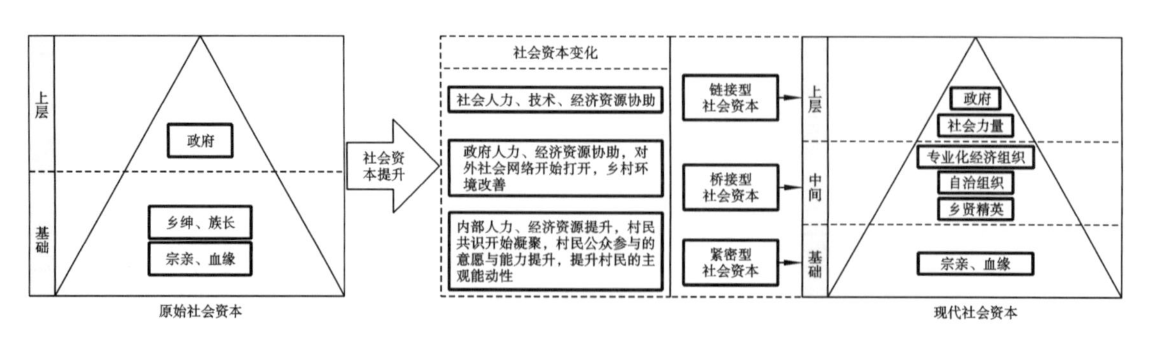

图 6-27　山区乡村社会资本提升的示意图

（资料来源：研究团队自绘，许璇）

根据前文对乡村社会资本演进提升后的类型划分，作者总结了三类乡村社会资本的相关特征（表6-12）。

表 6-12 不同类型乡村社会资本的特征统计

类型	特征				
	载体	形式	机制	作用	内容
紧密型社会资本	血缘、亲缘	水平网络强联结	推动强情感维系下的个体间的深度联系与互动	促进群体运转与一致性行为，增强社会合作	亲戚、同姓宗亲
桥接型社会资本	业缘、地缘	水平网络弱联结	推动弱情感维系下的不同群体间的个体与组织的联结与畅通	消解内部矛盾与分歧，构建外部连接，提高办事效率，促进资源配置	乡贤精英、专业化经济组织（合作社、公司）、村民自治组织
链接型社会资本	行政关系、外部性支持	垂直网络错层联结	借由个体和群体与外部的跨越式连接，推动其从体制中获取资源	获取体制发展资源，建立乡村品牌形象	基层政府、外界社会力量（规划团队、外来企业、媒体）

6.2.4 乡村社会资本的产业提振机制

乡村社会资本对促进资源要素流动，推动产业结构调整，进而构建产业协调发展机制具有重要作用。当前，乡村社会资本有所增加，这是实现社会关系网络及要素多元化的重要前提，乡村社会资本通过拓宽社会关系网络联系的深度与广度，扩大了节点在网络中的联系度和影响力，降低了交易成本，同时也打破了政府行政边界等物理空间对区域产业间生产要素自由流动的限制障碍，进而为产业集聚和产业结构调整提供了可能性，促进了产业的协调发展（图 6-28）。

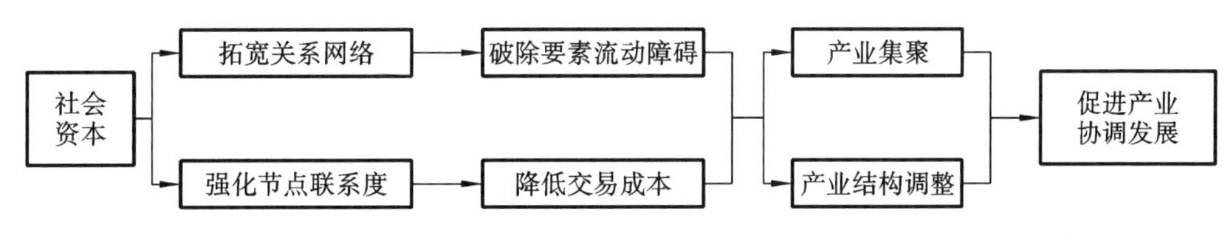

图 6-28 社会资本促进产业协调发展的机制示意图

（资料来源：研究团队自绘，许璇）

乡村社会资本提升后不仅具有整合内部资源的作用，而且对获取外部资源网络也有重要作用。要推动山区乡村的产业发展，需要发挥比较优势，建立健全内外结合的发展模式，不能单单依靠外部资源力量，陷入“输血式”发展模式，也不能单纯依赖内部资源网络，而忽视体制资源和外部关系的利用。结合乡村三类社会资本的特征与内涵，要充分发挥紧密型、桥接型、链接型乡村社会资本的相关作用，以“内外结合”的产业发展模式为建设方向。三类乡村社会资本的协同机制如下。

（1）对紧密型乡村社会资本而言，可以利用其对内部亲缘、血缘关系网络的维系与促进作用，强化网络节点联系的深度，推动集体合作，促进群体运转，进而激发山区乡村社会的内生动力。

（2）对桥接型乡村社会资本而言，激发其对于弱情感维系下的个体与组织的协同作用，建立多元主体的联结与沟通平台，强化乡村的自组织结构，协调乡村的内、外发展动力，充当山区乡村社会产业发展的“润滑剂”。

（3）对链接型乡村社会资本而言，可以发挥其垂直关系网络效应，强化外部链接的广度，提升外部资源与体制资源的获取能力，进而获得更多外生支持。

通过建立以上三类乡村社会资本的协同作用机制，一方面可以加强内部资源要素的整合发展，提高社会关系网络的联结程度，强化产业发展的内部动力，提升凝聚在社会网络中的合作、信任、信息共享水平，促进产业发展。另一方面，也可以调动社会资本对于体制资源和外部资源的获取积极性，获得外生支持，拓展乡村自治组织、基层政府、专业化公司等的资源获取能力，并协调好外部资源的合理配置，通过内外结合的双重动力保障自组织结构的合理调整，促进产业发展的制度创新与技术创新，进一步推动山区乡村产业振兴（图 6-29）。

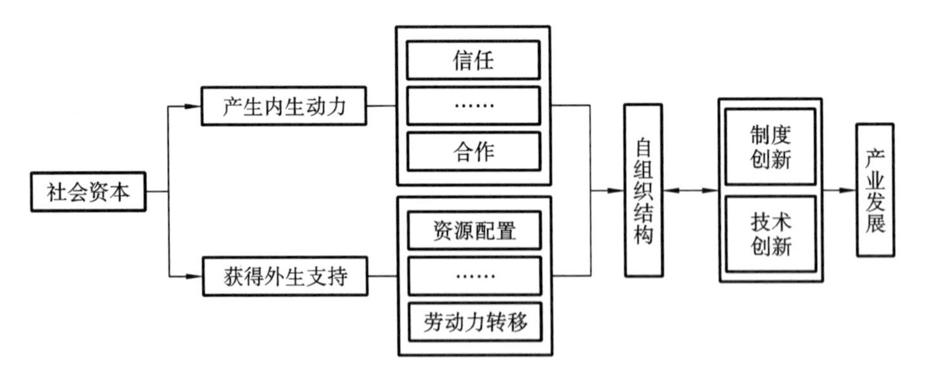

图 6-29　社会资本运作框架下乡村产业发展双向推动机制示意图

（资料来源：研究团队自绘，许璇）

6.3 茶园村社会资本培育与茶产业发展

6.3.1 茶园村乡村产业发展的整体环境

（1）茶园村乡村产业发展环境。

乡村产业根植于县域，以农业资源为依托，以农民为主体，以农村第一、二、三产业融合发展为路径。五峰土家族自治县社会经济发展水平长期处于宜昌市后列，其第三产业占比较低。五峰土家族自治县规模以上工业增加值的增速在 2009—2017 年起伏波动较大，且整体处于急剧下降的趋势，从 2011 年的 34% 下降到 2017 年的－5%。规模以上工业增加值不升反降的现象也反映了五峰土家族自治县的整体产业结构还是以第一产业为主，第二产业受制于山区的地缘劣势，难以形成较好的发展态势。由于地处内陆山区，五峰土家族自治县第一产业的产值中则是农业和林业增长速度较快，渔业、牧业和辅助性产业增长速度较慢（表 6-13）。

表 6-13　2008—2017 年五峰土家族自治县粮食作物产值、经济作物产值与农业总产值

产值	2008 年	2009 年	2010 年	2011 年	2012 年	2013 年	2014 年	2015 年	2016 年	2017 年
粮食作物产值 / 万元	18246	23982	23092	25397	29529	28822	20130	21411	21284	20695
经济作物产值 / 万元	55668	61716	82544	107863	135598	155460	168573	176684	190812	205994
农业总产值 / 万元	73914	85698	105636	133260	165127	184282	188703	198095	212096	226689

此外，农业总产值从 2008 年的 73914 万元增长到 2017 年的 226689 万元，主要是依靠经济作物产值（从 2008 年的 55668 万元增长到 2017 年的 205994 万元），而粮食作物产值则变化较慢，仅从 2008 年的 18246 万元增长到 2017 年的 20695 万元（图 6-30）。

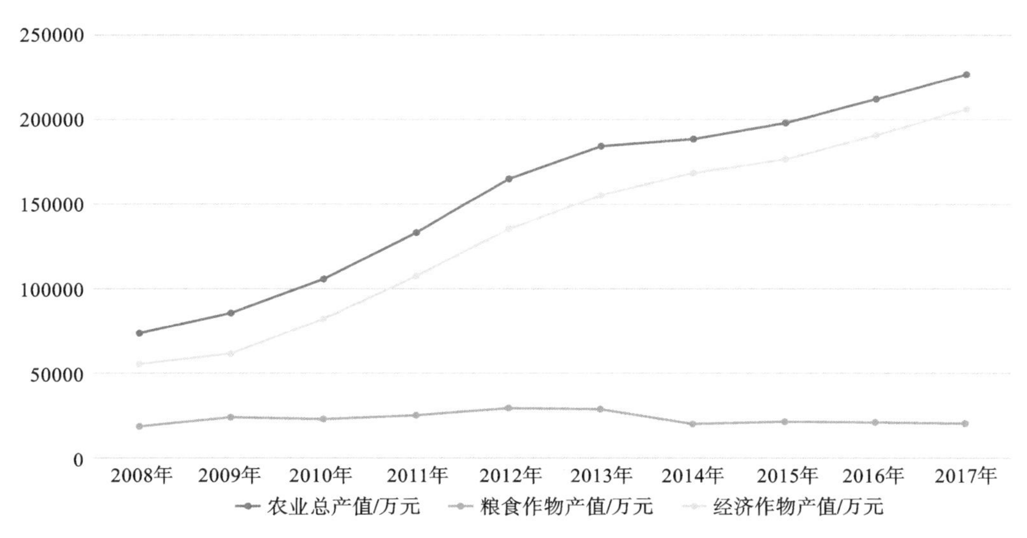

图 6-30　2008—2017 年五峰土家族自治县粮食作物、经济作物产值与农业总产值变化

（资料来源：研究团队自绘，许璇）

而在农业机械化发展水平方面，五峰土家族自治县的农业机械化水平与全国农村的农业机械化平均水平存在较大差距。以 2017 年为例，全国农村人均农业机械总动力约为 47165 千瓦 / 万人，而五峰土家族自治县约为 17600 千瓦 / 万人，是全国农村平均水平的 37%。一方面是由于五峰土家族自治县民族村寨众多，部分偏远村落生产生活条件闭塞，贫困村贫困人口比例高；另一方面是受制于山区土地资源分散，缺少大规模可用于大型机械工作的农业生产土地（表 6-14）。

表 6-14　全国农村的农业机械化平均水平与五峰土家族自治县的农业机械化水平比较（2017 年）

地方	农业机械总动力合计 /（千瓦）	农林牧渔业从业人员 /（万人）	人均农业机械总动力合计 /（千瓦 / 万人）
全国农村	987830000	20944	47165.29794
五峰土家族自治县	119334	6.78	17600.88496

在人均收支和经营性构成方面，五峰土家族自治县农村居民人均收支从 2008 年的 2500 元增长到 2017 年的 10000 元，增长速度较快，其中转移性收入比例增长较快，说明五峰土家族自治县农村社会保障与福利制度在不断健全（图 6-31）。

五峰土家族自治县农村居民人均经营性收入中，第一产业收入占比超 75%，同时第三产业收入占比有逐年增高的趋势，第二产业收入基本维持在 5% 左右。这说明五峰土家族自治县农村居民以农业生产为主，第三产业近年来发展较快，但工业发展缓慢（图 6-32）。

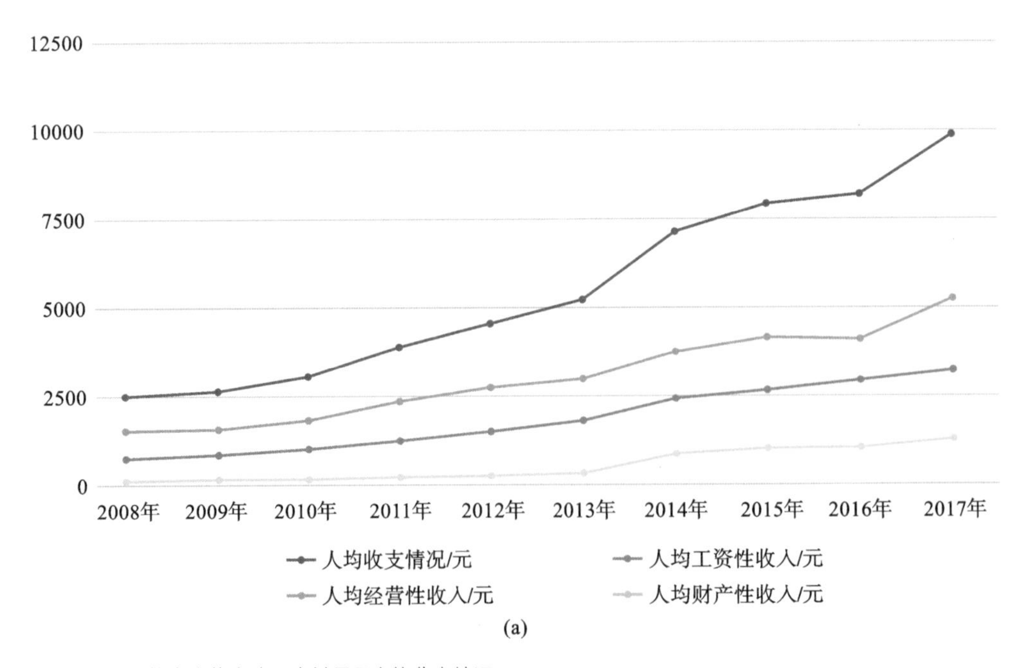

图 6-31　五峰土家族自治县农村居民人均收支情况
（资料来源：研究团队自绘，许璇）

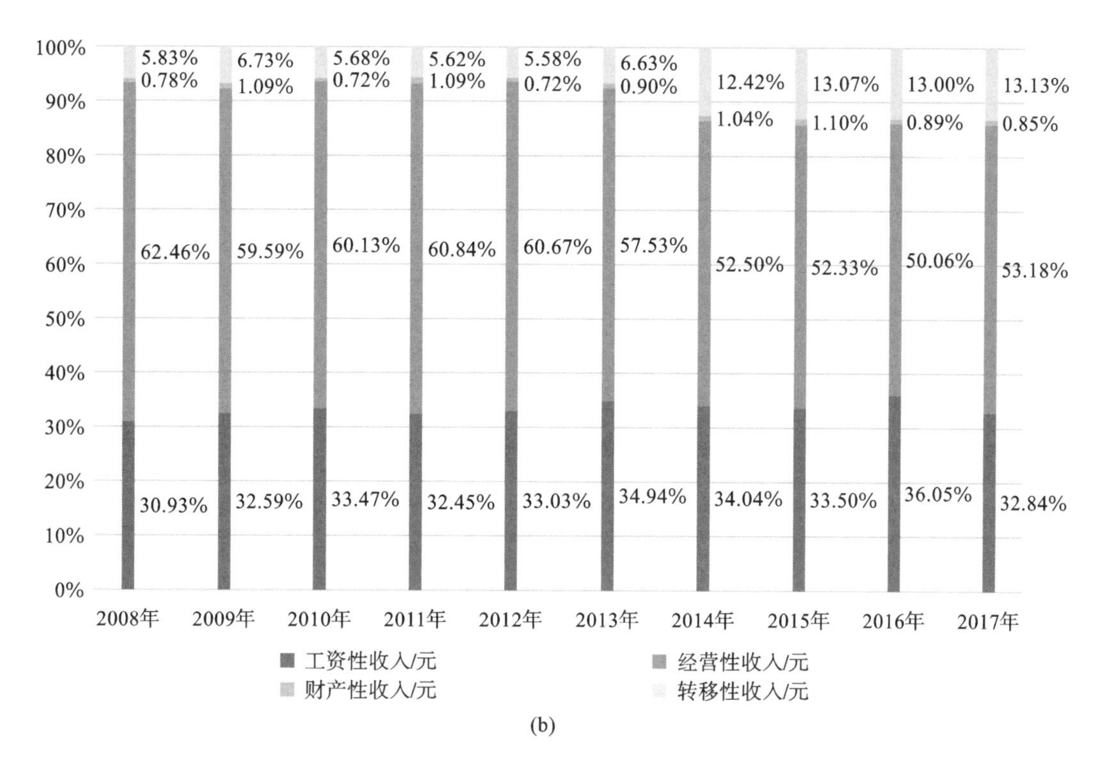

(b)

续图 6-31

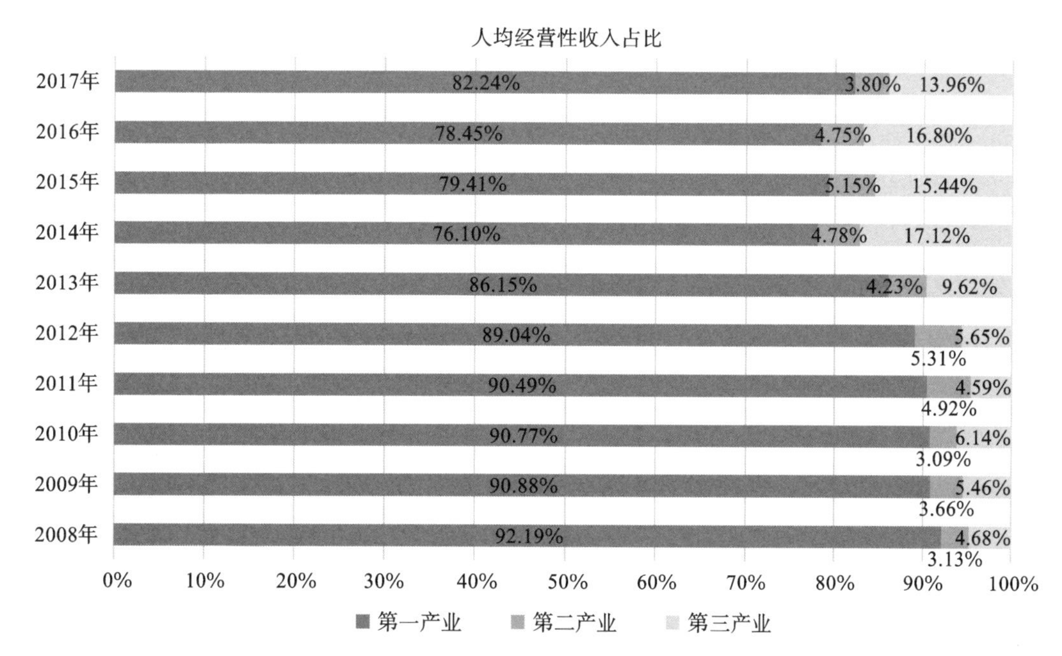

图 6-32 五峰土家族自治县农村居民人均经营性收入占比

（资料来源：研究团队自绘，许璇）

五峰土家族自治县主导产业及特色产业主要为药材、蔬菜、茶叶、烟叶等。五峰土家族自治县经济作物产值中，烟叶产值占比从 2009 年的 10.46% 降低为 2017 年的 1.37%；药材、茶叶作为支柱性特色农业，产值占比都有显著提升；蔬菜产值占比较为稳定，占经济作物产值的 36% ~ 37%（表 6-15、表 6-16）。

表 6-15　五峰土家族自治县农业总产值、粮食作物产值和经济作物产值

		2009年	2010年	2011年	2012年	2013年	2014年	2015年	2016年	2017年
农业总产值/万元		85698	105636	133260	165127	184282	194375	198095	212096	226190
粮食作物产值/万元		23982	23092	25397	29529	18182	21962	21411	21284	21800
合计		61716	82544	107863	135598	166100	172413	173859	190812	204390
经济作物产值/万元	油料	2122	2059	2581	2997	2963	2857	2486	2522	2493
	烟叶	6455	5491	9250	13217	11112	6911	3862	3648	2804
	药材	4093	6615	9463	9595	17428	18430	20229	23162	32674
	蔬菜	23128	31084	39163	48099	62184	64896	67381	74076	74271
	食用菌	0	0	0	3	430	279		203	221
	茶叶	25222	36573	46290	60153	69612	76105	79901	84550	90045
	水果	316	343	420	522	871	778		1090	722
	坚果	0	0	204	358	440	327		430	331
	香料	0	0	62	106	86	24		24	22
	花卉园艺	7	6	5	7	150	863		200	0
	其他农作物	373	373	425	541	824	943		907	807

表 6-16　五峰土家族自治县经济作物产值中主导特色产业产值占比

项目	2009 年	2017 年
	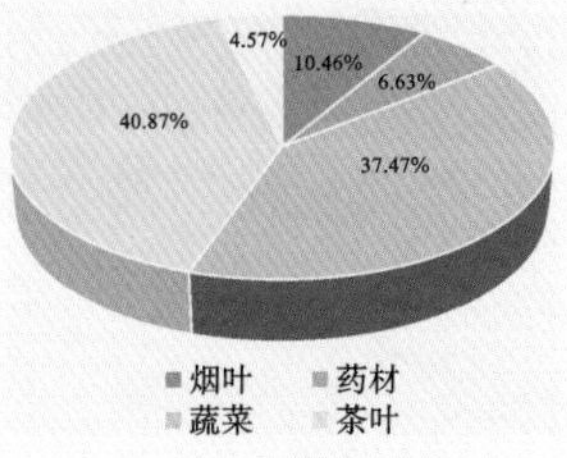	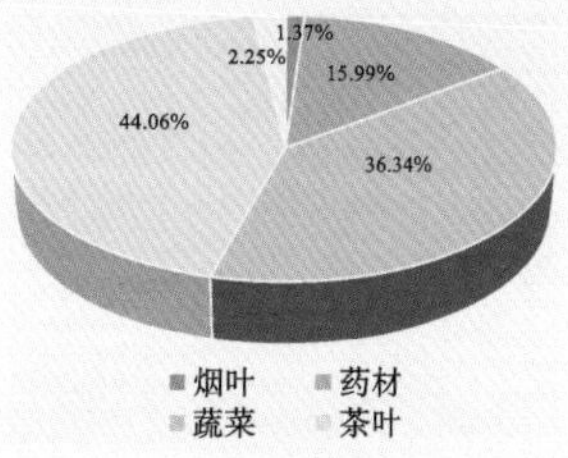
烟叶	10.46%	1.37%
药材	6.63%	15.99%
蔬菜	37.47%	36.34%
茶叶	40.87%	44.06%
其他	4.57%	2.25%

其特色产业构成变化的主要原因有以下两点。

①烟叶种植的比价效益愈发降低。五峰土家族自治县近年来农业种植结构不断调整，多种经济作物、蔬菜种植面积不断扩大。但由于烟叶生产物资价格不断上涨，种烟成本日益增大；同时多年来烟叶产区生态环境的变化以及不科学的耕作制度导致自然灾害频发，种烟风险加大，稳定性差；而烟叶种植劳动强度大、技术要求高，工序复杂，使其“高投入低产出”的经营状况在短期内难以得到改观，因此烟叶种植从 2009 年的第三大主要特色产业急剧下滑到最后一位。

②五峰土家族自治县确定茶叶及中药种植作为产业扶贫的重点发展方向，并给予惠农补贴，构建全方位保障机制促进产业发展。五峰土家族自治县基于本地资源优势，通过政策给予农户产业补贴，从技术、金融、市场多渠道构建全方位的保障服务。

（2）茶园村乡村产业基础条件。

茶园村是湖北省宜昌市五峰土家族自治县湾潭镇西部的一个行政村，距湾潭镇镇区 22 千米，距五峰土家族自治县 64 千米，是湾潭镇最偏远的村之一。村域位于北纬 30°，气候温和，雨量充沛，四面环山，属于武陵山余脉，喀斯特地貌，森林覆盖率 90% 以上，被誉为“天然氧吧”，清新空气负氧离子密度超过世界卫生组织规定标准 10 倍（图 6-33）。

茶园村历史悠久，最远可以上溯至 643 年之前，明清时期此地曾设置水浕源通塔坪长官司。茶园村依山傍河而建，由一条条村路连接起数百户人家，村内人丁兴旺。如今，蜿蜒起伏的硬化村道连接起吊脚楼群，形成错落有致、曲折蜿蜒、若断若续的古村风景，是一处地道的传统土家村庄（图 6-34）。

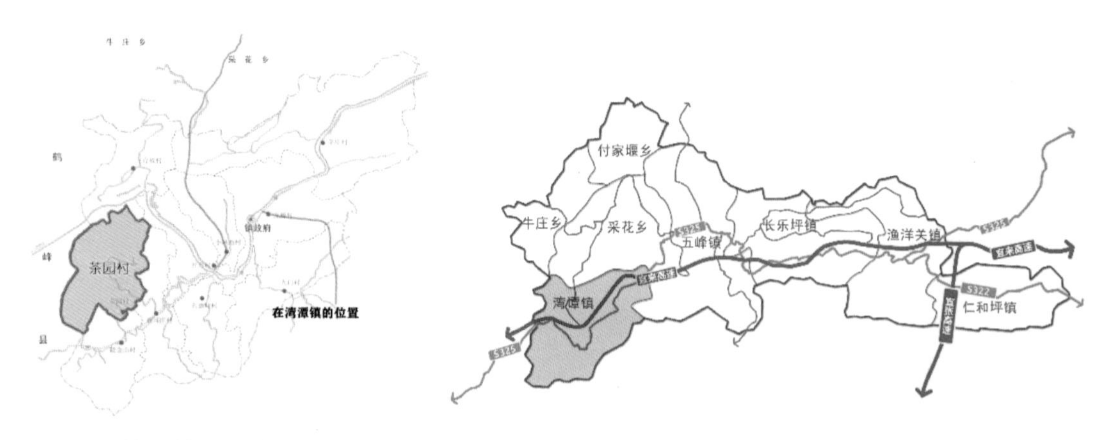

图 6-33　茶园村的空间地理区位图
（资料来源：研究团队自绘，许璇）

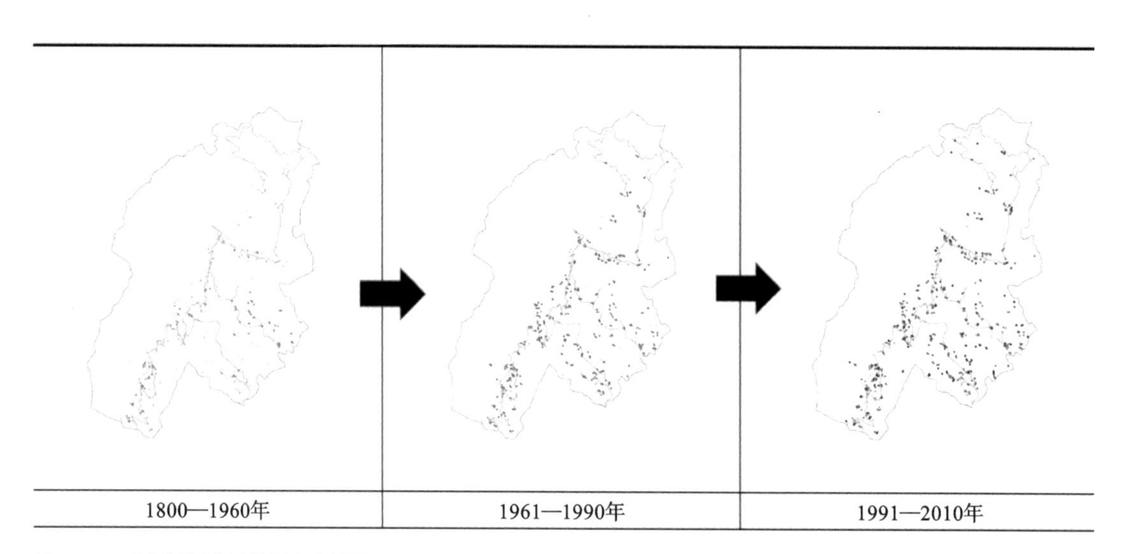

图 6-34　茶园村村落建筑历史变迁图
（资料来源：研究团队自绘，许璇）

自古以来，茶园村因盛产茶叶而得名，骡马古栈道（容美土司古道）长 6 千米，贯穿茶园村全境，山坡梯形地貌遍布层层茶园。生产的茶叶不仅是村民重要的经济来源，由茶产业带动的特色旅游业也是近年来村庄产业发展的重要方向。

目前茶园村占地面积 22.5 平方千米，其中耕地面积 2254 亩，山林面积 31004 亩，森林覆盖率为 91%。村庄用地主要沿水系和道路分布。茶园村粮食作物用地占产业用地的 65%；经济作物用地占 35%，其中茶叶用地 37%、烟草用地 30%、油料作物用地 23%、魔芋用地 8%、药材用地 2%（图 6-35、图 6-36）。

茶园村近年来经济收入增长较快。2014 年，茶园村总收入 753 万元。2018 年，茶园村总收入达

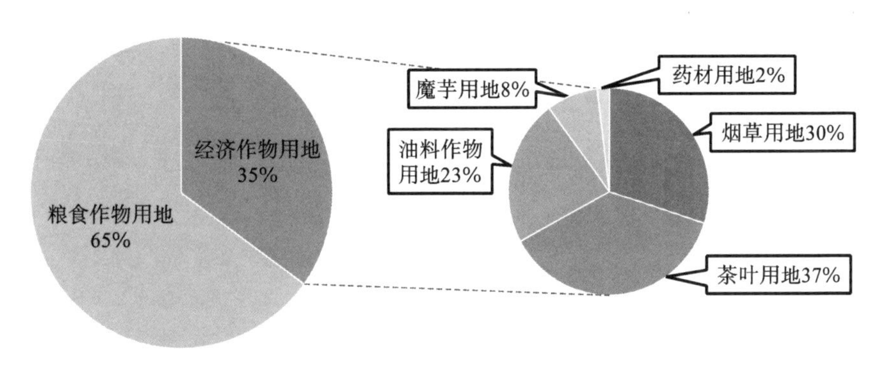

图 6-35　茶园村的产业用地构成图

（资料来源：研究团队自绘，许璇）

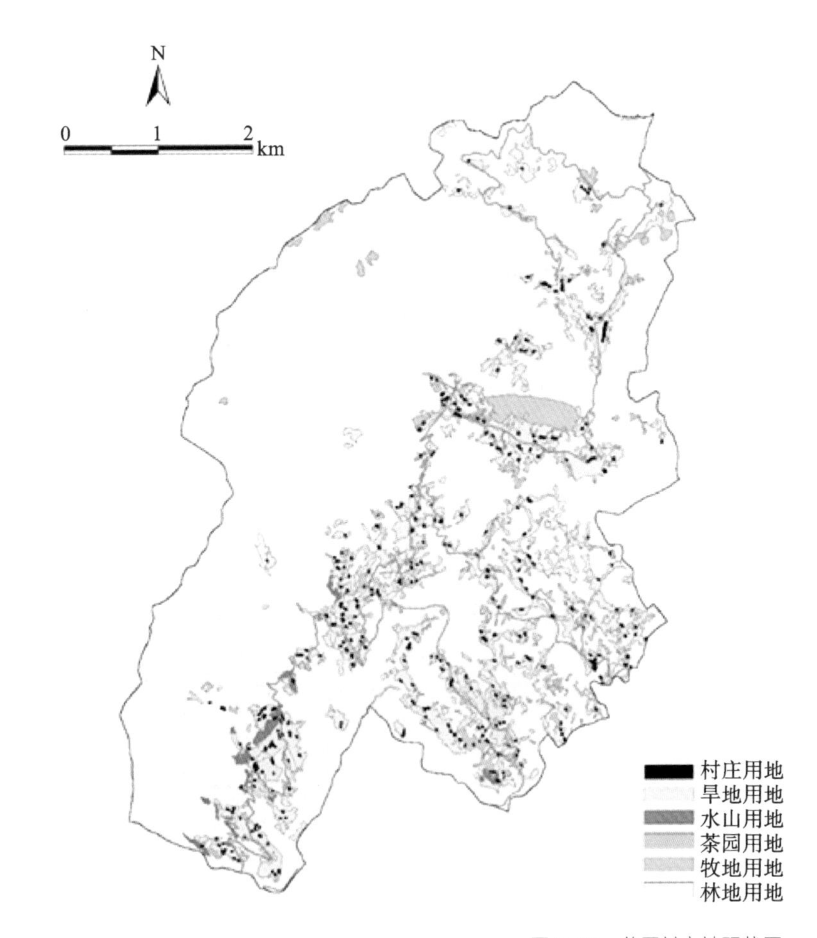

图 6-36　茶园村土地现状图

（资料来源：研究团队自绘，许璇）

1578 万元。在人均收入方面，2009 年，茶园村人均收入 1242 元。2018 年，茶园村人均收入达到 8736 元。而从收入构成来看，村民的经营性收入增长速度最快，工资性收入增长速度次之，转移性与财产性收入增长缓慢。茶园村村民的收入主要还是依靠种植业和养殖业，种植业主要包括茶叶、中药材和烟叶等，全村每年茶叶产量 50 余吨，中药材 200 余亩。村民每年茶叶种植的收入在 1500 ～ 3800 元，中药材种植的收入在 1800 ～ 4000 元。养殖业主要为畜牧业及养殖中蜂。部分村民从事中蜂养殖，可以获得 10000 元左右的收入（图 6-37、图 6-38）。

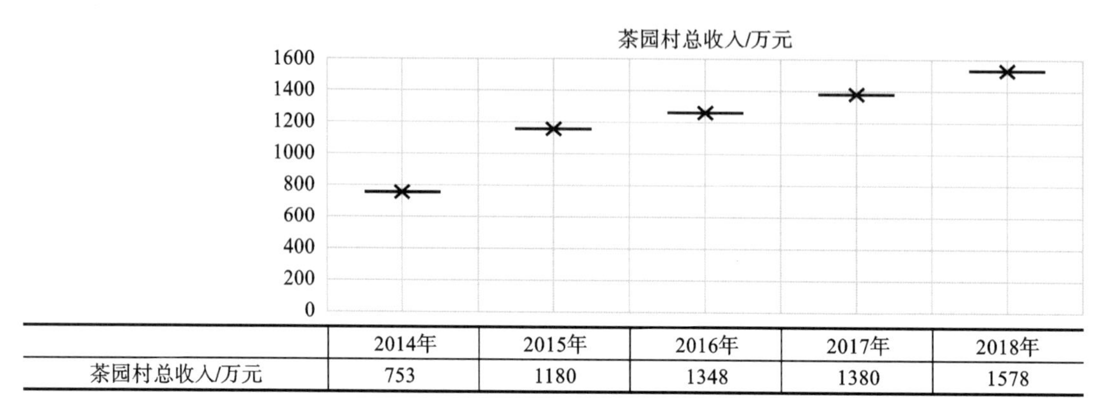

	2014年	2015年	2016年	2017年	2018年
茶园村总收入/万元	753	1180	1348	1380	1578

图 6-37　2014—2018 年茶园村总收入增长情况

（资料来源：研究团队自绘，许璇）

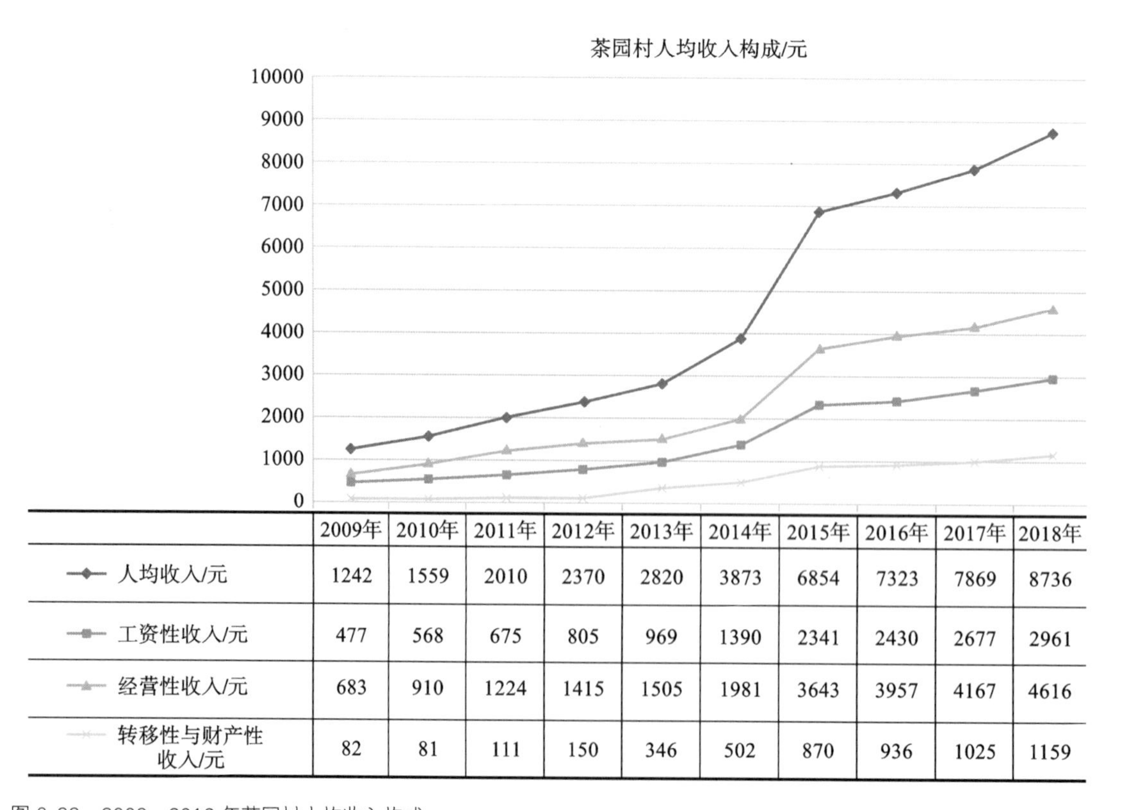

	2009年	2010年	2011年	2012年	2013年	2014年	2015年	2016年	2017年	2018年
人均收入/元	1242	1559	2010	2370	2820	3873	6854	7323	7869	8736
工资性收入/元	477	568	675	805	969	1390	2341	2430	2677	2961
经营性收入/元	683	910	1224	1415	1505	1981	3643	3957	4167	4616
转移性与财产性收入/元	82	81	111	150	346	502	870	936	1025	1159

图 6-38　2009—2018 年茶园村人均收入构成

（资料来源：研究团队自绘，许璇）

①外出从业情况。

茶园村全部劳动人口为1280人，农业从业者610人，而非农业从业者却有670人；乡镇从业者710人（其中，农林牧渔从业者610人，第二、三产业从业者100人），外出从业者570人，乡镇从业者占劳动力人口比例过半。

村民当前主要经济收入除了农业经营性收入以外，工资性收入是其重要组成部分。和一般的山区乡村一样，茶园村村民存在明显的劳务外流现象，全村的劳务输出人口多，留在村内的青年人较少，村内常住人口以老年人和儿童为主。

从年龄结构和文化程度分析看出，外出从业者主要以21～49岁青壮年为主，以初中学历居多（图6-39、图6-40）。

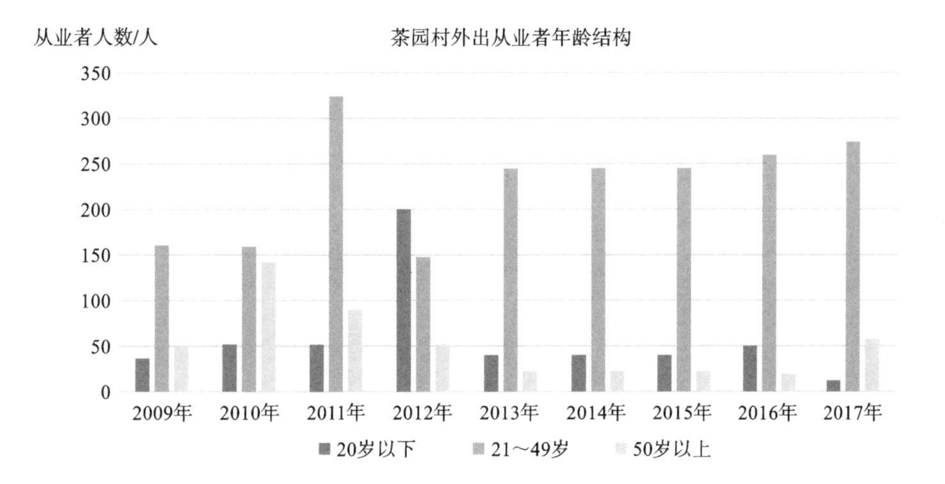

图6-39 茶园村外出从业者年龄结构

（资料来源：研究团队自绘，许璇）

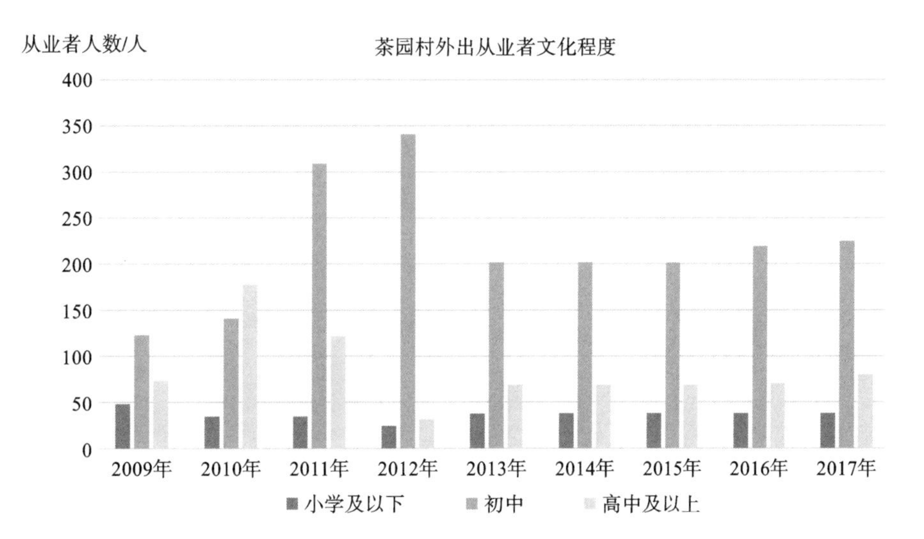

图6-40 茶园村外出从业者文化程度

（资料来源：研究团队自绘，许璇）

从 2009 年到 2017 年间，外出从业者中 20 岁以下的年轻人呈减少趋势，50 岁以上中老年人总体呈上涨趋势，这表明村内年轻人外出打工起始年龄变大，而中老年人由于家庭负担重，外出从业的人员占比较高。根据这一情况，作者对茶园村外出从业者做了问卷调研和结构访谈，针对其外出渠道、从业形式、外出时间、外出地点、返乡情况和再就业情况开展了分析研究。

从外出从业者的外出渠道和从业形式分析看出，茶园村村民外出从业以自发及亲友介绍居多，宗族关系仍是其日常生活运行的主要方式，且从业形式以务工为主，说明村民劳动技能相对匮乏，从事的多为劳动密集型行业（图 6-41、图 6-42）。

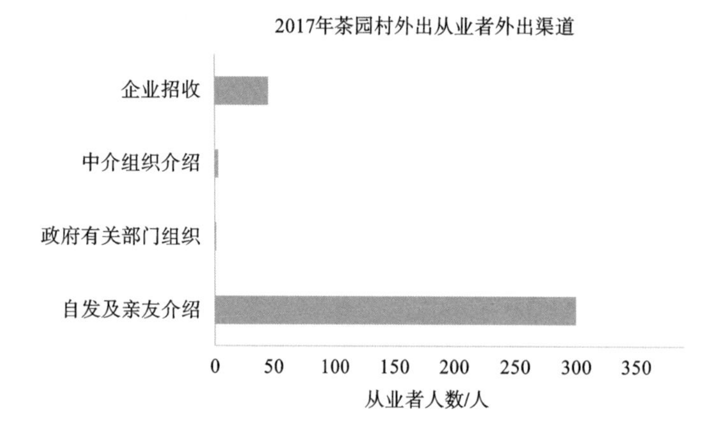

图 6-41　2017 年茶园村外出从业者外出渠道
（资料来源：研究团队自绘，许璇）

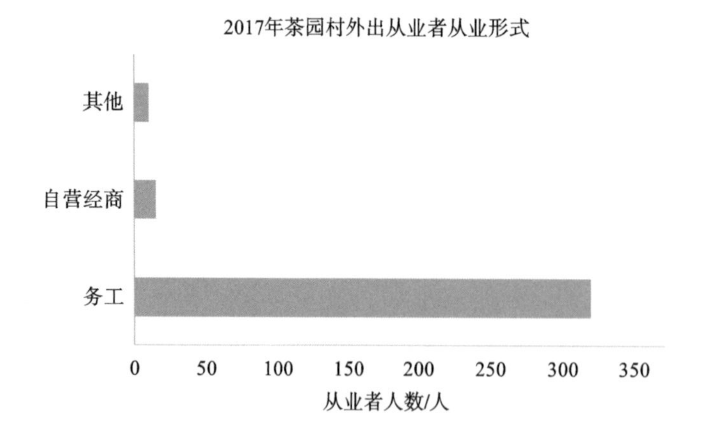

图 6-42　2017 年茶园村外出从业者从业形式
（资料来源：研究团队自绘，许璇）

从外出从业者的外出时间和外出地点分析得出，外出从业者普遍外出半年以上，说明从事兼职性工作占比低，以全职性工作为主。同时，外出从业者去往县内乡外的人数占比从 2009 年的 30% 降至 2018 年的 11%，去往省内县外的人数占比从 2009 年的 40% 增长到 2018 年的 53%，这说明外出从业者去往的地点更远，交通便捷使外出从业者不再受地理条件限制，可以选择更适合自己的地方从业（图 6-43、图 6-44）。

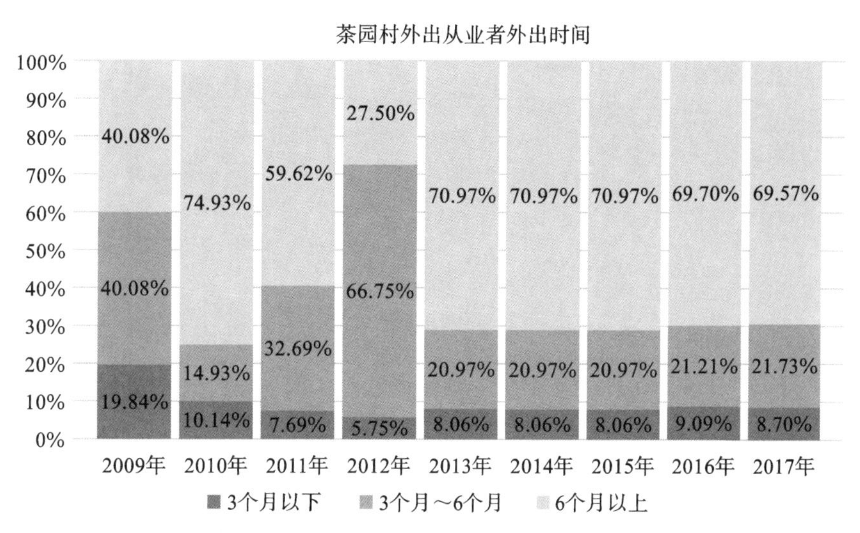

图 6-43　茶园村外出从业者外出时间

（资料来源：研究团队自绘，许璇）

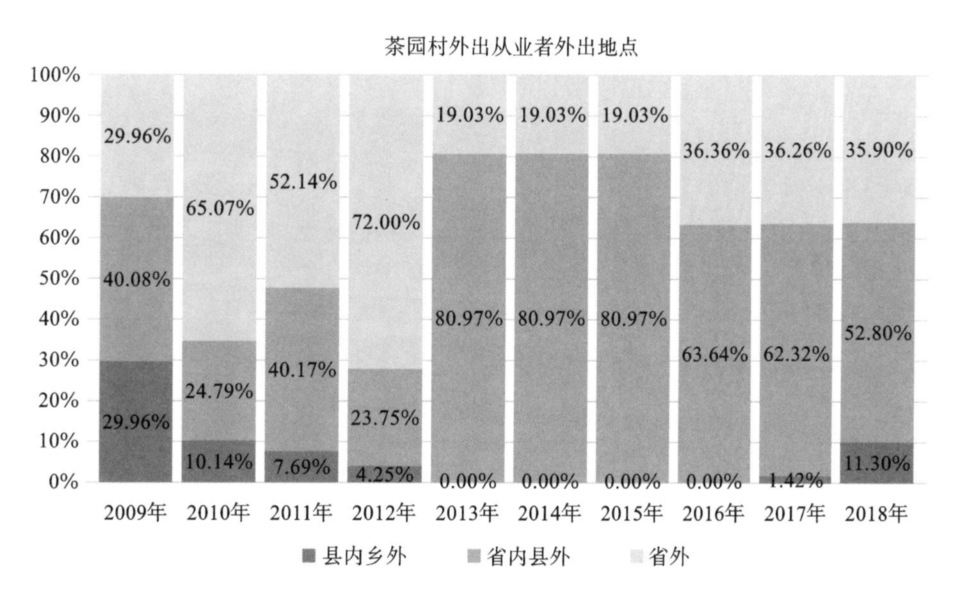

图 6-44　茶园村外出从业者外出地点

（资料来源：研究团队自绘，许璇）

而从外出从业者的返乡再就业情况和返乡原因分析得出，外出从业者返乡再就业后从事农业的比例仍处于不断升高的趋势。而相比于 2013 年，2017 年茶园村外出从业者返乡再就业的重要原因是亲友提供了回乡发展的机会（图 6-45、图 6-46）。

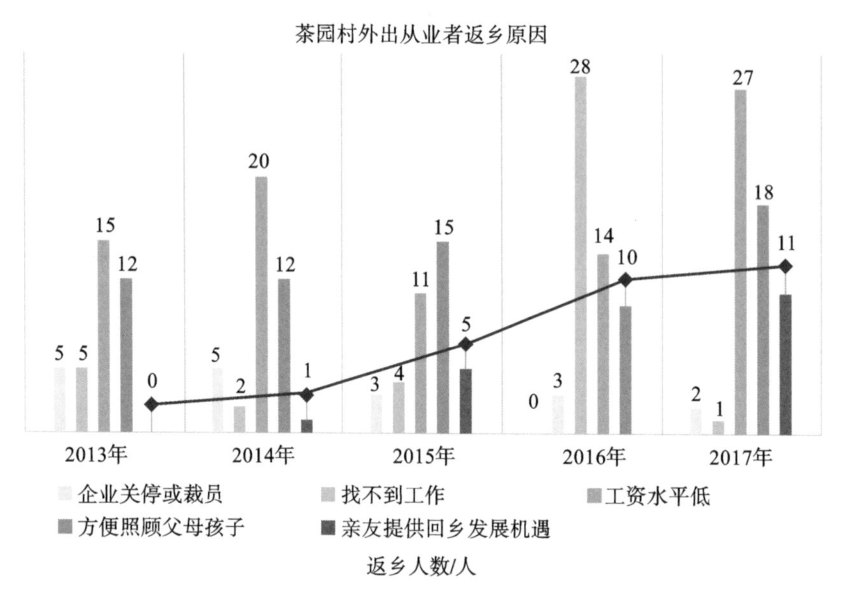

图 6-45　茶园村外出从业者返乡原因

（资料来源：研究团队自绘，许璇）

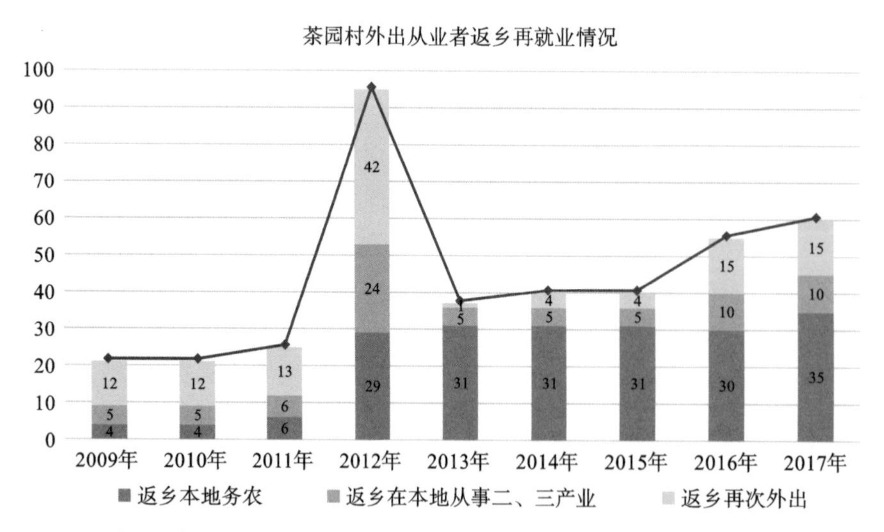

图 6-46　茶园村外出从业者返乡再就业情况

（资料来源：研究团队自绘，许璇）

②全村人口构成及分布情况。

茶园村全村有 441 户，5 个村民小组，总人口 1509 人（2018 年人口普查数据）。调查显示，乡村社会关系中血缘、亲缘、地缘等纽带关系非常强烈，属于典型的多姓氏宗族社会，村落传统的社会结构形式（祠堂—族长—房族—庙宇）依然清晰。茶园村是以柳、许、张、龙、陈、孙、邓、杨等姓氏宗族形成的关系纽带聚族而居的古村落，至今茶园村多数自然村湾名称都还是沿用古时的地名，如以龙姓为主的通坦坪（一组）、以许姓为主的许家坪（二组）、以贺姓为主的贺家楼、汪家台、高家湾（一组）。当前茶园村大姓宗族为贺、龙、杨、许、张姓氏，这五个主要姓氏人口占茶园村整体人口的近 30%，其中又以杨姓最多，占总人口的 10%，而茶园村当前共有 30 多种姓氏。其中，一组以龙姓最多，人口占比达 29%；二组以许姓最多，人口占比达 34%；三组以杨姓最多，人口占比达 40%，四组以陈姓最多，人口占比达 31%；五组以谢姓最多，人口占比达 27%（图 6-47、图 6-48）。

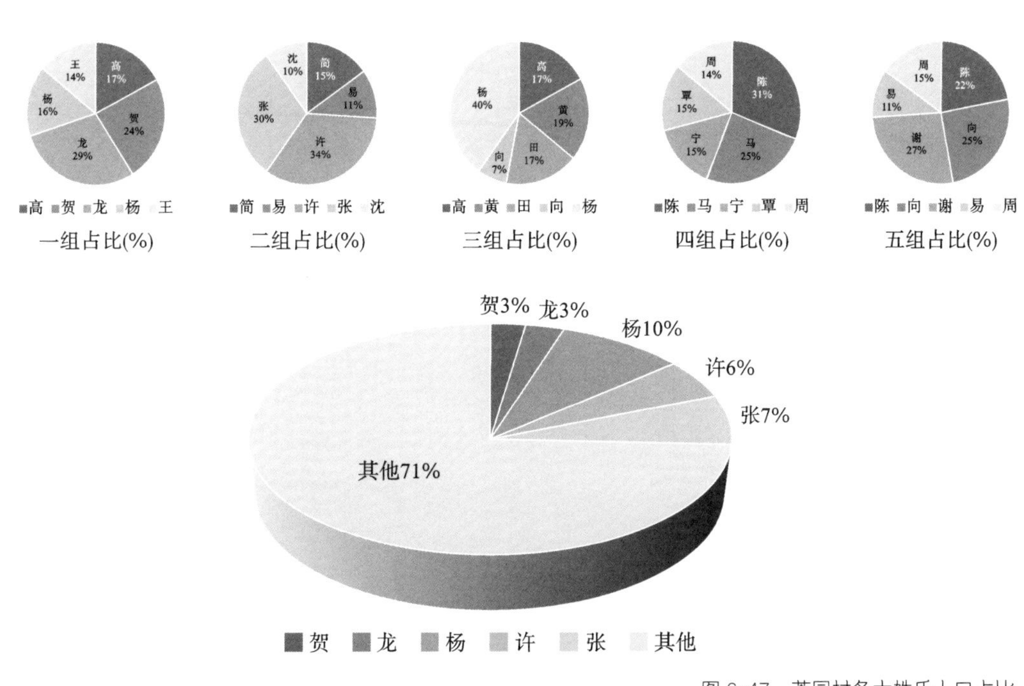

图 6-47 茶园村各大姓氏人口占比

（资料来源：研究团队自绘，许璇）

茶园村由于地处偏远，交通不便，历史上基本未受战乱侵袭，村落基本形态保存很好，尚保持着历史发展的真实性和完整性，下辖 25 个自然村，内有传统木结构历史建筑 200 余栋。此外，茶园村处于武陵山区深处，周边群山环绕，地势险要，自然山水景观优美异常（图 6-49、图 6-50）。

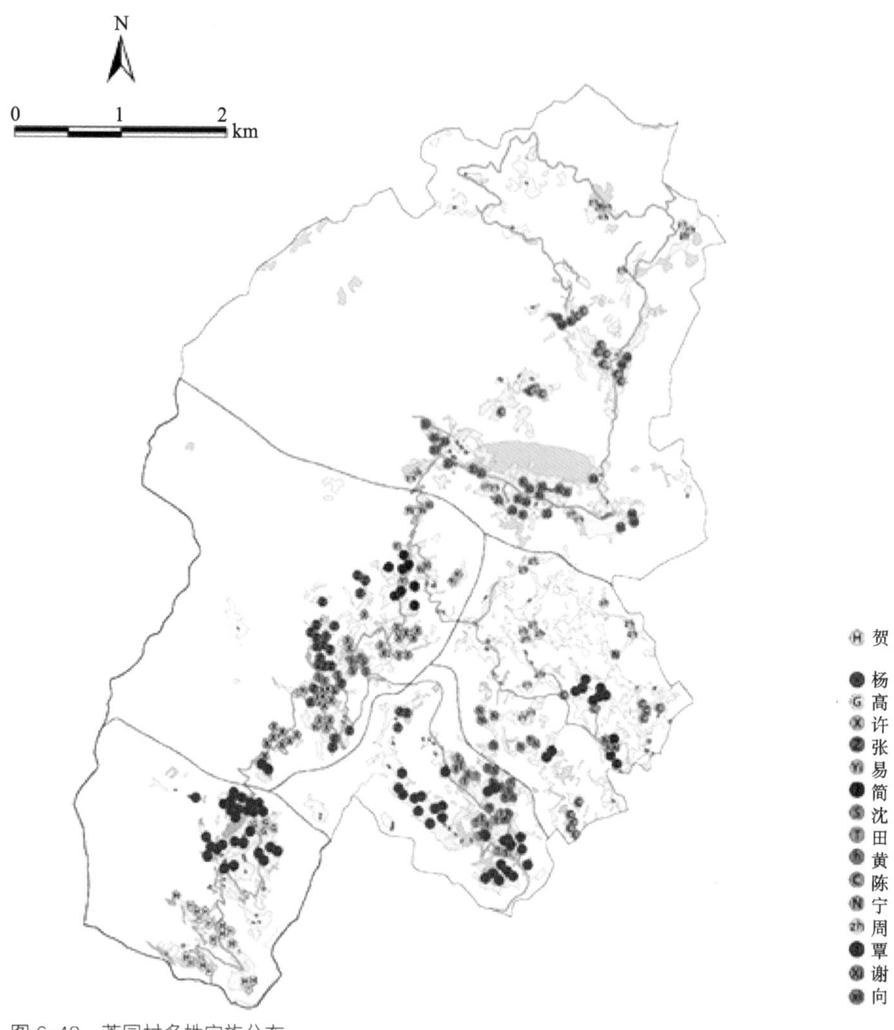

图 6-48 茶园村多姓宗族分布

（资料来源：研究团队自绘，许璇）

图 6-49 茶园村村落传统建筑群

（资料来源：研究团队自绘，许璇）

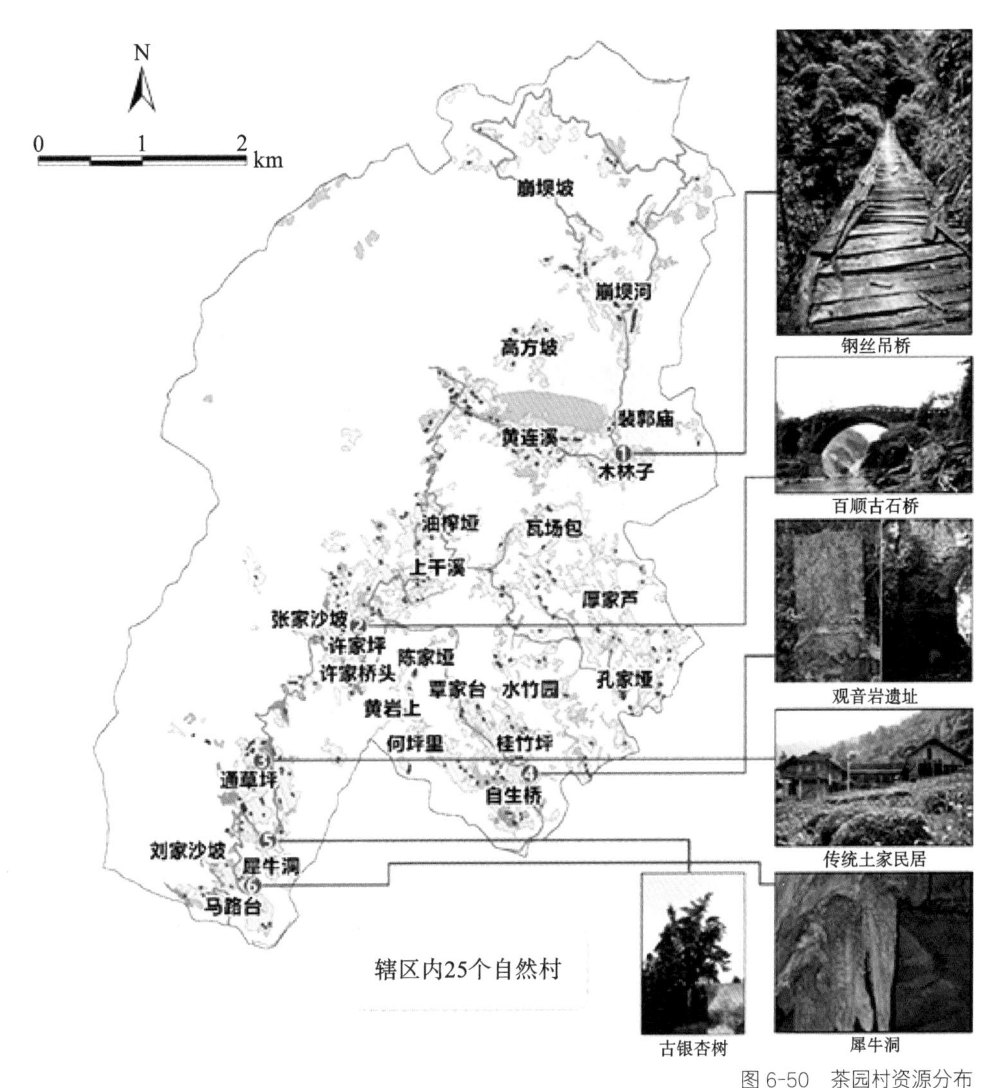

图 6-50　茶园村资源分布

（资料来源：研究团队自绘，许璇）

③乡村民俗与文化情况。

a. 民间信仰文化。

村庄共同体处于长期交流的关系模式，共同的文化、信仰等对集体行动、共同合作都有直接推动作用，特别是对于少数民族村落，民间信仰文化更是当地文化中必不可少的一部分。茶园村有着丰富的历史文化，多以励志育人为宗旨，村内有以白圣观为主的道教文化圣地，遵从道法自然，提倡“山川待人”理念。对村民来说，宗族教育与教义是他们行为处事的基本价值标准。

b. 民风民俗。

茶园村有着以唢呐为主的传统文艺活动和以拔河为代表的传统体育项目。传统文艺活动中古老的薅草锣鼓，至今仍在田间传唱，一到薅草时节或者农闲时节，薅草聚茶，断续演唱。另一非物质文化遗产板凳龙是渝东南石柱土家族人喜闻乐见的民族体育活动和民间文娱项目，具有独特的民族风格。茶园村的山（民）歌、撒叶儿嗬、满堂音、踩高跷、板凳龙等富有土家特色的民间文化，在当地已流行了数百年。目前茶园村每年仍然会组织多种形式的民俗活动（图 6-51）。

图 6-51　茶园村传统文化活动
（资料来源：研究团队自绘，许璇）

（3）茶园村乡村产业发展趋势。

①经济作物发展态势良好，服务业发展缓慢。

茶园村工业与服务业发展水平较低，全村以农产品种植为主要经济来源，农业整体水平增长较快，特别是主要经济作物的种植发展态势较好。茶园村粮食作物产量从 2009 年的 898 吨下降到 2018 年的 791 吨，但经济作物产量增长较快，其中茶叶和蔬菜增幅最为明显。茶叶从 2009 年的 41 吨增长到 2018 年的 137 吨，增幅达 234%，这主要得益于茶园村的资源优势。蔬菜从 2009 年的 230 吨增长到 2018 年的 2387 吨，增幅达 938%，这是近年来高山反季节蔬菜热销的结果。此外，烟叶作为茶园村主要经济作物，也经历了产量从增到减的过程，由于其种植成本高、单位收益较低，种植产量已逐年下降。这些农业经济作物的发展情况体现了近年来茶园村农业生产效率和产品对外输出能力的提升（表 6-17）。

除一般的农产品种植经营外，一些特色农产品经营近年来在茶园村中也有了一定的发展，如中蜂养殖。由于茶园村地处高山，部分地区适宜种植黄芪、五倍子等中草药，因此结合中药种植的中蜂养殖得到了村民的重视，这种收益高、不占土地的新型特色产业从 2009 年的年产蜂蜜 51 千克增长到 2018 年的年产蜂蜜 2720 千克，增长势头越来越好。农业和特色养殖业近年来发展较为迅速，但茶园村的其他产业发展较为缓慢。2015 年，茶园村村委会确立了“茶旅融合”的发展路线，在文化旅游、特色旅游方面采取了一些措施，如挖掘土家族吊脚楼文化旅游资源、发展民宿和农家乐等（图 6-52），但未能充分挖掘村内文化要素，导致村内服务业发展仍处于起步阶段，尚未形成集聚效应。

表 6-17　2009—2018 年茶园村粮食作物、经济作物年产量

		2009年	2010年	2011年	2012年	2013年	2014年	2015年	2016年	2017年	2018年
粮食作物产量 / 吨		898.22	975.33	891	792	801	791	892	764	—	791.1
经济作物产量	油料 / 吨	74	47	80.1	83	80	74	55	55	55	61
	烟叶 / 吨	140	119	165	155	128	48	22	10	10	12
	药材 / 吨	3	3	3	35	14	20	20	21	18	19
	蔬菜 / 吨	230	230	1050	1080	1505	1926	2419	2169	2461	2387
	魔芋 / 吨	60	150	140	239	171	149	65	29	24	23
	茶叶 / 吨	41	46	50	54	56	60	78	83	89	137
新型产业	蜂蜜 / 千克	51	52	53	53	71	88	88	283	892	2720

②产业链短且产业融合水平低。

对茶园村而言，产业融合仍然是新事物，第二、三产业总量依然偏小，产业链短，加工增值率不高。农产品“种植 + 加工”“种植 + 销售”的模式处于起步阶段，且仅限于村内主导产业（如茶产业），村民对于产业链的延伸、产业融合的自发性经营意识不强，技术也相对不成熟，未建立从产业前端和后端赚取超额利润的机制。以“种植 + 加工”模式做得最好的茶产业来说，也仅仅停留在产业的二次融合，未能实现产业的三次融合，如“种植 + 生产 + 销售”“种植 + 生产 + 服务”等发展模式。合作社或专业公司也未能建立茶叶销售、茶文化旅游等收入渠道来延伸产业链条（图 6-53）。

图 6-52　茶园村吊脚楼改造

（资料来源：研究团队自绘，许璇）

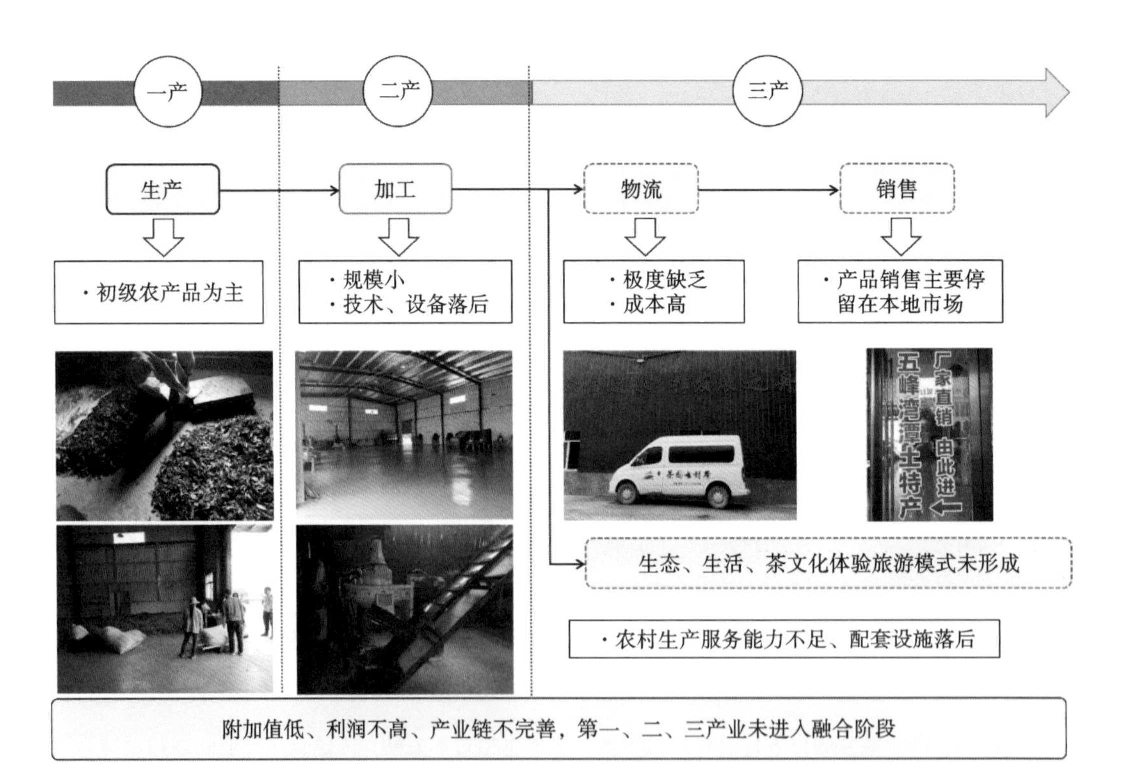

图 6-53　茶园村产业链与融合程度示意图

（资料来源：研究团队自绘，许璇）

6.3.2 茶园村乡村社会资本要素与问题

（1）茶园村的乡村社会资本要素。

①宗族血缘关系——紧密型乡村社会资本。

紧密型乡村社会资本的主要体现形式是宗族血缘关系网络。基于茶园村的实地调查发现，山区聚族而居的现象明显。“习惯”“安全”“热闹”“方便”等感受说明聚居让村民有了群体归属感，也体现了民族村寨聚居的安全性需求。在如今的社会环境下，茶园村这种血缘亲戚聚居的模式仍然延续，从侧面说明当地的聚居模式符合生态文化选择以及村民的实际生产生活需求。调查发现，100 户人家中有超过 65% 与周边邻居（50 米范围内）存在血缘关系，其中直系亲属关系的比例超过 30%。聚居关系促进了社会网络关系延伸，并构成了亲戚、邻居间的初代利益共同体。在此利益共同体内，各成员之间打破合作屏障，建立特殊信任。

特点如下。

a. 亲戚聚居有利于走动，可以维持关系，相互照顾。

b. 可互相照看田地，有亲戚在镇上打工，周末回村，平日可以让亲戚帮忙照看田地。

c. 便于公共空间的借用，由于村内用地多坡度陡、海拔高，每户均摊的公共空间面积较小，婚丧办酒席等事务时需借用邻居门前的合院空间，亲戚间方便借用。

茶园村聚居现状如图 6-54、图 6-55 所示。

②多样化社会组织——桥接型乡村社会资本。

图 6-54 茶园村聚落、院落空间

（资料来源：研究团队自绘，许璇）

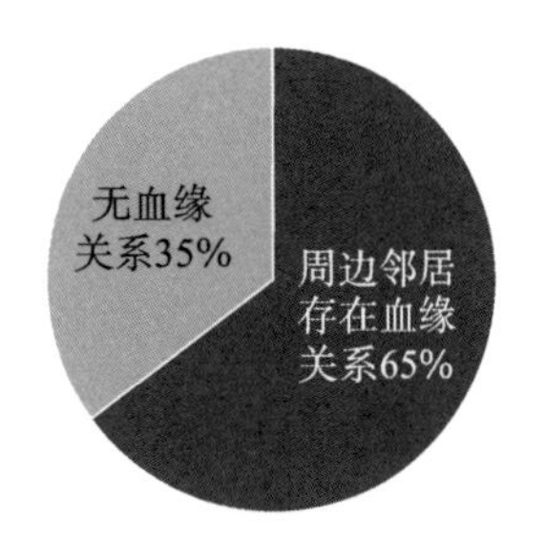

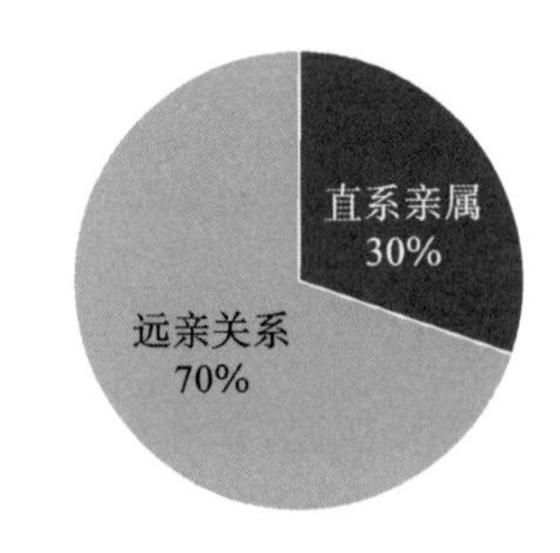

图 6-55 茶园村聚居情况统计
（资料来源：研究团队自绘，许璇）

茶园村桥接型乡村社会资本的主要体现形式是多样化的社会组织。茶园村社会组织（个体）主要包括乡贤精英、专业化经济组织、村民自治组织等。其中，乡贤精英是乡村公共决策和治理的主体。专业化经济组织（合作社、专业公司等）是乡村经济发展、产业运行的重要载体，村民自治组织则为乡村治理提供了协同与支持。

③基层政府与市场化力量——链接型乡村社会资本。

茶园村链接型乡村社会资本的主要体现形式是基层政府与市场化力量。茶园村的村委会是获取体制资源的重要媒介，作为基层政府的村委会承担乡村治理的职能，也是各类资金申请、优惠政策申报、规划委托编制与实施的主体。同时，各类参与茶园村经济发展的市场化力量（规划师、媒体记者、投资商等）也是茶园村获取市场资源的重要渠道，其与基层政府共同成为茶园村获取资源的内、外部渠道。

（2）茶园村乡村社会资本的问题。

①宗族力量影响资源配给，产业扶贫内卷化加剧。

在茶园村的扶贫与建设过程中，虽然政策扶持力度大，可是这种扶贫投入并没有得到相应的减贫、脱贫成果。有部分村民认为自己的利益未得到妥当的协调，宗族力量影响了资源的公平配给。（在宗族力量影响下，非标对象（如大姓宗族亲眷等）更容易得到扶贫项目的资金与资源。这种扶贫资源投向的目标群体范围逐渐收紧，所得利益份额萎缩现象明显，导致产业扶贫内卷化现象愈发严重。）

茶园村内大姓宗族在村内政治、经济等各个方面都占据主导地位，成为原始的乡村社会关系网络的基础。调查发现茶园村村委会现任村支书为龙姓，村主任为许姓；上一任村支书为杨姓，上一任村主任为现任村主任的大哥。茶园村连续三任村支书与村主任都来自村内大姓宗族，村委委员也同样来自大姓宗族。同时，村内公司、合作社的主要管理人员中大姓宗族人员占比高达 70%。茶园村村委会人员构成如图 6-56 所示。

此外，茶园村村级治理与管理体制内人员交叉任职现象明显。茶园村主要领导和成员属于大姓宗族的人数占比高达 73%，宗族势力在乡村的各个事项决策中都有话语权，通过对村民的访谈，大多数村民都认为自己在村庄治理方面缺少参与机会，部分村民对村庄资源配给（特别是扶贫政策和资金的分配）表示强

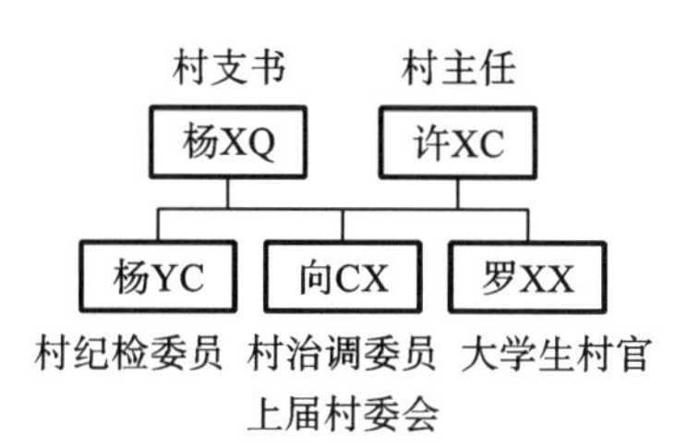

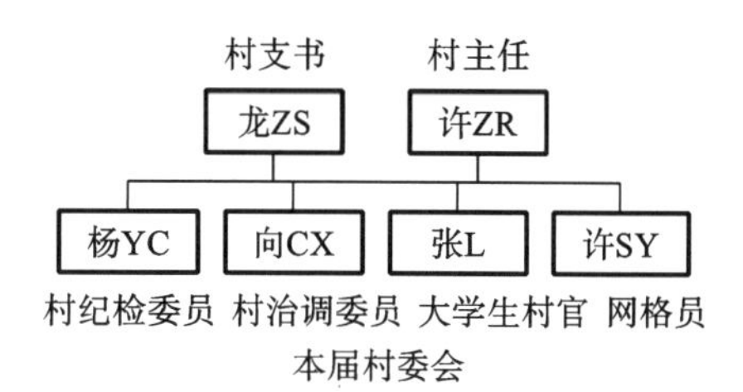

图 6-56　茶园村村委会人员构成

（资料来源：研究团队自绘，许璇）

烈的不满，这从侧面反映了茶园村乡村治理权力集中导致资源配给不均的问题。在这样的情形下，有“能力与关系”的农户（以大姓宗族的村民为主）能够从产业项目和扶贫政策中获得更多的资源和利益，而一般的农户却难以获得平等的资源，这使得资金、技术都偏离了上位政策所设定的目标与方向，资源配给的边际效应在下沉过程中显著降低，同时也在一定程度上也引起了部分村民的不满。表 6-18 为茶园村管理人员交叉任职表。

表 6-18　茶园村管理人员交叉任职表

	村委干部	退休村干部	扶贫督察专班	议事会	群众会	专业合作社	管理人员	老板
龙 ZS	√		√	√				
许 ZR	√		√		√		√	
杨 YC	√		√	√		√		
向 CX	√			√				√
张 L	√		√	√	√			
许 SY	√							
龙 XZ			√	√		√		√
龙 ZK		√				√		
许 CK						√	√	√
陆 JS					√	√		√
杨 FR		√		√		√		
陆 DZ					√	√	√	√
杨 DL		√	√	√				√
张 CH				√	√			√

续表

	村委干部	退休村干部	扶贫督察专班	议事会	群众会	专业合作社	管理人员	老板
向 QY								√
梁 MX			√				√	
唐 DY					√	√		
覃 DQ					√			√
向 CY						√		√
刘 B			√				√	

以下为“X-1”户的访谈记录内容。

家户编号：X-1；姓名：高 × ×。

职业：农民（贫困户）；年龄：66；性别：男。

高 × × 的儿子高 × × 在 2018 年新盖房屋，村里和镇上的干部表示其可获得房屋补贴，而建设到一半时又收到通知说无法享受补贴，因此高 JP 的房屋造到一半停工，为了还造房子欠的钱，又出去打工了。同时高 × × 还表示在今年茶园村一组进行屋面瓦片翻修的工程中，和村领导及工程领导小组关系好或同一宗族的村民所用的瓦片用材好，而其他村民用材差。

反映问题：资源配给不均衡；村内缺失村民表达诉求与解决争议的机构。

图 6-57 为茶园村村民访谈图。

图 6-57　茶园村某农户新旧宅场院访谈图
（资料来源：研究团队自绘，许璇）

②乡村公共精神衰退，公共配套服务与设施供需失衡。

茶园村乡村公共精神衰退的现象较为明显，作为一个山区民族特色乡村，茶园村和一般的偏僻乡村一样，都陷入了公共配套服务设施短缺的困境，而这样的困境主要是由于现代农村公共物品的收益和供给主体不一致所引发的“公地问题”。

以下是“X-2”户的访谈记录内容。

家户编号：X-2；姓名：许G。

职业：村委会干事；年龄：53；性别：男。

许G是茶园村村委会干事，他表示茶园村是湾潭镇距镇中心最远的村庄，前些年村内基本的供电供水设施不健全，通过村书记和村委的多方协调，终于争取到了供电线路的改造项目，改善了村内曾经电力不稳、影响制茶产业生产的情况。近年来，茶园村村委也致力于建设村民活动室、室外健身设施、环卫设施、农产品交易市场等，由于资金和项目申报难度大、周期长，已建设的健身设施、活动中心的使用率相对不高，村民对于设施维护的责任心需要提高，后期运营维修成本也较高，因此设施配建的进度较为缓慢。

反映问题：村内缺乏公共配套设施；村民自觉维护公共物品的意识水平较低。

从上述访谈案例可以看出，茶园村的公共配套设施和物品配给仍然无法满足村民的需求，降低了彼此合作的信任度，导致村民对于公共事务与活动参与意愿低，维护公共物品的责任心不强，最终导致了乡村公共精神的衰退。

6.3.3 茶园村产业振兴的社会资本分析

在探究茶园村乡村社会资本是否对产业振兴存在影响，以及社会资本要素对产业振兴的影响机理过程中，作者采用了Nvivo软件进行扎根理论分析。实施分析时，案例资料种类多、数量大、来源广，为本研究提供了极大便利。Nvivo软件的协助作用集中在创建项目、导入资料、建立节点、节点编码、资料分析、模型建立等方面，可以为研究者提供更直观、更真实的复杂资料提炼。从分析步骤来说，本研究课题会根据程序化扎根理论，对各项资料实施处理与分析。通过一手资料研究，采用开放性、选择性和主轴编码，建构初步理论模型；再对二手资料进行分析，研究核心范畴能否全部呈现，论证理论饱和目标是否达成（图6-58）。

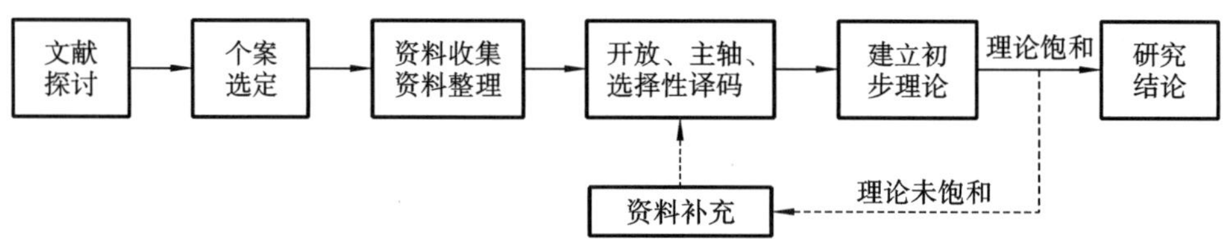

图 6-58 扎根理论研究流程图
（资料来源：研究团队自绘，许璇）

（1）开放性编码。

这是采用概念化方法精准反映经验资料本质的编码形式，对研究资料持续归纳并提炼本质内涵。该过程主要研究的是不同形式资料，避免重要信息的遗漏，可通过“定义现象—挖掘范畴—命名范畴—发掘范畴的性质及性质的维度”的流程来完成聚敛处理。本书采用开放性编码方式分析茶园村访谈资料，主要步骤如下。①对访谈资料采用浏览的方式通读，适当排除不相关资料，这有利于后期降低编码工作量。②资料打散的开放式重组操作，需要对茶园村资料先抽取 168 个可能相关的条目内容，写入到备忘录中。③将研究课题所需资料整合出来，采用开放性编码，将导师与同学们研究后所得的建议作为参考。其中，“贴标签”环节建立 86 个自由节点（编码前缀为 x），“概念化”环节建立 28 个树节点（编码前缀为 X），“范畴化”环节建立 12 个副范畴[1]（编码前缀为 XX）。开放性编码分析示例如表 6-19 所示。

表 6-19 开放性编码分析示例

案例资料	贴标签	概念化	范畴化
茶园村换届选举，凭借 16 年担当本村电工的好口碑，龙 ZS 以绝对优势当选村支书	× 村委选举	× 民主选举	×× 民主参与
村民 Y: 村里每年会开差不多 4 次大型的村会，讨论协商村里的事情，最近是上个月和我们讨论关于房屋改善问题的意见以及对村里即将开发旅游产业的看法	× 乡村集会与议事	× 民主决策	
村委会广场上设有村内事务、雨露计划、特困资金发放名单、低保户等公示栏，定时更新，信息公开	× 公示栏建设	× 信息公开	
村里现在都有群众会，负责对村委工作进行协助，同时也承担民主监督责任，对重大事项具有建议和监督的权力	× 民主监督与建议	× 监督体系	

1 因为概念很多且内涵重叠现象明显，范畴指的是重新将概念分类并整合结果，本研究将其作为核心研究对象.

续表

案例资料	贴标签	概念化	范畴化
村党支部书记龙 ZS 介绍，该村安全饮水工程投资 73 万元，采取集中和分散供水的方式，新建了 5 口蓄水池和 53 口分散供水池，铺设了 7.5 万米的地下水管，村民只要拧开水龙头就有水喝	× 便民服务发展	× 基层管理者	×× 治理组织
让覃 XX 高兴的是，合作社负责人龙 Y 帮助他联系到了买家，所有的猕猴桃均被预订，这下真的成了能带来收入的“黄金果”	× 对接联系对外渠道	× 乡贤精英	
李 Y 带队来到这里，落实了通水、通路、通网等基础设施建设工作，并邀请专家为该村制定了脱贫方案，脱贫攻坚下一步要在阵地建设、调整产业结构、创新社会治理等方面下功夫	× 制定科学发展计划		
村内五峰万牧生态农业有限公司成立于 2018 年，经营范围：中药材种植、销售；蜜蜂养殖；电子商务信息咨询服务等	× 专业公司	× 经济组织	
村内五峰龙腾种养殖专业合作社为加入合作社的村民社员提供以下支持和服务：组织收购、储藏、销售种植的蔬菜和中药材，提供养殖技术；组织供应与生产相关的生产资料；引进新技术、新品种等	× 合作社		
“我们都加入群众会了，现在每个月都有例会，讨论村里的大小事务，每周我们还有小组讨论会，挺有作用的，上个月村里给贫困户推广产业贷款政策，也是我们挨家挨户宣传的"	× 群众会	× 村民自治组织	
《茶园村村民自治章程》《茶园村安置点管理公约》《湾潭镇茶园村“门前三包，环境达标”责任书》	× 环境公约	× 村规民约	×× 规范制度
这一年，覃 XX 打听到有位工友，家里也种植了猕猴桃，收益还不错。于是他跑去工友家整整一周，仔细了解猕猴桃的品种和种植情况。工友家种植的是从山东引进的“双黄一号”，这个品种的黄心猕猴桃，个头大、口感好，在超市里甚至卖到了 30 元一斤	× 宗亲关系	× 熟人社会单元	×× 关系网络要素
一年半的务工工资，加上先后两次申请的小额扶贫贷款，村民 D 总共投入了近 12 万元进行猕猴桃种植	× 贷款	× 信贷资金支持	×× 发展资源

（2）主轴编码。

根据开放性编码对每个有价值意义的单元实施概念识别与归纳，这就是概念群建构的初步模式，通过对其性质、面向来实施归纳，最终得到 12 个范畴。这些范畴都是副范畴内容，形成的概念间关系也并非不变，可通过主轴编码来深入验证。

主轴编码是将开放性编码分割后进行聚类分析，再建立各个范畴间的关联。分析各范畴概念层次，说明各个范畴间的潜在联结关系，这是确定线索的主要过程。将松散资料重新整合，利用开放性编码来总结相关概念，采用建立研究备忘录的方式将不符合研究标准的内容剔除。由于范畴在概念层次上各不相同，对逻辑次序归类后，得到五个主要范畴——“基本资源供给”“多元参与机制”“政策保障”“关系网络要素”“治理体系”。各主范畴（编码前缀为 T）及其对应的副范畴（编码前缀为 XX）总结如表 6-20 所示。

表 6-20　主轴编码形成的主范畴及其对应的副范畴总结

主范畴	对应副范畴
T1 基本资源供给	XX1 发展资源
	XX2 设施保障
T2 多元参与机制	XX3 协同机制
	XX4 民主参与
T3 政策保障	XX5 规范制度
	XX6 共同期望
	XX7 发展机遇
T4 关系网络要素	XX8 关系网络
	XX9 信任
	XX10 互惠合作
T5 治理体系	XX11 治理组织
	XX12 治理水平

（3）选择性编码。

这种译码分析模式为“根据条件—行动策略—结果分析”，对主范畴间潜在的逻辑关系进行梳理与挖掘。具体任务指的是对相关资料及开发所得范畴、关系等进行总结归纳，这就是用“故事线”进行开发的方式。

根据相关资料及理论来看，各个范畴及其对应关系的持续完善，就是建立概念并实践的过程。而梳理主范畴间关系时，作者将茶园村多元协同治理模式的主要故事线整理如下。在部分乡贤精英回村发展建设后，面对村内产业结构单一、产业链短、资源本底较弱等问题，茶园村通过治理单元改革、多元主体参与、市场机制构建、资源要素获取等手段，利用多元治理主体，形成党组织、民众会、互助小组等组织，协调内部资源配置，提升现代化管理水平；通过建立专业合作社与金融合作社等方式，加强产业技术流转和培育，加强特色产业的市场经营秩序管理；通过基层政府向上争取体制政策资源；通过乡贤精英向外争取市场资源与资金；形成发展合力，促进产业发展。

（4）理论饱和检验。

初步总结理论模型时，要检验范畴是否全部涌现，并分析理论饱和是否达成，以三角验证论证初步结论。在资料收集过程中，本研究获取了茶园村丰富的二手资料，但新概念、新范畴在资料中很少出现，即便是有新出现的概念与范畴，同样可整合到已有的五个主范畴中。

作者运用 Nvivo 软件的树节点分析法，对各个主范畴和编码的逻辑关系进行了梳理。通过对资料的回顾和扎根理论过程的重新梳理，绘制出影响茶园村产业振兴与发展的编码过程及逻辑关系全景图（图6-59）。

影响茶园村产业振兴的五个主范畴为“基本资源供给”“多元参与机制”“政策保障”“关系网络要素”“治理体系”。在主范畴层面，除了“基本资源供给”，其他都与社会资本的内涵契合，在“概念化层面”和“贴标签”层面，更是有超过 78% 的树节点（28 个树节点中的 22 个）和 84% 的子节点（168 个子节点中的 141 个）与社会资本的内涵契合。从选择性编码梳理的主范畴范式模型可看出，社会资本各要素对于茶园村产业发展的促进作用明显，因此可以得出扎根理论分析的初步结论，即社会资本是影响茶园村产业振兴的重要因素，通过影响“多元参与机制”“关系网络要素”“治理体系”和“政策保障”等方面，促进茶园村的产业发展。

6.3.4 茶园村乡村社会资本的运作机制

根据基于访谈调研数据的 Nvivo 软件扎根理论初步分析结果，作者认为乡村社会资本是影响茶园村产业振兴的重要因素。为进一步探究社会资本各要素对产业发展的影响，作者从茶园村社会资本提升对产业发展基础、产业资源配置、产业聚合情况和产业发展情况的影响等方面阐述茶园村乡村社会资本对产业振兴的具体运作机制。

（1） 构建乡村产业的联农带农机制。

人才振兴是乡村振兴的基础，也是乡村产业发展的关键。贫困山区乡村产业发展要突出资源优势，把更多的二三产业留在农村。同时，发展乡村产业的目的是促进农民增收，发挥乡村功能价值，建立更多的联农、带农机制。茶园村通过能人带动乡村社会资本的提升，拓展了村落资源特色与乡村产业发展主体的链接，夯实了产业发展的内在基础，助力乡村产业振兴。

在传统乡村社会，乡绅属于社会精英分子，这些人在乡村社会中的影响力较大，上可联络上级官员，下可调解民间纠纷，对维护地方风俗、获取社会资源都有明显的作用。

在当代社会，由于基层政府治理下沉，填补了国家与乡村之间的管理空隙，使得乡绅的作用逐渐弱化。越发达的地方，这种“中央—边陲”关系联系越紧密，乡绅作用也就越弱。而山区乡村由于其独特的地理区位，多分布在中西部地区的山区，乡绅制度尚具有存在与发展的土壤，乡贤精英通过建立外源性资源的获取渠道，将自身附带的社会资源、文化资源、经济资源、人力资源等内源性力量植入乡村，集聚资金、技术、人脉

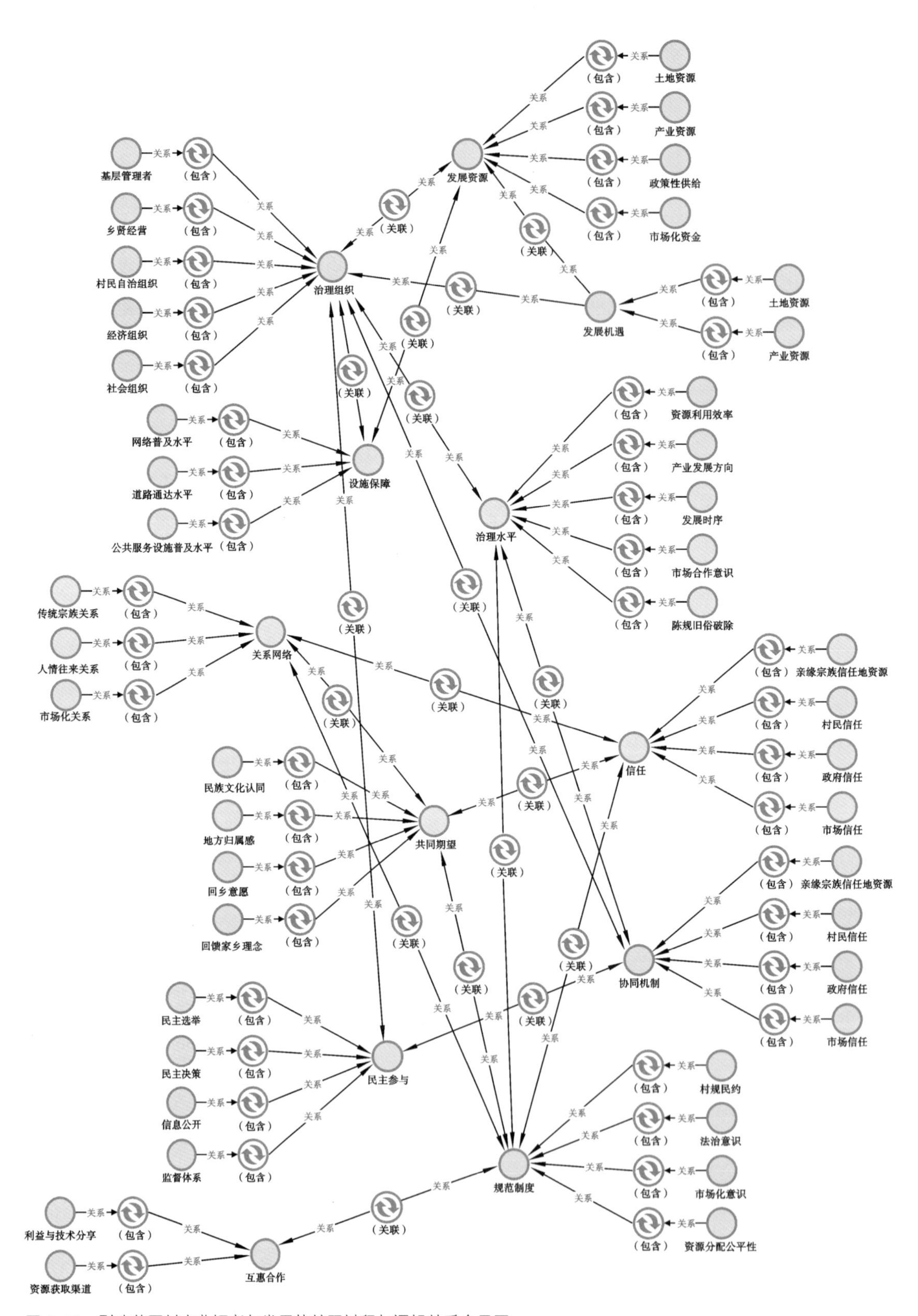

图 6-59 影响茶园村产业振兴与发展的编码过程与逻辑关系全景图

（资料来源：研究团队自绘，许璇）

等优势，引导村民因地制宜地发展特色产业。现代化的乡贤精英也不再仅仅是乡绅族老，还包括基层行政管理人员、回乡投资创业精英、技术型农户等，他们在不同的岗位上发挥着作用，对乡村产业振兴的影响不容忽视（图 6-60）。

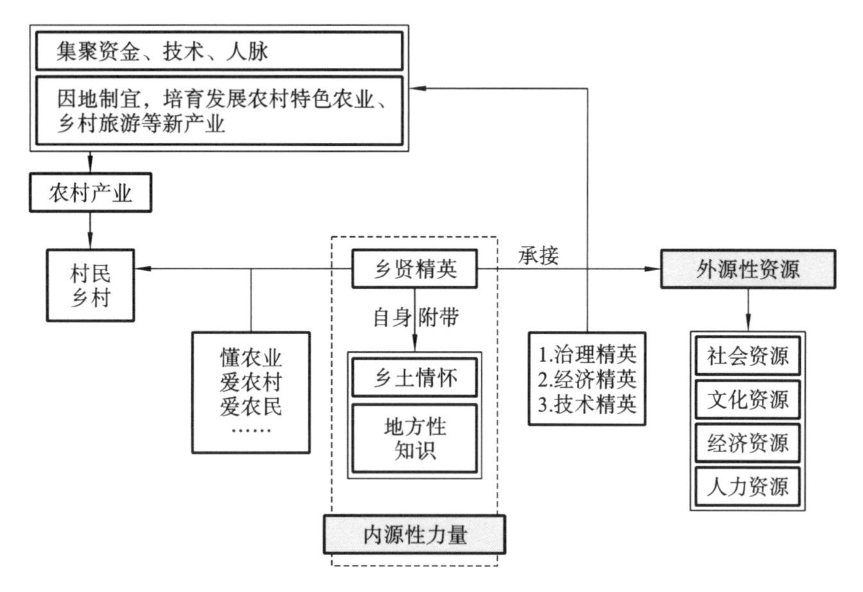

图 6-60 乡贤精英作用机制图

（资料来源：研究团队自绘，许璇）

①治理精英——村委干部。

乡村治理精英提升乡村基层管理与治理的水平。茶园村村委书记兼村主任龙 ×× 就是治理精英的典型代表，龙 ×× 从基层岗位干起，逐渐从一个专业技术人才转型成为乡村治理能人。2004 年，龙 ×× 成为五峰土家族自治县供电公司渔洋关供电所的员工，在供电公司他吃苦耐劳，勤学肯干，经常被选去参加电力系统的技术比武和技能培训。但由于对家乡浓厚的情感，2005 年龙 ×× 毅然放弃了供电所的工作，投身家乡，准备用自己的学识建设家乡。龙 ×× 经过选举成为茶园村的新一任村主任。2011 年经过村委班子改选，龙 ×× 又成为党支部书记。其实，在 2005 年任村主任时，茶园村尚未建立基本的水泥公路，只有一条土路，全长 11 千米。当时他便提出“先修路”的想法，因为只有交通条件满足行业发展时，才能真正为农村经济发展带来活力。到冬季农闲时，村民在他的号召下成为义务工；当设备不够时，他亲自带领村民拿着扁担、锄头去田间地头。就这样，到 2013 年，茶园村才真正拥有第一条硬化路。全村 440 多户土家族村民一直居住的是木质吊脚楼，电网铺设到村里后，经常出现因为线路老化导致火灾的情况。经过努力争取，五峰土家族自治县电力部门将农村电网升级改造作为工作重点，先后投资了 54 万元将村内供电线路全部更换，确保居民用电安全。

②经济精英——回乡投资者。

乡村经济精英通过引入资金、技术与发展理念促进乡村产业发展。成立茶厂与合作社的龙 ×× 是茶园村典型的乡村经济精英，也是回乡投资者的典型代表。2014 年，经过时任村支书的二叔龙 ×× 的多次劝说，在外从事煤炭经营、事业有成的龙 ×× 放弃了外地生意，返乡二次创业。他组建了益农茶叶专业合作社，成立了茶园古村茶厂。合作社在村委会的指导下主动对接贫困户，无偿对社员开展各类技术培训，免费为社员发放生产资料。同时，龙 ×× 每年为合作社内贫困户大学生提供助学金，鼓励他们努力读书。益农合作社与村委会签订协议书，共同发展茶园村集体经济。通过“合作社 + 基地 + 农户”的产业扶贫模式，4 年来，社员年均收入每年递增 10%。

③技术精英——新型职业农户。

乡村技术精英通过掌握专业种养殖技术，成为乡村产业振兴的重要推动力量。2014 年，由于年纪太大无法外出务工的覃 DQ 回到村里，打算开荒 10 亩地种植猕猴桃。他投入了一年半的时间务工，申请了小额扶贫贷款近 12 万元。他从完全不懂技术，到自己摸索种植，从 10 亩产 800 斤增产至 4000 多斤。村委会得知丰收的喜讯后，主动联系本村的益农合作社找到覃 DQ，将他吸纳成为社员，还请来县农业局的专家传授种植技术并帮助他找到买家，所有猕猴桃都已被预订。覃 DQ 表示要继续钻研种植技术，也愿意通过合作社适时向其他有兴趣的村民传播猕猴桃种植技术，带动大家一起致富。

在与村民的访谈中，作者发现村民对于乡贤精英（特别是回乡投资者）对乡村发展的贡献最为认同。各种类型的乡贤精英成为茶园村产业飞速发展的引导者，治理精英参与乡村基层管理，利用宗亲血缘关系号召经济精英回村投资，带动产业整体发展，经济精英召集村内技术精英开展农业技术培训，普及和升级农业技术与产品，同时经济精英还为技术精英建立对接市场渠道，治理精英为经济精英和技术精英向上争取政策资源，各类乡贤精英为村民提供了政策、资金、岗位和技术支持，共同推动了乡村产业的发展（图 6-61）。

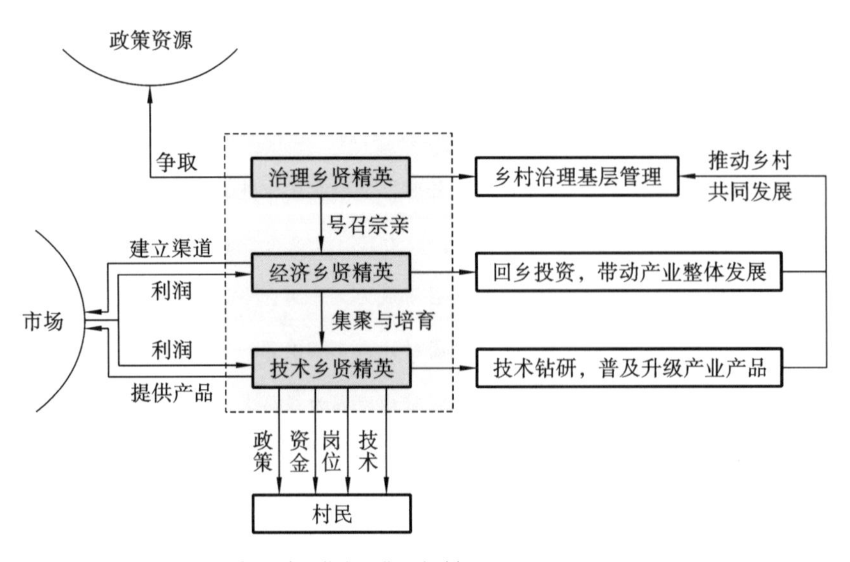

图 6-61　茶园村乡贤精英推动产业发展作用机制图

（资料来源：研究团队自绘，许璇）

④基层政府与社会力量争取产业发展的内外部资源。

a. 对内挖掘在地资源。

茶园村吊脚楼的形式多种多样，其主要类型包括单吊式、双头吊等，村内现存古建筑 200 多栋。2014 年，住房和城乡建设部将村内 292 栋传统建筑列入国家级保护对象。2015 年，为了挖掘土家族特色吊脚楼的资源，促进村庄资源的流动与发展，茶园村村委会委托某设计公司甲编制了《五峰土家族自治县茶园村村域规划》，将茶园村定位为以传统民居、生态农业、旅游休闲、茶产业为主的旅游度假村。2017 年，茶园村村委会委托某设计公司乙编制了《茶园村传统村落保护发展规划》，对村内古建筑核心保护区旅游产业发展进一步规划布局。2021 年，基于落实旅游产业开发的需求，茶园村委托某设计公司丙编制了茶园村传统村落保护工程方案，对茶园村核心保护区内集聚的 14 栋特色传统民居、道路、排水系统、电力通信系统及景观绿化等进行保护及修缮。其中针对特色吊脚楼进行保护性修缮的措施如下：屋面防漏部分更换屋面木檩条和木椽板，检修小青瓦屋面；室内装修更换地板、室内电线、开关、灯具、配电箱等；室外墙面更换木枋、嵌木墙板等，为农户将自家房屋部分空间改造为民宿提供基础（表 6-21、图 6-62）。

表 6-21　茶园村保护资源统计表

	对村落选址、格局有重要影响的历史环境要素及数量	
茶园古村落保护对象	名称：观音岩遗址	数量：1 处（个、座）
	名称：百顺古石桥	数量：1 处（个、座）
	名称：犀牛洞	数量：1 处（个、座）
	名称：传统土家民居	数量：1 处（个、座）
	名称：钢丝吊桥	数量：1 处（个、座）
	名称：古银杏树	数量：1 处（个、座）

（资料来源：作者根据《五峰土家族自治县茶园村村域规划》整理）

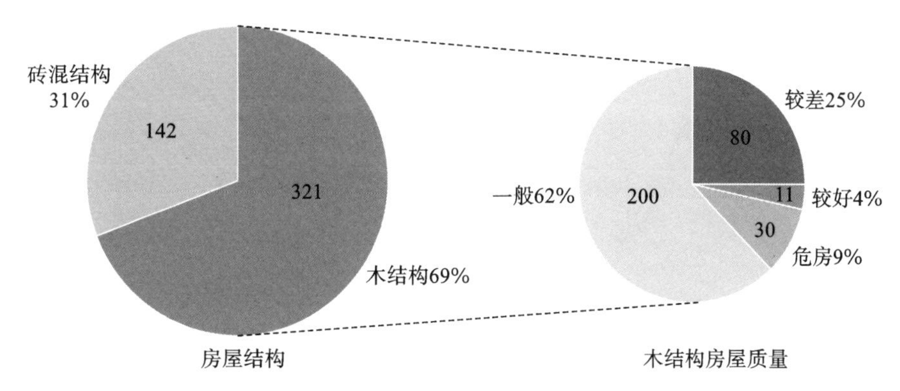

图 6-62　茶园村房屋状况统计图

（资料来源：研究团队自绘，许璇）

b. 对外争取体制资源。

乡村规划构建了茶园村产业振兴的系统框架与顶层设计。2015 年，根据乡村产业发展和建设指导需要，茶园村村委会成立生态村工作领导小组，申报并创建市级生态村。2016 年，茶园村成功入选全国第四批传统村落保护名录。规划指导文件下发后，茶园村获得了资金、技术等支持以及新的建设空间，开始大力发展地方基建（道路工程、水利工程、电力系统、照明系统等），完善公共服务设施（娱乐活动广场、茶文化展示中心等），加强环境整治（污水处理、村庄绿化、河塘清淤等）。茶园村景观、功能结构规划如图 6-63 所示。

茶园村传统建筑组团规划如图 6-64 所示。

（2） 协调乡村产业要素的配置水平。

乡村产业要实现发展，需要要素关系高度匹配，这样才有利于提高资源利用率。茶园村通过提升社会资本，加强了相关产业的集聚度与产业技术的流通性，协调了乡村资源的合理分配，进而促进了产业发展。

①宗族亲缘网络促进产业集聚与流通。

a. 特色产业集聚。

茶园村的 5 个村民小组构成了乡村基层社会关系网络，即以组为单位建立生产协作关系。茶园村当前所有姓氏共有 30 多种，其中大姓宗族为贺姓、龙姓、杨姓、许姓、张姓。这五个主要姓氏人口占茶园村整体人口的 30%，其中又以杨姓最多，占总人口的 10%。同时，茶园村大姓宗族在各个村组的分布情况也有所区别。一组以龙姓最多，人口占比达 29%；二组以许姓最多，人口占比达 34%；三组以杨姓最多，人口

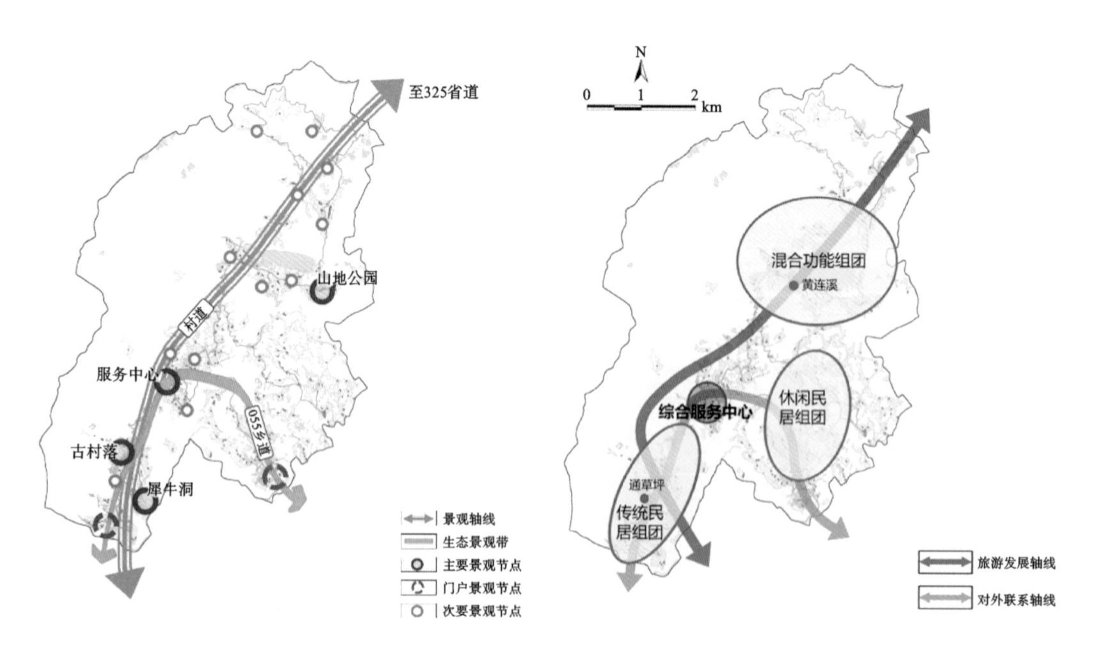

图 6-63　茶园村景观、功能结构规划
（资料来源：研究团队自绘，许璇）

图 6-64 茶园村传统建筑组团规划
（资料来源：研究团队自绘，许璇）

占比达 40%，四组以陈姓最多，人口占比达 31%；五组以谢姓最多，人口占比达 27%。

这些宗族人员或身居行政管理要位，或具有一定威望，或有资金与学历优势，他们作为宗族关系网络中的重要节点，起着领导、决策的作用，引导村民向共同目标发展。宗族背景给予了他们基础的信任与联系，起到了消解社会矛盾与分歧、增强社会合作的作用。由于宗族人员在村庄日常事务决断上有一定话语权，大姓宗族在茶园村也占据了更好的土地资源。据粗略统计，村内大姓宗族的人均耕地面积较组内其他姓氏人群多了 20% 左右，大姓宗族的人均农地（含耕地及茶园等）面积达 5 亩 / 户，而村内人均农地仅为 3 亩 / 户。根据自身发展条件，大姓宗族人员更容易形成一致行动。因此在村庄发展模式、产业发展方向等重大问题的决策上，大姓宗族人员往往成为主要推动力量，促使全族或全村共同发展产业，从而推动产业在空间上的集聚（图 6-65）。

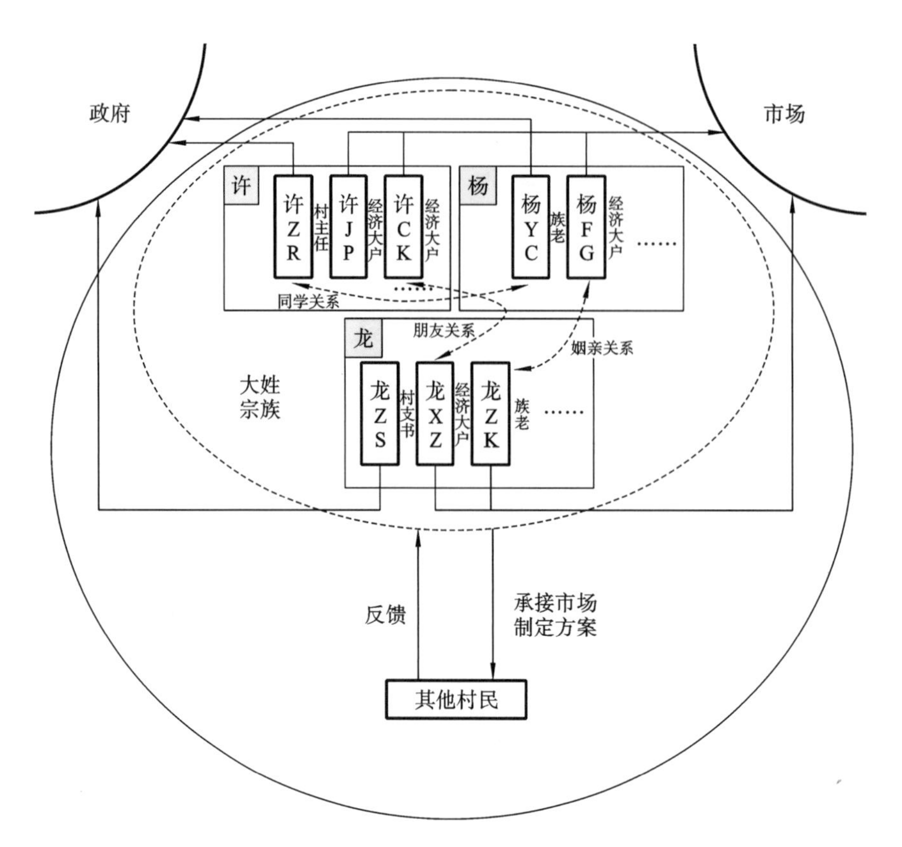

图 6-65　茶园村大姓宗族作用机制
（资料来源：研究团队自绘，许璇）

例如，茶园村在 2014 年大力发展茶叶产业后，提效升级的茶园超过 2000 亩，而这些茶园的分布情况与村内几家大姓家族的集聚区在空间上较为一致，也可以认为茶叶发展政策的执行和落实是在宗族人员的推动下，首先在宗族内部中予以贯彻，继而宗族人员在地理上的集聚也进一步带动了特色产业的集聚发展。中蜂养殖也是相似的路径，由于近年来部分村民中蜂养殖的收入较高，发展中蜂养殖又不占用土地资源，掌握养殖技术的农户会传授给亲戚，进而中蜂养殖的技术通过宗亲血缘网络不断传播（图 6-66）。

以下是“X-3”户的访谈情况。

家户编号：X-3；姓名：龙 XL。

职业：茶农、茶厂员工；年龄：45；性别：男。

龙 XL 初中文化，家里有个 70 多岁的老父亲种地，儿子在宜昌市念大专，为了抚养孩子，龙 XL 和妻子一直在武汉打工。4 年前，同族表弟龙 XZ 回村投资建茶厂。龙 XL 经龙 XZ 劝说，考虑到回村既可照顾父亲，也可在村内上班拿工资，因此决定回村到茶厂工作。回村后，龙 XL 将自家闲置的耕地和部分低效的

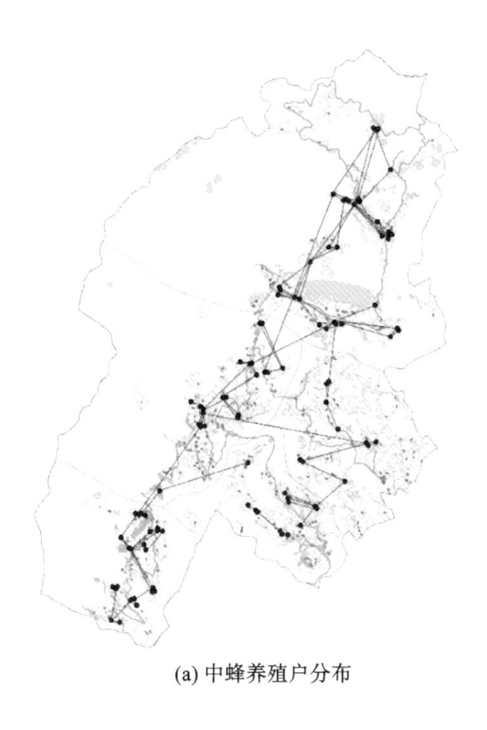

(a) 中蜂养殖户分布

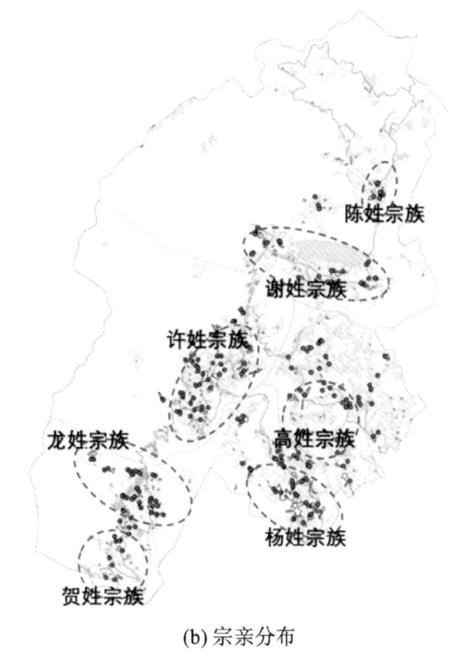

(b) 宗亲分布

图 6-66　茶园村中蜂养殖户与宗亲分布图
（资料来源：研究团队自绘，许璇）

茶园都种上茶，与妻子共同打理千亩茶园，2017 年就实现茶叶种植收入 8000 元。此外，龙 XL 在茶厂工作的年收入超 3 万元，妻子负责给茶厂员工打扫卫生和做午饭，每年也有近万元的收入，家庭年收入并不比外出务工的净收入低，还能照顾家里，于是更有干劲了。龙 XL 表示，从事茶厂工作的三年半以来，他不但自己尽心发展茶叶事业，同时也号召亲友都从事这个致富产业。他说自己是因为相信同族兄弟才回乡试试，现在自己日子好过了也不能忘了同村同族的人，以前在外打工辛苦而且花费也大，现在回村从事茶叶生意反而更划算。茶厂扩大规模生产，同时发展高中低端产品，高端茶产品已出口欧盟，自己对茶园村的未来很看好。

反映问题：①宗族关系网络利于产业发展与产业技术普及，宗族带头人利于发动宗亲从事同种产业，产业技术的传导性强。②对宗族中有威信的族老或乡贤的信任感较强，获利后会自发在宗族内推广产业。

b. 产业技术流通。

聚居关系促进了社会网络关系延伸，构成了亲戚、邻居间的初代利益共同体。笔者于 2019 年 6 月初次赴茶园村调研时发现聚居现象，并在 2019 年 11 月进行二次调研时选择典型聚居组团（茶园村一组，14 户人家）进行典型案例分析。该聚居组团具有典型代表性，主要体现为：在地理空间上，该组团独立于平台，区域归属感明确。组团内 14 户人家都是大姓宗族，且 80% 的村民之间存在血缘关系。

作者调查访谈发现，在杨家 6 户人家中存在着空间借用、土地使用权转让、技术流转、人情往来、日常娱乐等多种交往活动，促进了技术、土地的流转与情感关系的加深，在某种意义上形成了聚居利益共同体（图 6-67）。

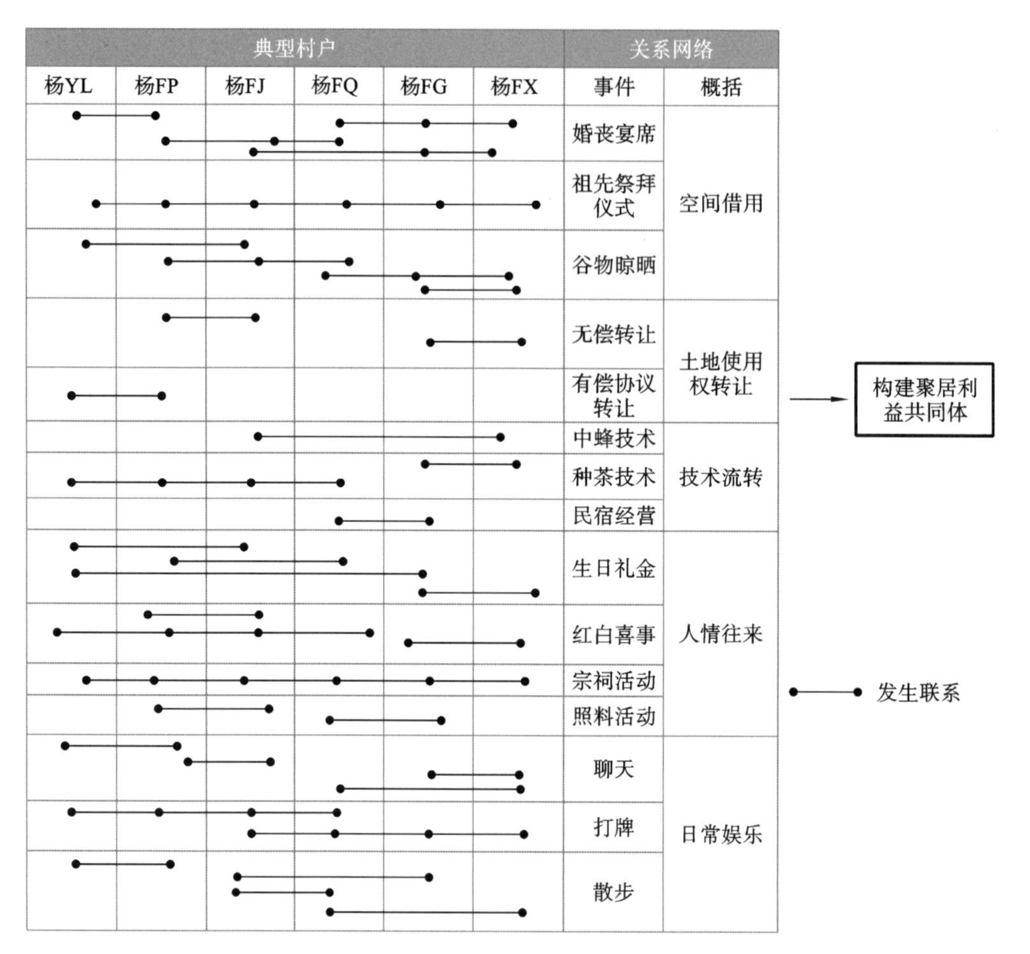

图 6-67 茶园村杨家 6 户交往关系图
（资料来源：研究团队自绘，许璇）

以下为“X-4”户的访谈情况。

家户编号：X-4；姓名：杨 FJ。

职业：农民工；年龄：60；性别：男。

茶园村 1 组中，杨氏宗族为大姓，村内家庭多为亲戚群居。杨 FJ 积极参加合作社组织的茶叶种植培训，吃苦肯干，3 亩茶园创造了 5000 元的产值，大大增加了收入。

聚居模式促进血缘关系网络加深，关系网内各节点（村民）的相互信任关系较强；直系亲属间存在无偿转让农地的现象，亲情与信任构建起了利益共同体；亲缘关系促进产业技术流转，对高附加值的产业技术在村内的普及与流动具有促进作用。

茶园村杨家 2 户土地、技术流转情况如图 6-68 所示。

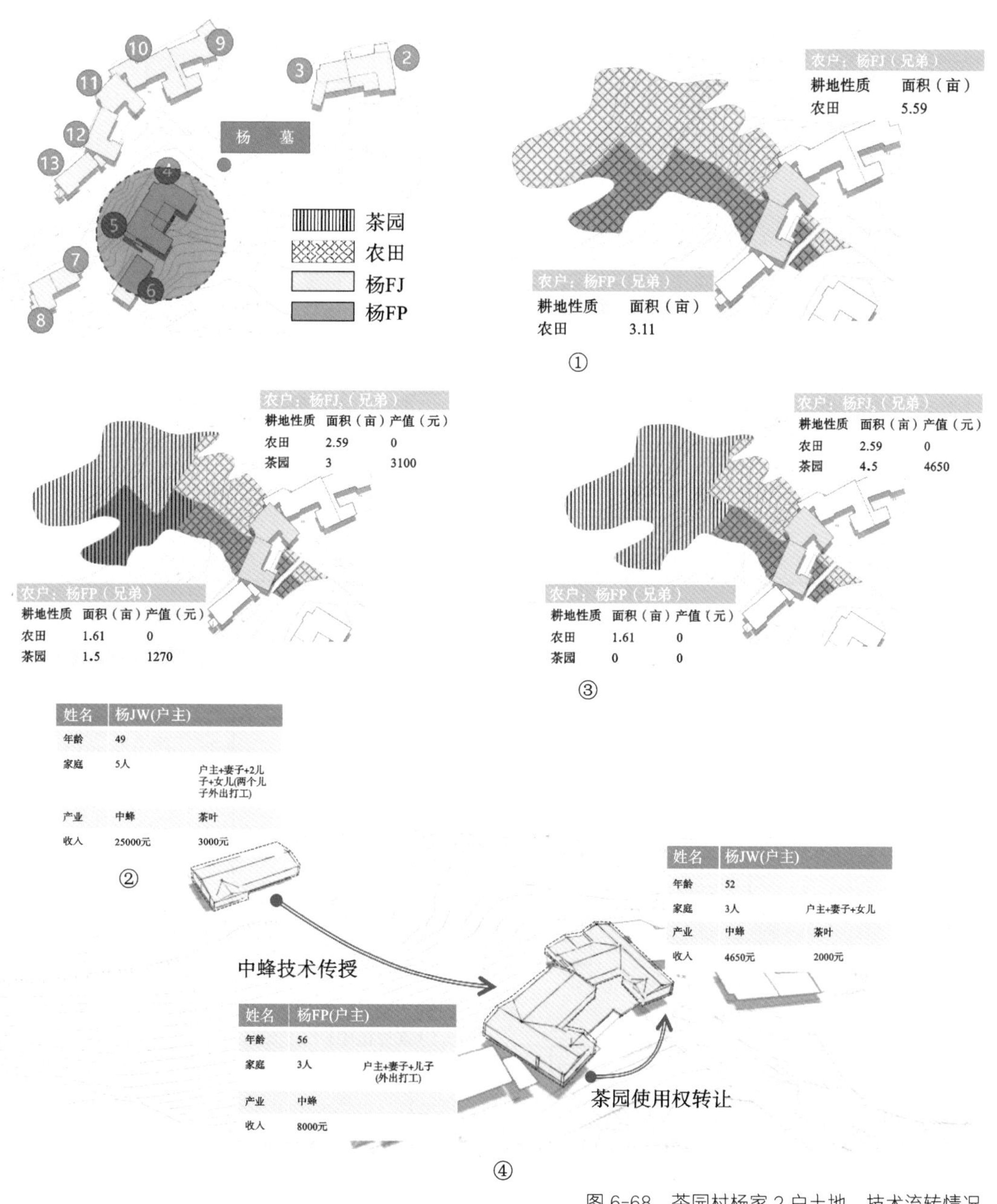

图 6-68 茶园村杨家 2 户土地、技术流转情况

（资料来源：研究团队自绘，许璇）

②村民自治组织推动资源配置优化。

茶园村固有的土地整治模式是，村委会直接决策，拆除危旧房屋并对部分宅基地进行复垦，对易地搬迁的村民进行一定的土地补偿，但这样的土地整合机制未完全考虑到村民的实际产业发展需求和困扰搬迁

实施的内在痛点，也不能形成有效的意见反馈和沟通机制，最终导致政策颁布缺少信服力，降低村民对政府公职人员的信任感，同时也导致土地整治行为的执行力较低（图 6-69）。

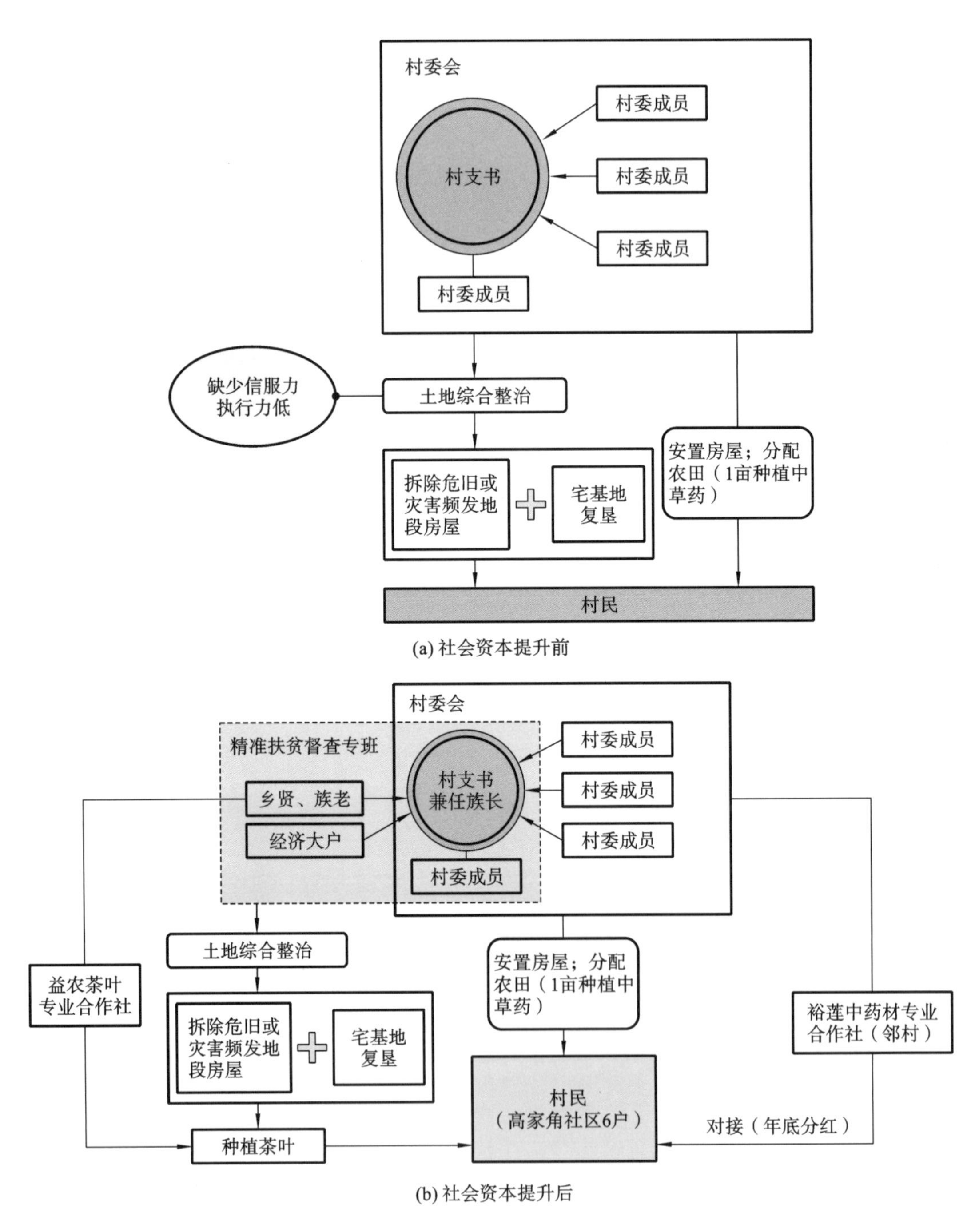

图 6-69　社会资本提升推动高家角社区产业资源配置图

（资料来源：研究团队自绘，许璇）

为此，茶园村建立了精准扶贫督查专班，有效落实产业扶贫。以茶园村高家角社区为例，扶贫专班与村委会建立协作机制，展开土地综合整治，对部分危房、旧房进行拆除，对宅基地进行复垦，将部分村民异地安置至高家角社区。考虑到村民搬迁后种植不便的问题，每户分配 1 亩中草药用地，对接邻村裕莲中药材合作社进行中草药种植技术培训，社区人员在种植茶叶的同时也种植中草药，增加了收入来源。乡贤精英在其中起到了对接邻村合作社、成立茶叶合作社、村庄房屋改造建设、扶贫资金监管等多项作用。

（3） 提升乡村产业发展的多方合作。

乡村产业发展需要多方的共同配合与参与。茶园村通过社会资本的提升，构建了利益联结机制，促进村民、基层政府、专业化经济组织、村民自治组织形成发展聚合力，加强了多元主体在村庄发展上的参与度，促进了乡村产业发展。

①专业化经济组织构建产业发展的利益联结机制。

茶园村现有茶叶、中蜂、中草药、农产品、牲畜养殖各类专业合作社 6 个，信用合作社 1 个，专业化公司 5 家，这些专业化经济组织是构建产业发展的利益联结机制的基础。其中，合作社在技术培训、生产资料提供、市场对接、贷款服务等方面为村民提供服务，负责与市场进行供销合同签署与利润返还等工作。合作社成为市场与分散农户之间的沟通媒介。在这种“农户—合作社—市场”的模式下，合作社为农户提供便利与稳定收益，为市场提供稳定供货，并获得一定的议价权，促进利益的合理分配。而专业公司则通过市场化经营建立了快速对接市场的渠道，增加了产品的销量，减少了村民由于信息不对称而产生的交易损失，构建了产品市场化的利益分享机制，解决了村民从事产业经营的后顾之忧（图 6-70、图 6-71、表 6-22）。

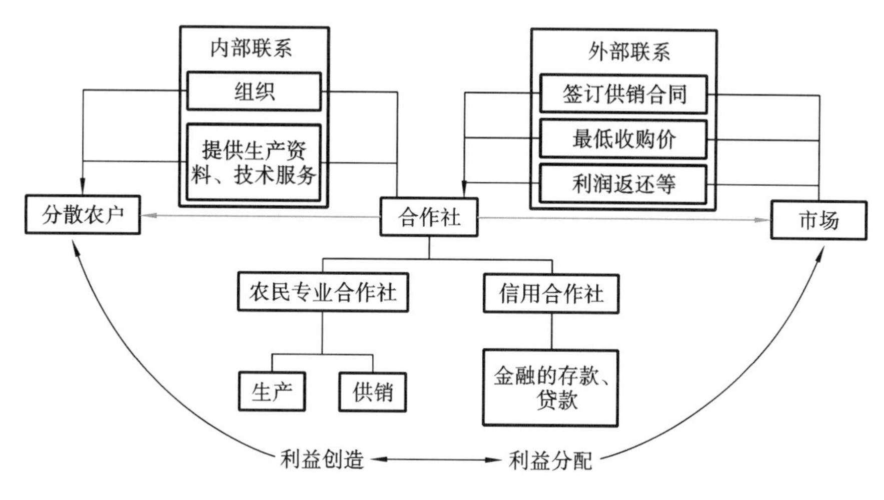

图 6-70 专业化经济组织利益联结机制图

（资料来源：研究团队自绘，许璇）

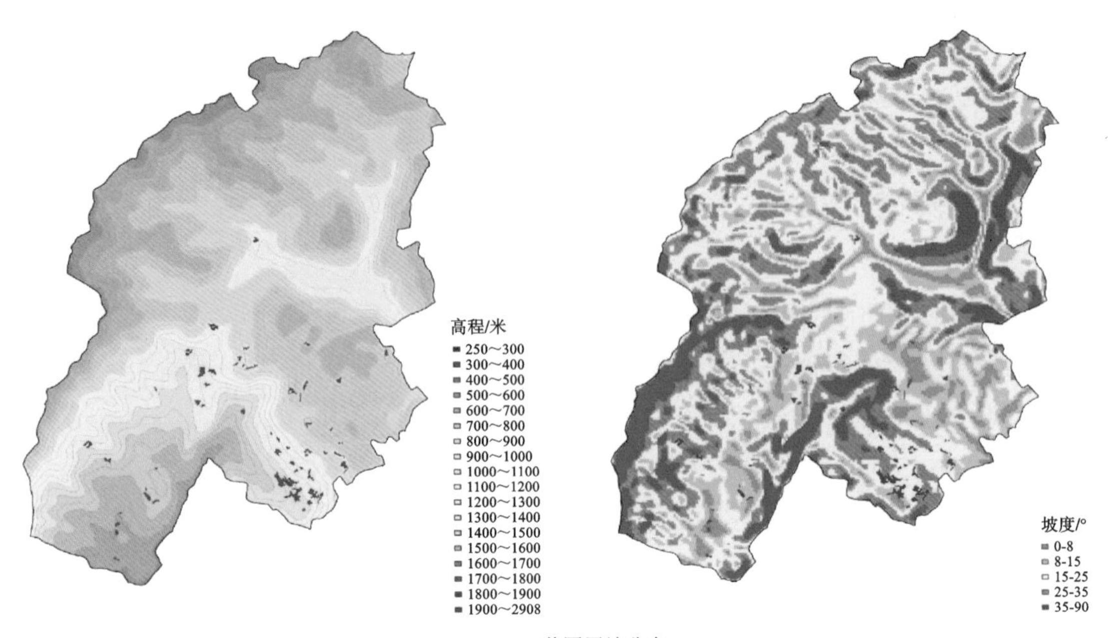

茶园用地分布

划分因素	划分层次	占比
高程	600 ~ 800 米	4%
	800 ~ 1200 米	74%
	1200 ~ 1500 米	22%
坡度	0° ~ 8°	4%
	8° ~ 15°	18%
	15° ~ 25°	53%
	25° ~ 35°	25%

图 6-71　茶园村茶园分布情况图

（资料来源：研究团队自绘，许璇）

表 6-22　茶园村专业化经济组织

类型	名称	地点	法人
专业化合作社	五峰年强生猪养殖专业合作社	茶园村一组	茶园村村民
	五峰龙腾种养殖专业合作社	茶园村一组	

续表

类型	名称	地点	法人
专业化合作社	五峰古村茶园乡村旅游专业合作社	茶园村一组	茶园村村民
	五峰双溪农机专业合作社	茶园村二组	
	五峰益农茶叶专业合作社	茶园村二组	
	五峰惠当家农产品专业合作社	茶园村三组	
专业化公司	五峰华祥农业开发有限公司	茶园村一组	
	五峰益农茶业有限公司	茶园村一组	
	五峰鼎忠茶业有限公司	茶园村三组	
	五峰万牧生态农业有限公司	茶园村五组	
	宜昌新菜园生态农业有限公司	茶园村五组	

a.“因产施策”地构建特色产业保障体系。

基于茶叶种植的特性，茶园村组织村民选取高程、坡度合适的区域种植茶叶。作者利用 GIS 软件将茶园村高程、坡度与茶园村茶园用地的地理分布叠加分析后发现，茶园用地处于海拔 800 ～ 1200 米区域，这个海拔区间的气候条件较为适合种植茶叶。茶园有 53% 的区域坡度为 15°～ 25°，有 25% 的区域坡度为 25°～ 35°，区域坡度小于 15°的仅有 22%。由于茶园村地处山区，土地平均坡度大，同时低坡度的区域需要先保证粮食作物的种植，满足村民日常食物的需要，茶园分布则选取坡度相对大的区域。

同时，根据茶叶种植和中蜂养殖的不同特点，茶园村通过合作社为农户提供切合实际的扶持。茶园村现有益农茶叶合作社和鼎忠钟茶叶合作社，合作社社员分布呈现按村组集中的特性，益农茶叶合作社社员主要集中于一、二、三组，鼎忠茶叶合作社社员主要集中于三、四、五组。而茶叶合作社基于村内原有的茶产业基础，侧重于助推与提升茶产业发展，从规模化生产、技术提升、定向采购、质量监管等多个维度保证合作社农户产茶的质量，同时积极对接市场，扩充多元化销售渠道，推行电商销售模式，并打造中高端茶叶品牌，部分茶叶已达到欧盟出口标准并成功建立欧盟出口渠道，完成了产品的溢价提升（图 6-72）。

中蜂产业在茶园村的发展基础与茶产业有很大不同，因此茶园村也针对中蜂产业的特性“因产施策”地进行引导。作者利用 GIS 软件对茶园村高程、坡度与中蜂养殖户和中药材用地的地理分布叠加分析后发现，茶园村的中蜂养殖户主要集中在高程较高的区域，1200 ～ 1600 米高程的区域有 35 家中蜂养殖户，

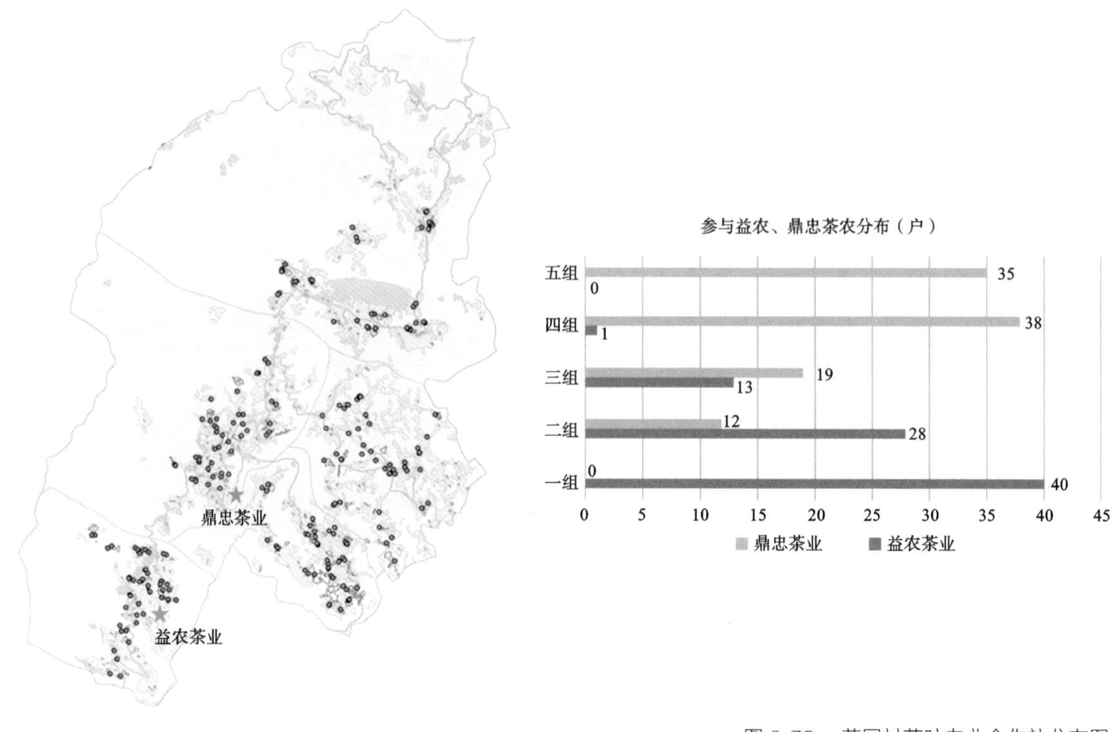

图 6-72　茶园村茶叶专业合作社分布图

（资料来源：研究团队自绘，许璇）

且中蜂养殖与中药材种植的结合度高，可以产出价值更高的药材蜜，利于提高收入，销售渠道也更有保障（图 6-73）。

茶园村原先从事中蜂养殖的农户较少，中蜂合作社由于缺少产业基础，产业培育要从零起步，所以合作社更侧重于培育与推广。中蜂合作社通过召开产业大会普及经营理念，提供生产资料与技术，与农户签订定向采购协议等方式动员村民加入合作社，发展中蜂养殖产业，同时鼓励农户入股合作社，增加合作社成员的利益分享渠道，用实际获得感引导更多农户加入合作社进而推动产业发展（图 6-74）。

b.“因人而异”制定产业扶持政策。

茶园村现有农户 441 户，农业人口 1508 人，5 个村民小组，主要致贫原因包括：交通条件落后、产业基础薄弱、因病、因学、因灾、因残等致贫的发生率较高（图 6-75）。解决贫困问题的难点在于：茶园村地处全省暴雨中心，自然灾害频发，基础设施、基本农田损害严重且恢复难度大，因灾返贫现象时有发生。对于不同原因致贫的农户，合作社与村委会相互协作，根据农户的具体情况制定不同的产业发展策略。

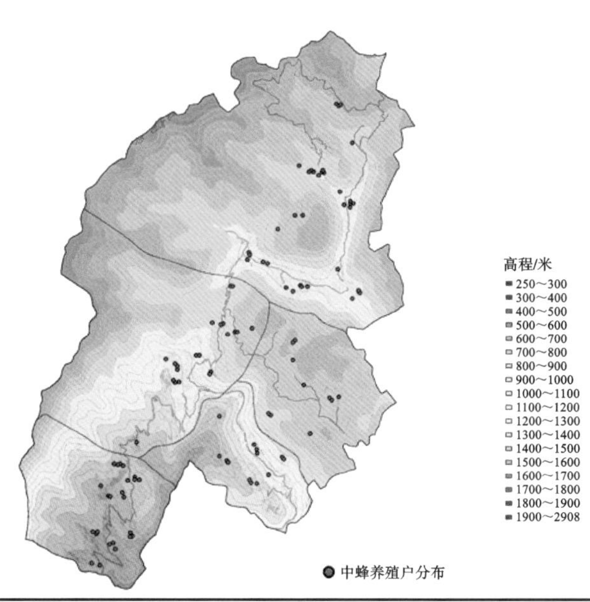

蜜蜂养殖户			
村民小组（户）	高程	专业合作社/公司	中药种植户
五组 35	1200～1600米	有	多
四组 10	1340～1450米	无	多
三组 12	650～1250米	无	少
二组 21	800～1600米	有	少
一组 25	550～1400米	有	少

图 6-73 茶园村中蜂产业发展情况

（资料来源：研究团队自绘，许璇）

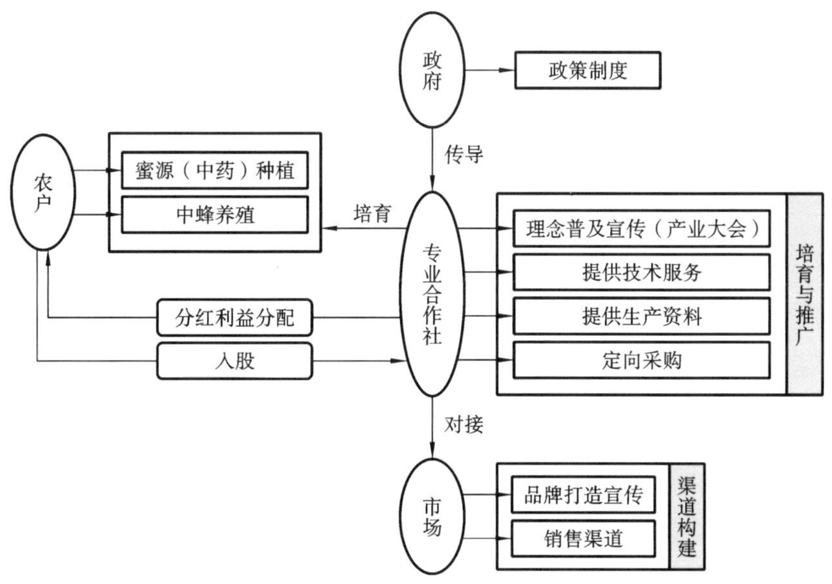

图 6-74 茶园村中蜂专业合作社机制图

（资料来源：研究团队自绘，许璇）

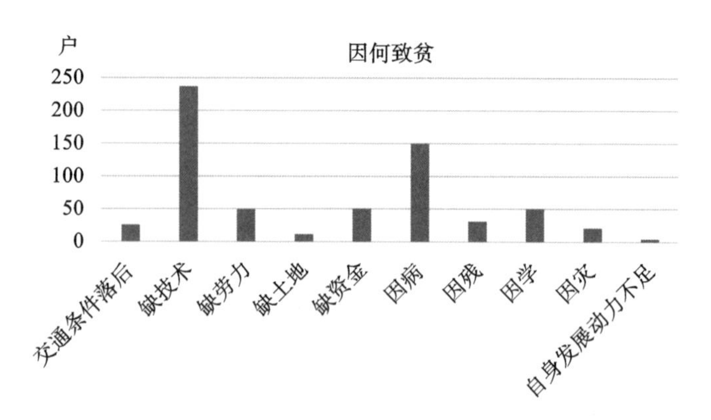

图 6-75 茶园村致贫因素统计图

（资料来源：研究团队自绘，许璇）

以下为“X–5”户的访谈情况记录。

家户编号：X–5；姓名：陈 QY。

职业：贫困户 / 中蜂养殖户；年龄：53；性别：男。

茶园村第五村民小组中，陈 QY 是建档贫困户，家中无妻无子，一直处于独居状态。5 年前陈 QY 从广东打工回村，由于身体不如往前，干不动体力活，回村后仅靠过去的打工积蓄和低保生活，自己家的 1 亩多地就种一点点玉米和土豆作为口粮，2015 年陈 QY 成为村内建档贫困户。2018 年茶园村五组个别技术农户和村委会委员成立了中蜂养殖合作社，吸纳部分农户成为合作社成员。合作社在村内召开产业大会，陈 QY 在多方动员下也加入了合作社，开始了中蜂养殖。中蜂养殖不需要太多的体力劳动，对土地资源的要求也不高，只需一次性置办生产工具。由于茶园村海拔高、药材多，中蜂产出的蜂蜜具有药用价值，产业收益较高。经过 1 年半的中蜂养殖，陈 QY 在 2019 年成功脱贫。

反映问题：合作社因人而异制定专门的产业扶持政策；对特色农业发展提供金融、技术、生产资料等优惠和帮助。

②村民自治组织提升产业发展的公众参与度。

村民自治组织（如群众会）的构建，让茶园村产业发展的社会网络连接模式从单向传输变为双向传输，提高了村民的参与意识与意愿，提升了政策执行与反馈的效率。在原有的单向传输模式下，村民缺少话语权，只是承接政策，村委和政府的产业政策与资金支持也缺少号召力，政策与资金呈现自上而下的单向传输。而在社会资本提升后社会网络的双向传输模式下，群众会作为村民自治组织在政策传导、反馈的过程中起到了重要作用。群众会由村委成员、经济大户、乡贤和村民构成，对下动员产业发展，传达解释产业政策，协助合作社扶持工作，助力培育新型经营主体；对上反馈村民建议，形成与社会力量沟通的机制，保证了多元参与主体的双向互动。政策自上而下传导通畅，意见自下而上反映通畅，加强了村民参与乡村公共事务的意愿（图 6-76）。

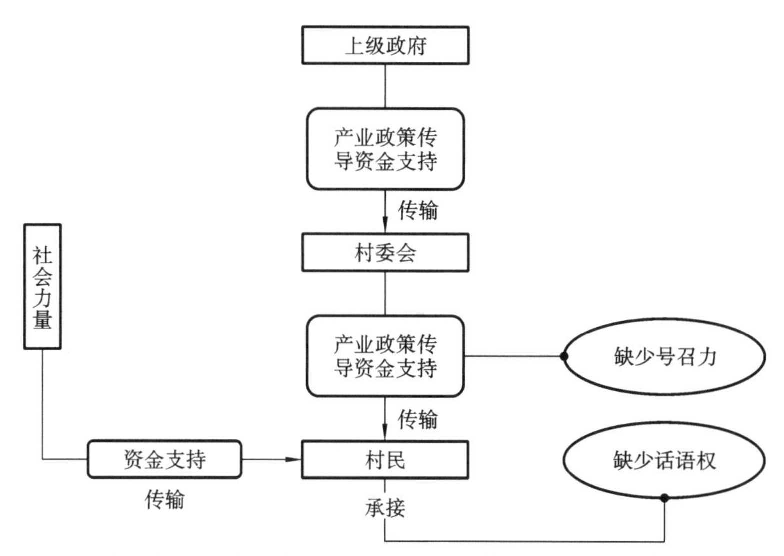

(a) 社会资本提升前：茶园村产业发展“单向传输”社会网络连接模式

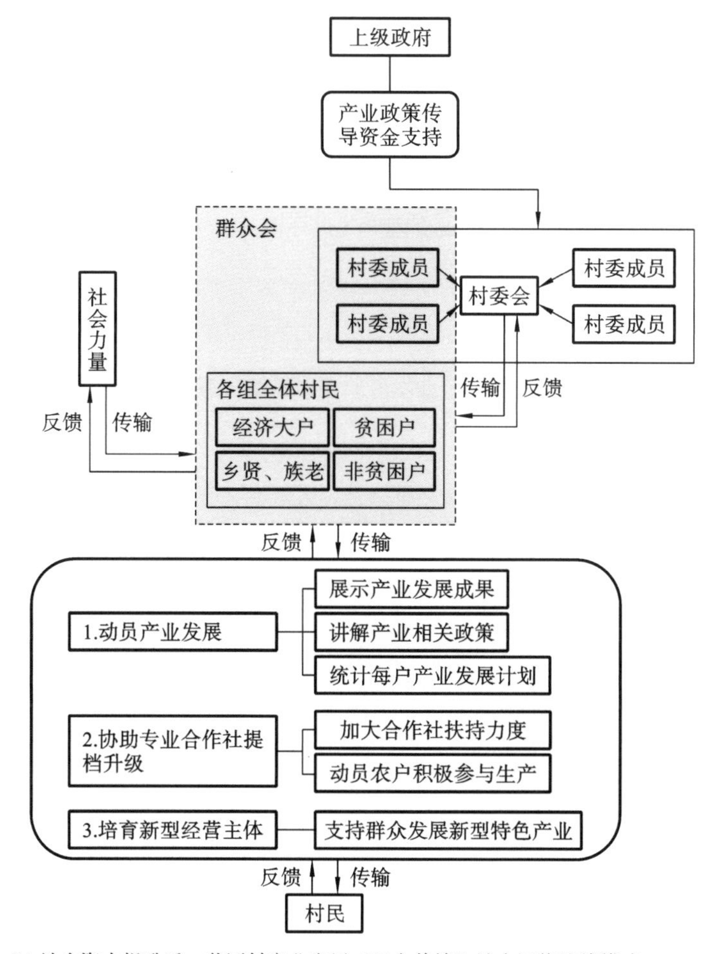

(b) 社会资本提升后：茶园村产业发展“双向传输”社会网络连接模式

图 6-76 茶园村“单向—双向”社会网络连接模式图

（资料来源：研究团队自绘，许璇）

（4）优化乡村产业发展的制度环境。

乡村产业发展离不开稳定、高效的发展环境，物质有保障、发展有依托的物质环境都是产业发展的重要支撑。茶园村通过引入社会资本，提高了乡村金融发展与基础设施水平，建立了物质和金融保障机制，促进了产业发展。

①乡村信贷体系提升乡村产业发展的金融水平。

在调查中发现，村民间的借贷行为经常发生，这种建立在宗族或朋友关系上的信任体系，很难形成规范化的借贷规则，同时也难以保证资金供给。因此，村民的生产要素是相对匮乏的。种植业收益速度慢，农村宅基地又未形成合法质押市场，资金成为制约茶园村产业发展的一大问题。

而信贷金融下乡则解决了上述问题，乡村信贷体系提升了乡村产业发展的金融水平。2017 年，五峰农商银行在茶园村内设置了若干农村金融服务点和三个工作站（金融精准扶贫工作站、金融服务网格化工作站和惠农金融服务站），站长由村支书担任，副站长由银行派驻的网格员担任，同时从农户中吸纳党员和群众代表作为工作人员。金融服务点为有产业发展需要，同时又有资金困难的农户提供小额贷款，其审批和扶持机制主要是由服务点建立信用信息档案和信用考评制度，并对贷款农户进行产业发展指导（图 6-77）。

乡村信贷体系的初步建立意味着茶园村的村民有了借贷途径，为乡村产业的发展建立了有效的、可落地的金融支撑体系。乡村信贷体系基于农户信用评价制度的审核机制，又通过市场化的手段促进了乡村信任体系的建立，规范了村民市场化经营行为，优化了乡村产业的整体发展环境。

②基层治理机构完善乡村产业发展的设施保障。

茶园村村委会在建设乡村的过程中得到了各级乡村治理组织和社会组织的支持，逐渐积累了乡村治理与建设的经验。为优化乡村产业发展的物质环境，提升乡村产业发展的便利程度，茶园村村委会积极完善乡村产业发展的设施保障。

2014 年以前，茶园村道路硬化率仅为 60%，为解决村庄道路不平整、货车难以进出的问题，村委会组织建设了村级盘山公路，使村内道路硬化率 4 年间提高到近 90%，方便了村民进出的同时，也增强了产品向外运输的便利性。为方便村民搭便车，沿路设置了“村村通”候车亭，方便村民候车时休息，在提升产业发展便捷性的同时，体现了以人为本的发展理念（图 6-78、图 6-79）。

同时，茶园村村委会为改变村庄电力、供水、通信设施的现状，在 2015 年提出了让村民“用上放心电、喝上安心水、光纤进村入户”的建设目标。通过电力改造、供水设施修建等工程，提升了村民的幸福感，也为村民从事农产品种植、牲畜养殖等产业提供了保障（图 6-80）。

茶园村村委会在完善乡村基础设施建设的同时，逐步开展了一系列民心工程。茶园村强化了乡村公共服务设施的建设，如党群活动中心、茶文化展示中心、村庄卫生室等；加强了村庄环境整治，如污水处理、村庄绿化、卫生改厕、河塘清淤等；加强了地质灾害治理工作，提升了茶园村的整体面貌，为茶园村发展旅游产业、践行“茶旅融合”发展道路提供了设施保障（图 6-81）。

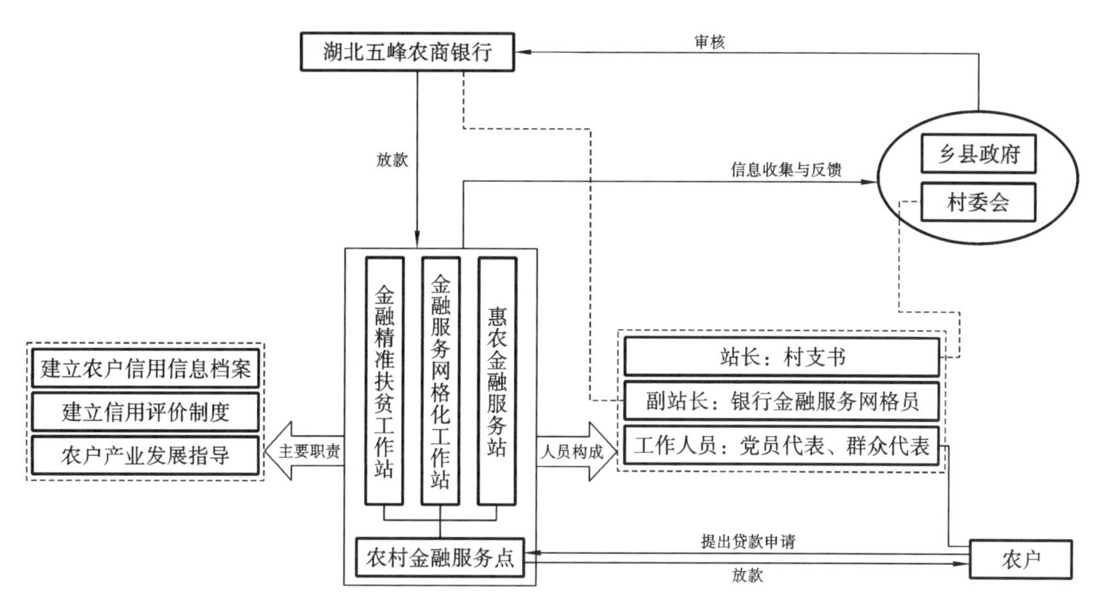

图 6-77　茶园村农村金融服务点构成示意图
（资料来源：研究团队自绘，许璇）

图 6-78　茶园村盘山公路
（资料来源：研究团队自绘，许璇）

图 6-79　茶园村“村村通”候车亭
（资料来源：研究团队自绘，许璇）

图 6-80　茶园村供电、供水、通信设施
（资料来源：研究团队自绘，许璇）

图 6-81　茶园村卫生室、茶文化中心、党群活动中心建设与地质灾害治理等民心工程
（资料来源：研究团队自绘，许璇）

6.4　基于社会资本提升的茶村空间治理

6.4.1　密接：加强资源要素整合，强化产业本底

紧密型乡村社会资本主要是以血缘或情感维系的强联结关系，包括亲戚、同姓宗亲等。这类社会资本由于其强联结的特征，对于促进集体行动，建立利益共生、情感互融的乡村社会运行模式有重要的作用。而山区乡村产业在发展过程中，不断面临由于资源要素紧缺所导致的利益分配不均、公共精神衰退等问题，进而也加剧了乡村宗族矛盾激化、家园精神消亡的困境。因此，从紧密型乡村社会资本提升的视角来看，应加强资源要素整合，要通过协调土地资源要素分配、统筹公共设施建设等路径强化乡村产业本底，夯实产业振兴的基础。

（1）协调土地资源要素分配。

在山区乡村，影响农村宗族关系的首要问题就是利益分配，而利益分配中最直接的就是土地资源要素的分配。而中国传统农村在形成过程中天然就存在土地产权不清晰的问题。因此，在部分地区有强大宗族背景或位于宗族权力中心的村民，往往会秉持权力至上的理念，对生产资料进行侵占或不合理分配，如此不断激化宗族矛盾。这就需要乡村在发展过程中协调土地资源要素分配，强化乡村土地综合整治。通过置换土地以提升土地的使用效率，如将部分村民进行异地安置，改善土地矛盾、协调土地资源要素的分配。同时也要充分发挥紧密型乡村社会资本的促进作用，通过乡贤精英对宗族的影响力，结合村规民约，加强土地整合的宣传与引导，提升村民对土地综合整治的认可度，提高农地流转的利用效率；以村委会为实施主体，制定科学有序的整治计划，合理推进整治工作进度；健全监督管理机制，通过村民自治组织规范土地资源分配管理模式；建立动态复审机制，采取定期“回头看”的方式，对用地盘活与土地资源分配情况进行评估，结合实际情况适时调整；通过以上多方面的工作，全面协调土地资源要素分配，缓解山区乡村内部矛盾，强化产业发展的本底（图 6-82）。

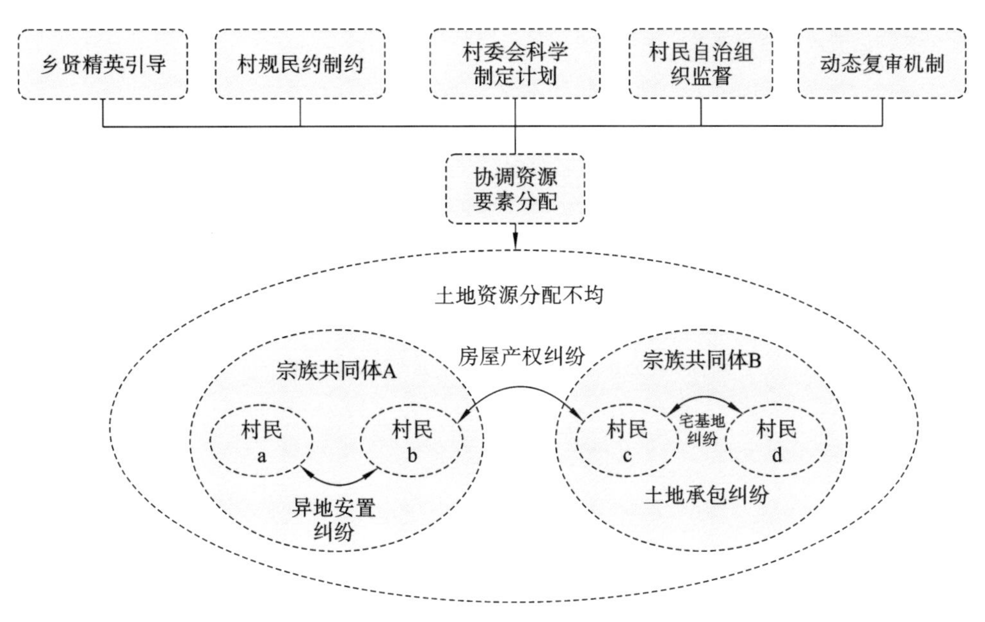

图 6-82 提升社会资本对协调资源要素分配的作用

（资料来源：研究团队自绘，许璇）

（2）统筹加强公共设施建设。

当前山区乡村公共物品及公共基础设施（学校、商业、卫生所等）的供给难以满足乡村实际发展需要。这种长期的行政化公共资源供给缺位也是乡村公共精神衰退的主要原因。受传统的生育理念影响，山区乡村人口增长速度远大于公共物品配给的增长速度，供给缺口需要村民自己承担部分成本，这导致公共物品供给处于匮乏的低水平状态，农民原本应有的经济理性，只能以一种排他性的占有欲来替代，进而引发了农民由于资源紧缺所表现出的社会公德、社会信任、互利互惠等精神的缺失。

在后续乡村建设发展过程中可采取以下几方面措施。

①统筹加强公共设施建设，通过强化乡村公共基础设施建设及探索在地化的村落空间改造、建立山区乡村所在区域的统筹供给体系等具体途径，提升山区乡村的公共设施供给水平，促进资源要素整合。

②强化山区乡村的基础道路硬化设施建设，同步提高乡村电通、网通水平，让广大村民“用上放心电，喝上放心水”，为产业发展提供硬件保障。同时，深入挖掘民族地区的在地文化，打造传统村落空间。在乡村公共空间的提升改造上，考虑构建精神地标，塑造家园空间的整体认同感，通过对全体村民关于自然、人文、共同记忆的深层次挖掘，形成乡村共建意识，有利于增强宗族认同感，延续家园精神，进而整合资源要素。

③建立山区乡村所在区域的统筹供给体系。应逐步推动村级公共服务设施建设，如农村电商服务点、金融服务点、养老服务点等。抓紧落实乡村公共设施建设的统筹机制与监管体系。积极探索跨行政区域的村域联动供给机制，加强邻村的公共设施统一供给制度建设，建立设施共用、服务共享的新理念。逐步优

化公共物品资源的监管体系，保障公共设施与服务落在实处。

通过以上各方面的工作，真正提升山区乡村公共设施及服务的供给水平，提高村民获得感，培育村民的公共精神，进而促进资源要素整合的水平，强化产业本底（图 6-83）。

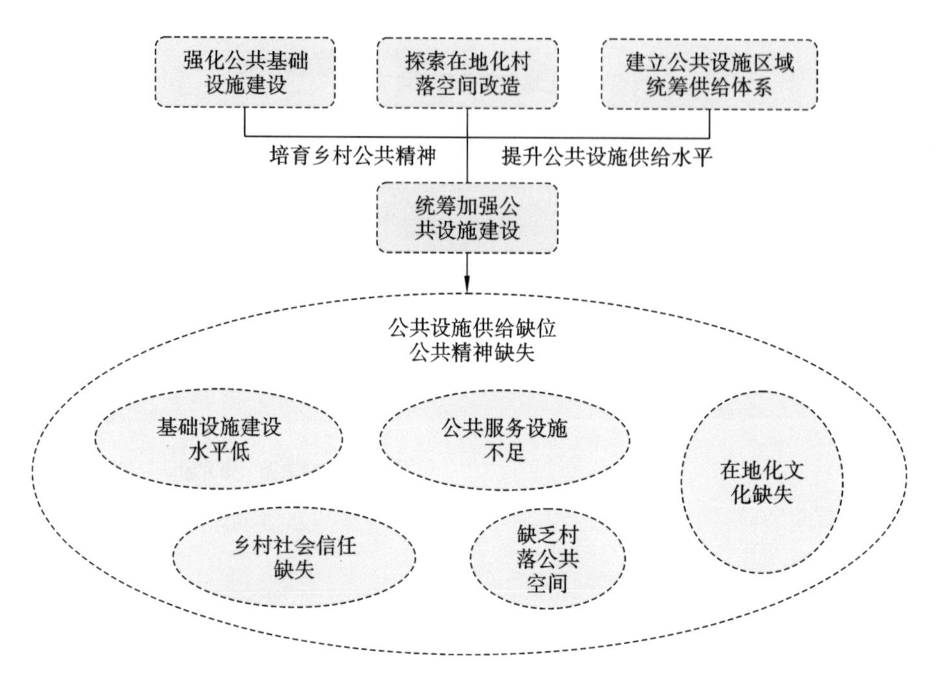

图 6-83 提升社会资本统筹加强公共设施建设示意图
（资料来源：研究团队自绘，许璇）

6.4.2 桥接：构建乡村共同体，形成产业合力

山区乡村的桥接型乡村社会资本是一种由水平、松散型关系维系的弱联结关系，包括乡贤精英、专业化经济组织（合作社、公司）、村民自治组织等，这类社会资本对促进群体互动，构建多元参与、互惠互信的协作机制具有重要作用。由于桥接型乡村社会资本的培育不足，山区乡村在产业发展过程中也不断面临产业链短、市场参与主体单一、公众参与意识淡薄等问题。因此，从桥接型乡村社会资本提升的视角应构建乡村共同体，通过培育产业发展的多元主体，构建利益联结机制等路径形成产业合力，促进产业振兴。

（1）培育产业发展多元主体。

在城镇化进程的影响下，大城市对乡村的虹吸效应不断加大，乡村劳动力流失成为乡村产业发展参与主体不足的重要原因。同时，乡村社会治理结构松散化导致村民对公共事务参与意愿较低，普通村民与村委形成双层结构，并处于分裂状态。传统宗族化乡村社会权柄集中的特点，影响了资源配给与经营的公平性，打击了村民参与市场经营及产业发展的积极性，且村民较低的文化水平与市场竞争意识也加剧了这种困境。

培育乡村产业发展的多元主体，要做大乡村产业参与人员的基本盘，促使村委、乡村精英、村民等不同类型的个体在乡村建设过程中发挥自身的作用。同时，要适时引入外部力量，引导市场良性发展，从专业角度为乡村产业发展出谋划策。对基于同地域的山区乡村产业发展路线趋同、产业发展动力不足的情况，则可以建立同乡邻村间的产业互助小组，村委和村民可以共同参与产业发展事务，进行技术交流的同时也可以减少零和博弈。加大乡村产业覆盖的广度与深度，建立乡村多元主体参与的协同发展机制，构建乡村共同体，进而形成产业合力，是解决产业发展动力不足的必经之路（图 6-84）。

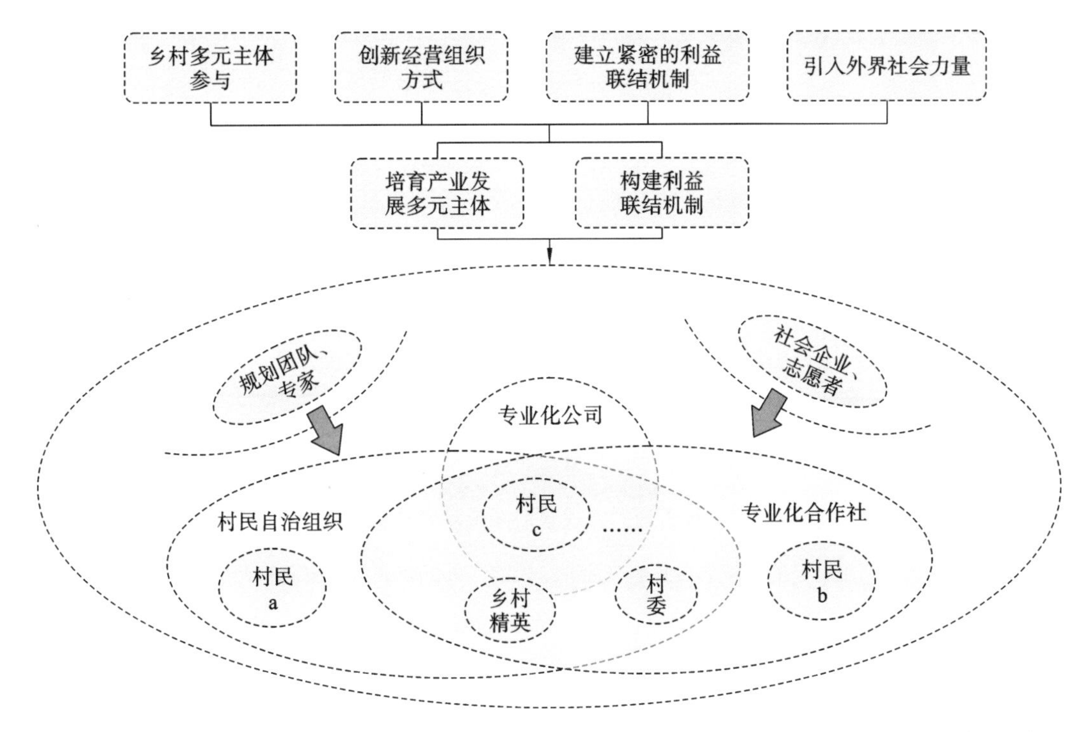

图 6-84　提升社会资本培育产业发展多元主体示意图

（资料来源：研究团队自绘，许璇）

（2）构建利益联结机制。

山区乡村受传统农业社会和土家族宗族制度的影响，农业产业的生产经营方式主要以家庭或家族为单位。而这种建立在血缘、亲缘上的共同体在受到市场化冲击以后逐渐瓦解。构建适应现代化市场竞争、提高生产效益的利益联结机制是山区乡村产业发展实现破局的关键。

构建乡村产业主体的利益联结机制，通过试点示范、项目引导、政策指导等方式，创新推广“公司 + 合作社 + 农户”“公司 + 基地 + 农民”“农民入股 + 保底分红”等经营组织方式，并以最低保护收购价、股份合作、利润返还等方式保证村民利益，建立紧密的利益联结模式，在村民间构建牢固的利益联合体，在生产实践中形成协同发展模式。

6.4.3 链接：对接外部资源，打造产业体系

山区乡村的链接型乡村社会资本是一种垂直、跨越式的联结机制，包括基层政府（村委会）、外界社会力量（规划团队、外来企业、媒体）等。这类社会资本对个体或集体的对外、对上联接具有促进作用，可以强化个体或集体突破等级和区域限制的能力，进而获得发展资源。在产业发展过程中，山区乡村由于处于行政体系的末端，其获取体制资源和外界支持的能力存在先天性缺陷，而这种发展资源的紧缺也导致了资源管理低效等问题。因此，从链接型乡村社会资本提升的视角应加强对接外部资源的能力，通过拓宽产业资源获取渠道，完善乡村特色产业体系等路径打造乡村特色产业体系，激发乡村产业振兴的动力。

（1）拓宽产业资源获取渠道。

山区乡村面临的最大问题就是资源不足，而导致资源不足的原因有很多，除了山区的基础设施和土地资源条件不足以支撑多数产业的规模化发展需求外，其较沿海发达地区更难获得体制资源及缺乏外部资源获取渠道也是重要因素。

拓宽山区乡村产业资源获取渠道，要加强民族特色乡村的品牌宣传力度，基于地方性特质打造乡村特色名片，通过组织各类民俗文化活动、旅游文化节等方式塑造乡村形象。同时，要建立健全农村信贷金融机构，保障农民从事产业经营的资金需求，拓宽乡村基层政府的金融渠道，充分利用土地增减挂钩、耕地占补平衡指标等存量资源，用盘活低效土地资源的方式获取政策发展资金。大力鼓励回乡创业者、投资者投资乡村，给予投资新兴产业、绿色产业的投资者在土地、税收方面的优惠政策支持，充分利用投资者的行业资源，由单个项目逐步拓展，立足特色优势产业吸引更多的社会资金。

（2）完善乡村特色产业体系。

山区乡村一般以农产品种植为主导产业，大部分的山区乡村产业链条较短，未能实现农业规模化和非农产业的特色化发展，没有形成产业体系，导致乡村从业人口多数集中在农产品种植等传统农业，部分从事农产品粗加工产业，难以实现产业兴旺。

完善乡村特色产业体系，要提升产业链融合深度，加强要素集聚、技术渗透和制度创新，延伸农业产业链，拓展农业的多业态功能，培育新型农业业态，以农业为基础发展第二、三产业，形成第一、二、三产业交叉融合的现代化乡村产业体系。但农村的三产融合体系是区别于城市的，要坚持以农业为依托，守好生态底线，发展康养旅游等第三产业。通过提质增效，提升产业的全要素生产率，在发展种养业的同时，结合地域情况多元发展加工、贮存、运输等行业，同时通过扩大品牌影响，扩大产品经营范围，提升产品的附加值，实现产业链由低端到高端的转化（图 6-85）。

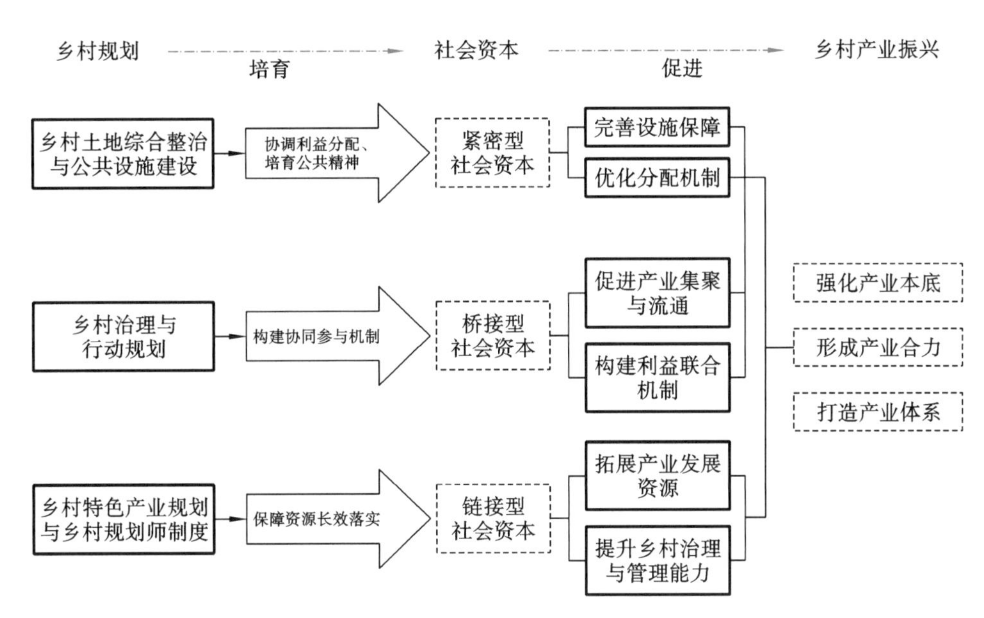

图 6-85 乡村规划培育社会资本，促进乡村产业振兴的运作框架

（资料来源：研究团队自绘，许璇）

结语

从全球的治理经验看，自然限制、经济瓶颈、地方社会、治理约束是山区发展缓慢的主要原因。我国山区多为多民族地区，具有生态敏感性、环境脆弱性、文化多样性等特征。推进山区面向产业振兴的人居生态空间治理是“十四五”时期实现脱贫攻坚与乡村振兴有效衔接的关键，也是推进生态文明建设的重要内容。武陵山区是长江中游地区的重要生态屏障，人居空间与生态空间的碎片化矛盾成为制约武陵山区社会经济高质量发展和山区乡村振兴的重要因素。在武陵山区，乡村产业兴旺与乡村环境特质紧密相关，产业振兴和脱贫在本质上是同一个问题。因此，面向产业振兴的乡村人居生态空间治理研究为突破山区多维发展困境，探索可持续的乡村人居生态空间治理模式提供了重要理论和现实依据。在此背景下，构建怎样的人居生态空间治理模式，既能保障山区文化生态共同体特征，也能凸显乡村环境特质，支撑山区地域生态文化资源的多功能转化，为武陵山区乡村规划与建设提供有效的政策设计和实施载体平台，成为山区因地制宜地推进人居环境治理亟须解决的问题。

我国农村近 40 年来经历了社会变革和经济结构重组，乡村人口结构、就业机会、社区组织、生产生活方式、交通可达性、农村文化等地域空间要素的重组改变了我国乡村治理的空间基础。乡村的转型与发展不仅拓展了治理空间，还改造和构建着乡村社会的治理话语。乡村人居生态空间作为山区生态、生活、经济等要素的复合单元，与土地管理、公共服务保障和地方治理组织单元的创新相关。面对生态文明建设的治理，乡村人居生态空间构建了山区“地理—地方—治理”的耦合关系，强调了山区产业兴旺和生态宜居的整体特征，有助于推进山区乡村空间治理话语和治理结构的转变。

本书以人居生态单元为理论和技术抓手，以武陵山区乡村产业振兴为目标。针对当前武陵山区乡村人居生态空间的特点和乡村产业发展的组织困境，构建适应于乡村产业振兴的多层次乡村人居生态空间治理框架，旨在突出乡村人居生态单元在县域乡村空间重组中的“要素—结构—功能”系统特征，其应用有助于优化武陵山区乡村产业空间结构和功能特色，推进劳动力、资源、资产等产业资源要素在多尺度范围内的优化重组，响应基层治理体系和治理能力的现代化需求。

本书通过对山区乡村产业发展特征与问题的梳理，从山区乡村产业振兴的要求出发，指出乡村产业振兴是乡村振兴的前提条件，是实现农村脱贫、探索可持续发展模式的必然要求。山区乡村的产业发展需要突破山区资源发展瓶颈，构建内生发展模式。而乡村社会资本嵌入乡村社会关系网络的过程中具有信任、规范、互惠的特性，具有协调内部关系、激发内生发展动力的作用，同时也对整合资源配置网络、重塑价值认同起到推动作用，这与乡村产业振兴的内在逻辑一致。因此，实现山区乡村产业振兴需要重视乡村社会资本的作用，让乡村社会资本成为乡村产业发展的内生动力。

本书的研究结果可以作为武陵山区乡村地区开展县域乡村产业振兴规划的理论和技术基础，协助推进包括生态文化保护、旅游扶贫、民族特色村寨建设等乡村振兴的相关工作，为武陵山区乡村地区实施自然资源的统一管理和探索可实施性的乡村规划提供理论和技术支撑，也为其他类似地区的乡村规划提供理论及方法参考。

参考文献

[1] ADAMS D, HESS M . Community in Public Policy: Fad or Foundation?[J]. Australian Journal of Public Administration, 2001(60): 13-23.

[2] ALLAN, D., ERICKSON, D., & FAY, J. The influence of catchment land use on stream integrity across multiple spatial scales[J]. Freshwater biology, 1997,37(1): 149-161.

[3] BLACKBURN, J., HOLLAND J.Who Changes? Institutionalizing Participation in Development[M]. London: Intermediate Technology Publications, 1998.

[4] BLAKE G, DIAMOND J, FOOT J, et al. Community Engagement and Community Cohesion[Z]. Joseph Rowntree Foundation,2008.

[5] BRUNNSCHWEILER,C N., Cursing the Blessings? Natural Resource Abundance, Institutions, and Economic Growth[J]. World Development. 2008,36(3):399-419.

[6] COLE W E, CROWE H P. Recent Trends in Rural Planning[M]. Prentice-Hall, Inc., 1937.

[7] CRANG M. Cultural Geography[M].New York: Routledge, 1998.

[8] DE GROOT R S, ALKEMADE R, BRAAT L,et al. Challenges in Integrating the Concept of Ecosystem Services and Values in Landscape Planning, Management and Decision Making[J]. Ecological Complexity,2010, 7(3): 260-272.

[9] DENT D, OLIVIER D, BARRY D C. Rural Planning in Developing Countries: Supporting Natural Resource Management and Sustainable Livelihoods[M]. Routledge, 2013:12-28.

[10] DOUGLAS D J A. Rural Regional Development Planning: Governance and Other Challenges in the New EU[J]. Studia Regionalia,2006, 18 (1): 112-132.

[11] DEMETRIOU D . The Development of an Integrated Planning and Decision Support System (IPDSS) for Land Consolidation[M]. Springer International Publishing, 2013.

[12] FENEMOR A, PHILLIPS C, ALLEN W, et al. Integrated Catchment Management—Interweaving Social Process and Science Knowledge[J]. New Zealand Journal of Marine and Freshwater Research, 2011,45(3): 313-331.

[13] FINCO M V A. Poverty-Environment Trap: A Non Linear Probit Model Applied to Rural Areas in the North of Brazil[J].American-Eurasian Journal of Agricultural and Environmental Science, 2009,5(4):533-539.

[14] GE Y, YUAN Y,HU S,et al. Space－Time Variability Analysis of Poverty Alleviation Performance in China’s Poverty-Stricken Areas[J]. Spatial Statistics, 2017, 21: 460-474.

[15] GREGORY D, URRY J. Social Relations and Spatial Structure[M].Macmillan,1985:197.

[16] Institutions as Agents of Development and Social Change[Z]. Working Paper Series, 219. Brighton: IDS, 2004.

[17] JALAN J, RAVALLION M. Geographic Poverty Traps? A Micro Model of Consumption Growth in Rural China[J]. Journal of Applied Econometrics, 2002, 17: 329-346.

[18] LAMPE K J. Rural Development in Mountainous Areas: Why Progress Is So Difficult[J]. Mountain Research and Development,1983, 2 (3):125-129.

[19] MARIA E M, DAVID G, CLAUDIA M. European Farmers and Participatory Rural Appraisal: A Systematic Literature Review on Experiences to Optimize Rural Development[J]. Land Use Policy, 2017, 60:1-11.

[20] MORRISON T H. Developing a Regional Governance Index: The Institutional Potential of Rural Regions[J]. Journal of Rural Studies, 2014, 35: 101-111.

[21] PROSHANSKY H M. The City and Self-Identity[J]. Environment and Behavior, 1978,10(2):147-169.

[22] ROGERS S. Betting on the Strong: Local Government Resource Allocation in China's Poverty Counties[J]. Journal of Rural Studies, 2014, 36:197-206.

[23] SEGURA S, PEDREGAL B. Monitoring and Evaluation Framework for Spatial Plans: A Spanish Case Study[J]. Sustainability, 2017,9(10): 1706.

[24] SHUCKSMITH M. Disintegrated Rural Development? Neo-Endogenous Rural Development, Planning and Place-Shaping in Diffused Power Contexts[J]. Sociologia Ruralis, 2010, 50:1-14.

[25] SKIDMORE P, KIRSTEN B, HANNAH L. Community Participation:Who Benefits[Z]. Joseph Rowntree Foundation,2006.

[26] STOKER G. Governance as Theory: Five Propositions[J]. International Social Science Journal, 1998, 50(155): 17-28.

[27] TAYLOR P, FRANSMAN J. Learning and Teaching Participation: Exploring the Role of Higher Learning Institutions as Agents of Development and Social Change[J]. IDS Working Paper, 2004(1):209.

[28] Skidmore, Paul, Kirsten Bound, and Hannah Lownsbrough. "Community participation." Who benefits[M]. Joseph Rowntree Foundation ,2006.

[29] Woods, Michael. Rural geography: Processes, responses and experiences in rural restructuring[M]. Sage, 2004.

[30] Qiao Jie, Crang Mike, Hong Liangping, Li Xiaofeng,Exploring the Benefits of Small Catchments on Rural Spatial Governance in Wuling Mountain Area, China.[J].Sustainability,2021,(2):760

[31] 安树民，张世秋．中国西部地区的环境—贫困与产业结构退化 [J]. 预测，2005,(01): 14-18.

[32] 保继刚，孙九霞．社区参与旅游发展的中西差异 [J]. 地理学报 ,2006(04):401-413.

[33] 陈全功，程蹊．空间贫困理论视野下的民族地区扶贫问题 [J]. 中南民族大学学报（人文社会科学版）. 2011,31(01):58-63.

[34] 陈少玉．武陵山区扶贫开发中的生态隐忧 [J]. 原生态民族文化学刊，2012, 4(4):148-152.

[35] 陈潇玮，郭红东，王珂．城郊乡村产业与空间一体化营建模式研究：基于全域土地综合整治视角 [J]. 建筑与文化，2019(12).

[36] 陈晓景．中国环境法立法模式的变革——流域生态系统管理范式选择 [J]. 甘肃社会科学．2011(01):191-194.

[37] 陈秧分，刘玉，李裕瑞．中国乡村振兴背景下的农业发展状态与产业兴旺途径 [J]. 地理研究，2019, 38(03):176-186.

[38] 陈赞章．乡村振兴视角下农村产业融合发展政府推进模式研究 [J]. 理论探讨．2019(03):119-124.

[39] 崔龙燕，姚翼源．乡村振兴视角下民族地区庭院经济发展模式研究 [J]. 农业经济 ,2019(04):25-26.

[40] 戴均良．调整村级建制：农村基层管理体制的再度创新——关于浙江省部分地区调整扩大行政村规模的调查与思考 [J]. 中国行政管理 ,2001(3):35.

[41] 邓大才．社会化小农与乡村治理条件的演变 - 从空间，权威与话语维度考察 [J]. 社会科学，2011(8): 77-83.

[42] 董雅晴，白龙，高伟，杜欣儒，杜晓辉，张秋娈，路紫．乡村旅游视角下的山区土地碎片化整合研究 [J]. 经济研究参考 ,2017(27):62-67.

[43] 段德罡，陈炼，郭金枚．乡村“福利型”产业逻辑内涵与发展路径探讨 [J]. 城市规划 ,2020,44(09):28-34+77.

[44] 樊海林．论乡村可持续发展及其产业结构优化 [J]. 经济问题．1998(03):37-40.

[45] 樊杰．我国空间治理体系现代化在“十九大”后的新态势 [J]. 中国科学院院刊 ,2017,32(04):396-404.

[46] 费孝通．武陵行（中）[J]. 瞭望，1992(4):12-13.

[47] 冯佺光．山区的山地经济协同开发研究——以重庆市三峡库区为例 [J]. 地域研究与开发．

2010,29(01):23-28+37.

[48] 傅春，赵晓霞．农业生产产业化战略的驱动因素及实现路径 [J]. 农业经济．2019(10):6-8.

[49] 高吉喜，栗忠飞．“资源诅咒”现象分析及其对策 [J]. 生态与农村环境学报．2013,29(01):1-7.

[50] 高嘉遥，高晓红．基于空间正义导向的乡村贫困治理研究 [J]. 人民论坛 • 学术前沿 ,2019(16):102-105.

[51] 戈大专，龙花楼．论乡村空间治理与城乡融合发展 [J]. 地理学报 ,2020,75(06):1272-1286.

[52] 龚胜生，吴清，张涛．湖北武陵山区旅游系统空间结构研究 [J]. 长江流域资源与环境 ,2014,23(09):1222-1228.

[53] 郭力娜，李帅，牛振国，曹应举，曲衍波．基于物候差和多时相影像的耕地种植结构遥感调查——以唐山玉田为例 [J]. 测绘科学 ,2019,44(10):50-58.

[54] 郭松．毗邻治理：基于支柱产业的区域合作治理 [J]. 华中农业大学学报（社会科学版）,2020(05):117-124+173-174.

[55] 郭旭，赵琪龙，李广斌．农村土地产权制度变迁与乡村空间转型——以苏南为例 [J]. 城市规划．2015,39(08):75-79.

[56] 何仁伟，刘邵权，等．典型山区农户生计空间差异与生计选择研究——以四川省凉山彝族自治州为例 [J]. 山地学报 ,2013.32(6):641-651.

[57] 贺勇，王竹．适宜性人居环境研究——“基本人居生态单元”的概念与方法 [J]. 新建筑，2005,(04):97.

[58] 衡先培，王志芳，戴芹芹，姜芊孜．地方知识在水安全格局识别中的作用——以重庆御临河流域龙兴、石船镇为例 [J]. 生态学报 ,2016,36(13):4152-4162.

[59] 胡琼，吴文斌，宋茜，余强毅，杨鹏，唐华俊．农作物种植结构遥感提取研究进展 [J]. 中国农业科学 ,2015,48(10):1900-1914.

[60] 黄东升．邹凤波．武陵地区传统聚落选址的美学观照 [J]. 三峡论坛，2017(1):55-59.

[61] 黄光宇．山地人居环境的可持续发展 [J]. 时代建筑，1998, 20(1):70-71.

[62] 江鑫，黄乾．耕地规模经营、农户非农兼业和家庭农业劳动生产率——来自湖南省的抽样调查证据 [J]. 农业技术经济 ,2019(12):4-20.

[63] 李伯华，曾菊新．农户居住空间行为演变的微观机制研究——以武汉市新洲区为例 [J]. 地域研究与开发，2008, 27(5):30-35.

[64] 李伯华，刘沛林．乡村人居环境：人居环境科学研究的新领域 [J]. 资源开发与市场．2010(06):524-527+512.

[65] 李翅，吴培阳．产业类型特征导向的乡村景观规划策略探讨——以北京市海淀区温泉村为例 [J]. 风景

园林, 2017(4): 41-49.

[66] 李德建, 马翀炜. 意义之维中的民族地区乡村文化产业 [J]. 贵州社会科学, 2010(11): 29-32.

[67] 李恩泽. 开拓山区空间生产力的典型 [J]. 农业区划 .1992(05):46-49.

[68] 李国英. 乡村振兴战略视角下现代乡村产业体系构建路径 [J]. 当代经济理 ,2019(07):1-10

[69] 李金铮. 定县调查 : 中国农村社会调查的里程碑 [J]. 社会学研究 ,2008(02):169-195+249-250.

[70] 李俊杰. 论民族地区主导产业的选择——以武陵山区少数民族州县为例 [J]. 中南民族大学报 (人文社会科学版), 2005,(02): 60-64.

[71] 李娜. 生态环境监管应由“碎片化”走向“系统化”[J]. 人民论坛 .2019(02):70-71.

[72] 李宁. 协同治理 : 农村环境治理的方向与路径 [J]. 理论导刊 .2019(12):78-84.

[73] 李培林. 着力解决全面建成小康社会的民生“短板”[J]. 求是. 2015(07):26-28.

[74] 李小云, 马洁文, 唐丽霞, 徐秀丽. 关于中国减贫经验国际化的讨论 [J]. 中国农业大学学报 (社会科学版),2016,33(05):18-29.

[75] 李中魁. 小流域治理的哲学思考 [J]. 水土保持通报, 1994,(01): 30-37.

[76] 李周, 孙若梅. 生态敏感地带与贫困地区的相关性研究 [J]. 中国农村观察, 1994(5):49-56.

[77] 林毅夫, 蔡昉, 李周. 比较优势与发展战略——对“东亚奇迹”的再解释 [J]. 中国社会科学, 1999,(05): 4-20.

[78] 刘滨谊, 贺炜, 刘颂. 基于绿地与城市空间耦合理论的城市绿地空间评价与规划研究 [J]. 中国园林 ,2012(05):48-52.

[79] 刘超, 吴加明. 纠缠于理想与现实之间的“河长”制: 制度逻辑与现实困局 [J]. 云南大学学报 (法学版), 2012(4):39-44.

[80] 刘家明. 生态旅游区旅游用地碎片化及其整合 [J]. 旅游学刊 .2017,32(07):9-11.

[81] 刘娟. 区域生态府际合作治理的碎片化困境及其出路 [J]. 环境保护科学 .2017,43(03):52-56.

[82] 刘沛林, 刘春腊. 北京山区沟域经济典型模式及其对山区古村落保护的启示 [J]. 经济地理, 2010,(12): 1944-1949.

[83] 刘守英. 从“乡土中国”到“城乡中国”[J]. 中国乡村发现 ,2016(06):30-37.

[84] 刘卫东. 经济地理学与空间治理 [J]. 地理学报 ,2014,69(08):1109-1116.

[85] 刘小珉. 略论中国民族地区乡村经济的主要特征、类型及其演化 [J]. 民族研究 .2003(04):40-48+107-108.

[86] 刘彦随, 张紫雯, 王介勇. 中国农业地域分异与现代农业区划方案 [J]. 地理学报. 2018,73(02):203-218.

[87] 刘彦随, 周扬, 李玉恒. 中国乡村地域系统与乡村振兴战略 [J]. 地理学报 ,2019,74(12):2511-2528.

[88] 刘彦随 . 中国农村空心化的地理学研究与整治实践 [J]. 地理学报 , 2009, 64(10).

[89] 龙晔生 , 吴筱良 . 走进大武陵 [J]. 民族论坛 . 2011(09):4-5.

[90] 鲁明新 , 田红 . 当代武陵山区油茶产业衰落的社会成因探析 [J]. 原生态民族文化刊 .2017,9(03):22-31.

[91] 陆大道 . 建设经济带是经济发展布局的最佳选择——长江经济带经济发展的巨大潜力 [J]. 地理科学 , 2014, 34(7):769-772.

[92] 麻国庆 . 乡村振兴中文化主体性的多重面向 [J]. 求索 , 2019, 312(02):6-14.

[93] 莫艳恺 . 基于产业耦合的欠发达地区乡村旅游地循环经济模式研究——以丽水市为例 [J]. 农业经济 , 2011(2):42-44.

[94] 农业部课题组 , 张红宇 . 中国特色乡村产业发展的重点任务及实现路径 [J]. 求索 ,2018(2):51-58.

[95] 彭建 , 王仰麟 , 景娟 , 等 . 滇西北山区乡村产业结构与景观多样性的相关分析——以云南省永胜为例 [J]. 山地学报 , 2005, 23(2):191-196.

[96] 彭震伟 , 陆嘉 . 基于城乡统筹的农村人居环境发展 [J]. 城市规划 , 2009(5):66-68.

[97] 乔杰 , 洪亮平 , 王莹 . 全面发展视角下的乡村规划 [J]. 城市规划 ,2017,41(01):45-54+108.

[98] 乔杰 , 洪亮平 . 从“关系”到“社会资本”: 论我国乡村规划的理论困境与出路 [J]. 城市规划学刊 ,2017(04):81-89.

[99] 乔杰 , 洪亮平 , 迈克 • 克朗等 . 乡村小流域空间治理：理论逻辑、实践基础和实现路径 [J]. 城市规划 ,2021,45(10):31-44+77.

[100] 任敏 .“河长制”: 一个中国政府流域治理跨部门协同的样本研究 [J]. 北京行政学院学报 , 2015(3):25-31.

[101] 盛晓明 . 地方性知识的构造 [J]. 哲学研究 . 2000(12):36-44+76-77.

[102] 史玉成 . 流域水环境治理“河长制”模式的规范建构——基于法律和政治系统的双重视角 [J]. 现代法学 , 2018, 40(6):95-109.

[103] 谭淑豪 , 曲福田 , 尼克 • 哈瑞柯 . 土地碎片化的成因及其影响因素分析 [J]. 中国农村观察 ,2003,(06): 24-30.

[104] 陶少华 . 武陵山民族地区旅游发展新思路 [J]. 湖北民族学院学报 (哲学社会科学版), 2011, 29(1):134-137.

[105] 田传浩 , 方丽 . 集中抑或分散 ?——家庭承包制下的农地租赁市场对地权配置的影响 [J]. 南京农业大学学报 : 社会科学版 .2014,14(4): 66-74.

[106] 田孟 , 贺雪峰 . 中国的农地碎片化及其治理之道 [J]. 江西财经大学学报 .2015(02):88-96.

[107] 佟玉权 , 龙花楼 . 脆弱生态环境耦合下的贫困地区可持续发展研究 [J]. 中国人口 • 资源与环境 , 2003, 13(2):47-51.

[108] 汪锦军 . 农村公共服务提供 : 超越“碎片化”的协同供给之道——成都市公共服务的统筹改革及对农村公共服务供给模式的启示 [J]. 经济体制改革 .2011(03):62-67.

[109] 王成 , 王利平 , 李晓庆 , 李阳兵 , 邵景安 , 蒋伟 . 农户后顾生计来源及其居民点整合研究——基于重庆市西部郊区白林村 471 户农户调查 [J]. 地理学报 ,2011,66(08):1141-1152.

[110] 王广瑞 . 地方性知识是民族村落实现脱贫的社会文化资源——以一个彝族聚居区的村庄为例 [N]. 中国民族报 , 2018-06-29. http:/ / www.mzb.com.cn/zgmzb/html/2018-06/29/ content_4638.htm.

[111] 王建英 . 生态约束下的乡村旅游用地空间布局规划研究——以福建省晋江市紫星村为例 [J]. 中国生态农业学报 , 2016, 24(4):544-552.

[112] 王开泳 , 陈田 . 行政区划研究的地理学支撑与展望 [J]. 地理学报 ,2018,73(04):688-700.

[113] 王云才 , 许春霞 , 郭焕成 . 论中国乡村旅游发展的新趋势 [J]. 干旱区地理 . 2005(06):862-868.

[114] 王竹 , 徐丹华 , 钱振澜 , 郑媛 . 乡村产业与空间的适应性营建策略研究——以遂昌县上下坪村为例 [J]. 南方建筑 ,2019(01):100-106.

[115] 吴必虎 , 伍佳 . 中国乡村旅游发展产业升级问题 [J]. 旅游科学 . 2007(03):11-13.

[116] 吴锋 , 廖颖 , 吴昕恬 . 基于小流域界定的秦岭南麓乡村聚落空间发展研究 [J]. 西安建筑科技大学学报 (自然科学版),2018,50(02):249-257.

[117] 席建超 , 张楠 . 乡村旅游聚落农户生计模式演化研究——野三坡旅游区苟各庄村案例实证 [J]. 旅游学刊 ,2016,31(07):65-75.

[118] 熊健 , 范宇 , 金岚 . 从“两规合一”到“多规合一”——上海城乡空间治理方式改革与创新 [J]. 城市规划 ,2017,41(08):29-37.

[119] 熊正贤 . 富民、减贫与挤出 : 武陵地区 18 个乡村旅游样本的调查研究 [J]. 云南民族大学学报 (哲学社会科学版), 2018, 35(05): 77-88.

[120] 徐康宁 , 韩剑 . 中国区域经济的“资源诅咒”效应 : 地区差距的另一种解释 [J]. 经济学家 . 2005(06):97-103.

[121] 杨汉奎 . 对我国山地环境研究的思考 [J]. 贵州科学 . 1992(03):1-6.

[122] 杨忍 , 刘彦随 , 龙花楼 , 张怡筠 . 中国乡村转型重构研究进展与展望——逻辑主线与内容框架 [J]. 地理科学进展 ,2015,34(08):1019-1030.

[123] 杨忍 , 刘彦随 , 龙花楼等 . 中国村庄空间分布特征及空间优化重组解析 [J]. 地理科学 ,2016,36(2):170-179.

[124] 杨忍, 徐茜, 周敬东, 等 . 基于行动者网络理论的逢简村传统村落空间转型机制解析 [J]. 地理科学 ,2018,38(11):1817-1827

[125] 杨庭硕 , 杨曾辉 . 树立正确的“文化生态”观是生态文明建设的根基 [J]. 思想战线 , 2015(4):

100-115.

[126] 尹怡诚，沈清基，王亚琴，张邓丽舜，邓铁军，凌敏，张明. 从精准扶贫到乡村振兴：十八洞乡村精准规划研究与实践 [J]. 城市规划学刊 ,2019(02):99-108.

[127] 于汉学，周若祁，刘临安. 黄土高原沟壑区小流域人居环境规划的生态学途径 -- 以陕北枣子沟小流域为例 [J]. 西安建筑科技大学学报（自然科学版），2005, 37(2):189-193.

[128] 余河琼，张晓松，黄雪丹. 小流域视角下的山地乡村全域旅游发展初探——以贵州麻江县为例 [J]. 怀化学院学报，2019, 38(01): 42-45.

[129] 张诚，刘祖云. 从"碎片化"到"整体性"：农村环境治理的现实路径 [J]. 江淮论坛. 2018(03):28-33.

[130] 张京祥，陈浩. 空间治理：中国城乡规划转型的政治经济学 [J]. 城市规划 ,2014,38(11):9-15.

[131] 张良皋. 人世仙居吊脚楼 [J]. 中国民族，2001(8):14-15.

[132] 张义丰，贾大猛，谭杰，张宏业，宋思雨，孙瑞峰. 北京山区沟域经济发展的空间组织模式 [J]. 地理学报 ,2009,64(10):1231-1242.

[133] 张玉娟. 武陵山区特色产业集群发展的制约因素与优化策略分析 [J]. 长江师范学院学报，2012(9):32-35.

[134] 张振华. "宏观"集体行动理论视野下的跨界流域合作——以漳河为个案 [J]. 南开学报（哲学社会科学版），2014,(02): 110-117.

[135] 赵万民. 山地人居环境科学研究引论 [J]. 西部人居环境学刊，2013(3):10-19.

[136] 赵永祥，郭淑敏. 以产业为支撑构筑都市型循环农业新模式——以北京房山区为例 [J]. 中国生态农业学报，2008,(04): 971-975.

[137] 钟远平，冯佺光. 基于中观经济学范畴的区域山地资源系统开发 [J]. 安徽农业科学. 2009,37(21):10129-10132+10146.

[138] 周尚意，苏娴，陈海明. 地方性知识与空间治理——以苏州东山内圩治理为例 [J]. 地理研究 ,2019,38(06):1333-1342.

[139] 周尚意. 四层一体：发掘传统乡村地方性的方法 [J]. 旅游学刊，2017(1):6-7.

[140] 周政旭，程思佳. 贵州白水河布依聚落形态及其生存理性研究 [J]. 建筑学报 .2018(03):101-106.

[141] 尤海涛，马波，陈磊. 乡村旅游的本质回归：乡村性的认知与保护 [J]. 中国人口. 资源与环境. 2012(09): 158-162.

[142] 邹统钎. 乡村旅游发展的围城效应与对策 [J]. 旅游学刊. 2006(03): 8-9.

[143] 米凯，彭羽. 武陵山区生物多样性生态风险评价 [J]. 中央民族大学学报（自然科学版）,2013,22(04):89-93.

[144] 文琦，郑殿元，施琳娜．1949—2019 年中国乡村振兴主题演化过程与研究展望 [J]. 地理科学进展，2019,38(09):1272-1281.

[145] 田德胜．快速发展的恩施州农村经济 [J]. 山区开发，1998(10):44.

[146] 贺雪峰．村庄类型及其区域分布 [J]. 中国乡村发现，2018(05):79-83.

[147] 国家发展改革委宏观院和农经司课题组．推进我国农村一二三产业融合发展问题研究 [J]. 经济研究参考，2016(4):3-28.

[148] 赵松乔．我国山地环境的自然特点及开发利用 [J]. 山地研究，1983(03):1-9.

[149] 杨汉奎．对我国山地环境研究的思考 [J]. 贵州科学，1992(03):1-6.

[150] 冯佺光．山区的山地经济协同开发研究——以重庆市三峡库区为例 [J]. 地域研究与开发，2010,29(01):23-28+37.

[151] 曲玮，涂勤，牛叔文．贫困与地理环境关系的相关研究述评 [J]. 甘肃社会科学，2010,No.184(01):103-106.

[152] 马铃，刘晓昀．发展农业依然是贫困农户脱贫的重要途径 [J]. 农业技术经济，2014,No.236(12):25-32.

[153] 程哲，欧阳如琳，杨振山，蔡建明．中国城镇化进程中基础设施投融资时空格局与发展特征 [J]. 地理科学进展，2016, 35(4): 440-449

[154] 蒋杭．湖北省五峰县茶产业竞争力评价及提升对策研究 [D]. 武汉中南民族大学，2018.

[155] 王胜三，浦善新．方舆 • 行政区划与地名 [M]. 中国社会出版社，2016.

[156] 毛广雄．区域产业转移与承接地产业集群的耦合关系 [D]. 华东师范大学，2011.

[157] 西奥多 • W • 舒尔茨．改造传统农业 [M]. 商务印书馆，2011.

[158] 张良皋．武陵土家 [M]. 三联出版社，2001.

[159] 刘驰，陈祖海．武陵山区绿色产业发展的困境与对策研究 [J]. 贵州民族研究，2013,34(05):144-147.

[160] 张红宇，王本利，赵建国．项目安排 • 支柱产业与经济开发——武陵山区鄂西、黔江扶贫调查 [J]. 开发研究，1994(03):40.

[161] 陈彧．“三交”视域下民族村镇的振兴及其联动规划——以武陵山地区为例 [J]. 中南民族大学学报（人文社会科学版），2021,41(12):32-38.

[162] 邓大才．"圈层理论"与社会化小农——小农社会化的路径与动力研究 [J]. 华中师范大学学报（人文社会科学版），2009, 48(1):2-7.

[163] 中央农村工作领导小组办公室．乡村振兴战略规划（2018—2022 年）[Z]. [2018—09—26]．

[164] 产业发展要尊重乡村特质 [N]. 贵州日报，2019 年 6 月 28 日，第 013 版．

[165] 湖北省委省政府印发《湖北省乡村振兴战略规划 (2018-2022 年)》[N]. 湖北日报，2019-05-20(004).

[166] 刘晖．黄土高原小流域人居生态单元及安全模式——景观格局分析方法与应用 [D]. 西安建筑科技大

学，2005.

[167] 祁生林．生态清洁小流域建设理论及实践 [D]. 北京林业大学，2006.

[168] 吴艳．滇西北民族聚居地建筑地区性与民族性的关联研究 [D]. 清华大学博士论文，2012.

[169] 陈丹妮．中国城镇化对产业结构演进影响的研究 [D]. 武汉大学，2015.

[170] 周晓然．生态视角下长阳县农村居民点空间布局优化研究 [D]. 武汉：华中科技大学，2016.

[171] 向敬伟．鄂西贫困山区耕地利用转型对农业经济增长质量影响研究 [D]. 武汉：中国地质大学，2016.

[172] 彭兵．武陵山区生态退变的社会文化成因及对策研究 [D]. 吉首大学，2017.

[173] 乔杰．生命体视域下的乡村空间研究 [D]. 武汉：华中科技大学博士论文，2019.

[174] 许璇．基于社会资本提升的山区民族乡村产业振兴策略研究 [D]. 华中科技大学，2022.

[175] 丁博禹．基于农业产业要素的五峰山区乡村产业发展能力评价 [D]. 华中科技大学，2022.

[176] 张蚌蚌．碎片化视角下耕地利用系统空间重组优化理论、模式与路径 [D]. 北京：中国农业大学.2017.

[177] 徐勇，徐增阳．流动中的乡村治理：对农民流动的政治社会学分析 [M]. 中国社会科学出版社，2003:66-67.

[178] 吴良镛．人居环境科学导论 [M]. 北京：中国建筑工业出版社，2001.

[179] 朱启臻．农业社会学 [M]. 北京：社会科学文献出版社，2009.

[180] 费孝通．乡土中国 [M]. 上海：上海人民出版社，2006.

[181] 杜能．孤立国同农业和国民经济的关系 [M]. 上海：商务印书馆，1986.

[182] 费孝通．江村经济 [M]. 北京：商务印书馆，2001.

[183] 李小建．农户地理论 [M]. 北京：科学出版社，2009.

[184] 费孝通．志在富民——从沿海到边区的考察 [M]. 上海：上海人民出版社，2007.

后记

本书是研究团队依托国家自然科学基金青年项目、中国博士后科学基金面上项目、湖北省社科基金后期资助项目等科研支撑展开的部分研究成果。

产业兴旺是生态宜居的重要基础，也是讨论乡村生态、社会、文化的前提。乡村产业振兴为全面理解乡村人居环境建设提供重要的跨学科视角，理解乡村产业发展规律应成为乡村规划和乡村建设工作遵循的底层逻辑。研究团队对乡村产业发展与人居环境特征的关联研究始于 2015 年对湖北长阳土家族自治县的乡村人居环境调查，期间完成了《长阳土家族自治县清江沿头溪流域旅游扶贫发展规划（2017-2030）》规划编制、住房和城乡建设部“我国农村人口流动与安居性研究”、湖北省民族宗教事务委员会“湖北省民族特色村镇示范村规划设计项目”“湖北省少数民族特色村寨遴选和申报”、湖北省住房和城乡建设厅“湖北省第六批国家传统村落排查与申报”“湖北省乡村建设评价”等调查研究工作，研究团队多次深入鄂西开展产业调查和多元主体交流座谈。包括与当地新型农业发展主体、农业专家、文化专家、旅游投资人、村委书记、一般农业大户、普通农户等的交流，了解到山区真实的乡村产业并非“高大上”，提振乡村产业更多是需要优势培育、人才坚守和经验试错。只有黏附在地方生态文化资源禀赋和人居环境特色上的乡村产业发展才是惠及民生和可持续的，换句话说就是乡村产业发展需要尊重山区环境特质。

本书整体框架设计、学术组织、核心观点、主体内容及全书审定由乔杰博士完成。研究团队洪亮平教授担任本书的学术指导，李晓峰教授参与本书课题指导并对鄂西五峰土家族自治县、利川市等多个县市的调研提供了重要支持，黄亚平教授、彭翀教授对本书支撑课题的研究设计提出了宝贵指导意见。本书第三章对山区的国际比较研究得到了国家留学基金委的项目支持，英国杜伦大学地理系迈克 • 克朗（Mike Crang）教授对本书基于武陵山环境特质开展的“文化—经济—生活”调查提供了重要研究指导。团队硕士研究生丁博禹、许璇分别承担了本书的第四章和第六章调查研究和报告撰写工作，团队薛冰博士为本书提供了部分图纸和资料支撑，硕士研究生侯杰、周晓然、张丽红、程德月、许杨、周萌、李明励、郑晴、陈茹歆、谢智子等参与了研究区调查、数据整理和图表绘制工作，硕士研究生曾繁茂、刘晓钰、罗张婧、赵佩佳参与了书稿部分图文校核和修改工作。

本书的研究过程得到了长阳土家族自治县植物保护站农作物专家赵毓潮老师、长阳龙舟坪镇郑家榜村村委书记郑金鹏、湖北龙行清江农业科技发展股份有限公司董事长，长阳清江茶业协会秘书长胡东亚，五峰归一乡村旅游合作社刘智勇、彭生，利川市楠木村党委书记、利川红茶冷后浑基地云奇农场负责人田云奇等师长的指导和启发。五峰摄影家协会郑兵、陈丹平、彭天华等师长为五峰乡村产业研究提供大量影像材料作为研究佐证。

本书的相关研究内容受到中国城市规划学会乡村规划与建设分会、西安建筑科技大学、昆明理工大学、青岛理工大学、南京大学等相关学术和教学活动的启发，感谢段德罡教授、杨毅教授、罗震东教授、王润生教授等老师多年来对华中科技大学乡村研究团队的指导和帮助。

本书的出版得到了华中科技大学建筑与城市规划学院乡村规划教学团队的支持。耿虹教授、万艳华教授、任绍斌副教授、赵守谅教授、王智勇副教授等老师为本书的撰写和出版提供了热心帮助。华中科技大学出版社金紫老师为本书的编辑、修改和出版做了大量工作，丛书负责人王通副教授为本书的组织出版做了大量组织工作，在此一并表示衷心感谢。

最后，感谢父母、妻子和女儿对本书研究的支持，多年往返于鄂西和武汉，受地理环境、交通条件等影响，学术探寻与安全风险并存。仅以此书献给即将迈入小学的女儿。

乔　杰

于华中科技大学

2023 年 5 月